高等院校信息技术规划教材

EDA原理及应用

何　宾　编著

清华大学出版社
北京

内容简介

本书系统而又全面地介绍了基于EDA技术的数字系统设计的方法、理论和应用。全书共分13章，内容包括EDA设计导论、可编程逻辑器件设计方法、VHDL语言基础、数字逻辑单元设计、VHDL高级设计技术、基于HDL的设计输入、基于原理图的设计输入、设计综合和行为仿真、设计实现和时序仿真、设计下载和调试、数字时钟设计及实现、通用异步接收发送器、数字电压表设计及实现。本书参考了大量最新的设计资料，内容新颖，理论与应用并重，充分反映了基于EDA技术的数字系统设计的最新方法和技术，可以帮助读者尽快掌握EDA设计方法和技术。

本书可作为相关专业开设EDA原理及应用课程的本科教学参考书，亦可作为从事EDA数字系统设计的相关教师、研究生和科技人员自学参考书，也可作为Xilinx公司的培训教材。

图书在版编目（CIP）数据

EDA原理及应用/何宾编著. —北京：清华大学出版社，2009.6
（高等院校信息技术规划教材）
ISBN 978-7-302-20021-5

Ⅰ. E… Ⅱ. 何… Ⅲ. 电子电路－电路设计：计算机辅助设计－高等学校－教材
Ⅳ. TP702

中国版本图书馆CIP数据核字(2009)第063664号

责任编辑：战晓雷 赵晓宁
责任校对：焦丽丽
责任印制：李红英

出版发行：清华大学出版社　　**地　址**：北京清华大学学研大厦A座
http://www.tup.com.cn　　**邮　编**：100084
社 总 机：010-62770175　　**邮　购**：010-62786544
投稿与读者服务：010-62776969，c-service@tup.tsinghua.edu.cn
质 量 反 馈：010-62772015，zhiliang@tup.tsinghua.edu.cn

印 装 者：北京国马印刷厂
经　销：全国新华书店
开　本：185×260　　**印　张**：18.25　　**字　数**：445千字
版　次：2009年6月第1版　　**印　次**：2009年6月第1次印刷
印　数：1～4000
定　价：27.00元

本书如存在文字不清、漏印、缺页、倒页、脱页等印装质量问题，请与清华大学出版社出版部联系调换。联系电话：010-62770177转3103　　产品编号：032603-01

前言 foreword

随着半导体技术的飞速发展，新电子产品上市周期的缩短，以及数字化处理技术的不断提高，大规模可编程逻辑器件(PLD)的设计成为电子系统设计中一个重要的研究方向和应用领域。在现阶段，必须依赖于高性能电子设计自动化EDA技术，才能完成基于PLD复杂数字系统的设计。采用PLD比采用专用集成电路ASIC和专用标准部件ADDP的成本低。通过使用EDA技术完成PLD设计，大大缩短了设计周期，适应市场对产品竞争力的要求。

随着PLD复杂度的提高和EDA软件性能的不断完善，基于EDA的设计原理和方法，越来越受到EDA设计人员的重视。基于硬件描述语言HDL、原理图、IP核等混合设计方法成为PLD设计中主要采用的方法。对PLD的设计已经发展到了片上可编程系统SOPC阶段，因此要求EDA设计人员能够实现软件和硬件的协同设计。

本书力图全面系统地介绍基于PLD的EDA设计原理和方法。通过系统介绍EDA的原理和方法，使读者能够系统、全面地掌握EDA设计方法和应用技巧。本书主要分为以下几个部分：

(1) EDA的设计概论部分。该部分主要是介绍EDA技术的发展历史、EDA技术所涉及的内容、设计流程和HDL硬件描述语言概要。

(2) 可编程逻辑器件设计方法部分。该部分主要介绍了可编程逻辑器件的分类，主要工艺，重点介绍了复杂可编程逻辑器件CPLD和现场可编程逻辑阵列FPGA的结构，并进行了比较。本部分也对Xilinx芯片的性能和结构进行了比较详细的介绍。

(3) 硬件描述语言VHDL部分。该部分介绍了VHDL语言的结构和风格，VHDL语言的数据类型和运算符，VHDL语言的主要描述语句等。在介绍这些内容时为了便于学习，给出了大量单元模块的VHDL设计代码。

(4) 逻辑单元设计部分。该部分的介绍分成简单逻辑单元设计和复杂逻辑单元设计两个部分。在简单逻辑单元设计部分重点介绍了组合逻辑电路设计和时序电路设计。在复杂逻辑单元设计部分重点介绍了存储器设计、运算单元设计和有限自动状态机设计。通过这样的结构安排使学生更好地掌握不同层次模块 HDL 的书写规范。

(5) 高性能代码设计部分。该部分作为前面 VHDL 语言内容的补充，重点介绍了提高 HDL 设计性能的几种常用方法：逻辑复制和复用、并行和流水技术、系统同步和异步单元、逻辑结构设计方法和模块的划分原则。通过该部分的学习，可以增强读者熟练运用 HDL 语言进行设计的能力。

(6) IP 核设计技术部分。该部分虽然篇幅不多，但是所涉及的内容非常重要，该部分重点介绍了 IP 核的分类、优化、生成和应用。通过该部分的学习，读者能更好地了解 IP 核设计技术的各个方面，为今后从事 IP 核设计打下良好基础。

(7) EDA 设计流程部分。基于 Xilinx 的 ISE 软件平台，首先介绍了基于 HDL 的设计流程，然后介绍了基于原理图的设计流程，在介绍这些内容时，采用了混合设计方法，对于掌握整个设计流程有很大的帮助。在介绍混合设计的基础上，介绍了设计综合、行为仿真、设计实现、时序仿真、设计下载和设计调试的完整设计过程，该部分也是本书最重要的内容之一。

作为对本书内容的重要补充，在本书的结尾给出三个比较典型的数字系统的设计实例，使读者从中能够进一步体会 EDA 设计技巧和方法，并且从中可以了解设计原理、设计输入、设计验证的工程化设计方法。《EDA 原理及应用实验教程》作为本书的配套用书，帮助读者通过软件和硬件的实验，进一步掌握使用 Xilinx 软件和硬件平台进行 EDA 设计的方法和技巧。

在讲授和学习本书内容时，可以根据教学时数和内容的侧重点不同，适当地将相关章节的内容进行调整和删减。为了让读者更好地掌握相关的内容，本书还给出了大量设计示例程序和习题。本书不仅可以作为大学信息类专业讲授 EDA 相关课程的教学用书，也可以作为从事 EDA 教学和科研工作者的参考用书。

在本书的编写过程中引用和参考了许多著名学者和专家的研究成果，同时也参考了 Xilinx 公司的技术文档和手册，在此向他们表示衷心的感谢。在本书的编写过程中，由杨青青、李宝敏负责部分章节文字录入工作，在此向她们表示感谢。在本书的出版过程中，得到了 Xilinx 公司“大学计划”项目的大力支持与帮助，同时也得到了清华大学出版社各位编辑的帮助和指导，在此也表示深深的谢意。

由于编者水平有限，编写时间仓促，书中难免有疏漏之处，敬请读者批评指正。

编　者

2008 年 10 月

目录 Contents

第1章 chapter 1

EDA设计导论

本章主要介绍EDA技术综述、PLD设计方法学、HDL硬件描述语言。在EDA技术综述部分重点介绍EDA技术发展历史、EDA技术含义、EDA技术主要内容；在PLD设计方法学部分，介绍PLD设计概论、PLD设计流程、SOPC设计流程；在HDL硬件描述语言部分，介绍HDL硬件描述语言概念、HDL语言特点和比较、HDL语言最新发展。这章主要目的是让读者通过对本章内容的学习对EDA技术有一个初步了解，为学习后续章节的内容打下良好的基础。

1.1 EDA技术综述

1.1.1 EDA技术发展历史

EDA技术伴随着计算机、集成电路、电子系统设计的发展，经历了计算机辅助设计(Computer Assist Design，CAD)，计算机辅助工程设计(Computer Assist Engineering，CAE)和电子设计自动化(Electronic Design Automation，EDA)三个发展阶段。

1. 计算机辅助设计阶段

早期的电子系统硬件设计采用的是分立元件，随着集成电路的出现和应用，硬件设计进入到发展的初级阶段。初级阶段的硬件设计大量选用中小规模标准集成电路，人们将这些器件焊接在电路板上，做成初级电子系统，对电子系统的调试是在组装好的PCB(Printed Circuit Board)板上进行的。

由于设计师对图形符号使用数量有限，传统的手工布图方法无法满足产品复杂性的要求，更不能满足工作效率的要求。这时，人们开始将产品设计过程中高度重复性的繁杂劳动，如布图布线工作，用二维图形编辑与分析的CAD工具替代，最具代表性的产品就是美国ACCEL公司开发的Tango布线软件。20世纪70年代，是EDA技术发展初期，由于PCB布图布线工具受到计算机工作平台的制约，其支持的设计工作有限且性能比较差。

2. 计算机辅助工程阶段

初级阶段的硬件设计是用大量的标准芯片实现电子系统设计。随着微电子工艺的发展，相继出现了集成上万只晶体管的微处理器、集成几十万直到上百万储存单元的随机存储器和只读存储器。此外，支持定制单元电路设计的硅编辑、掩膜编程的门阵列，如标准单元的半定制设计方法以及可编程逻辑器件(PAL 和 GAL)等一系列微结构和微电子学的研究成果都为电子系统的设计提供了新天地。因此，可以用少数几种通用的标准芯片实现电子系统的设计。

伴随计算机和集成电路的发展，EDA 技术进入到计算机辅助工程设计阶段。20 世纪 80 年代初，推出的 EDA 工具则以逻辑模拟、定时分析、故障仿真、自动布局和布线为核心，重点解决电路设计没有完成之前的功能检测等问题。利用这些工具，设计师能在产品制作之前预知产品的功能与性能，能生成产品制造文件，在设计阶段对产品性能的分析前进了一大步。

如果说 20 世纪 70 年代的自动布局布线的 CAD 工具代替了设计工作中绘图的重复劳动，那么，到了 20 世纪 80 年代出现的具有自动综合能力的 CAE 工具则代替了设计师的部分工作，对保证电子系统的设计，制造出最佳的电子产品起着关键的作用。到了 20 世纪 80 年代后期，EDA 工具已经可以进行设计描述、综合与优化和设计结果验证，CAE 阶段的 EDA 工具不仅为成功开发电子产品创造了有利条件，而且为高级设计人员的创造性劳动提供了方便。但是，大部分从原理图出发的 EDA 工具仍然不能适应复杂电子系统的设计要求，而具体化的元件图形制约着优化设计。

3. 电子系统设计自动化阶段

为了满足千差万别的系统用户提出的设计要求，最好的办法是自己设计芯片，把想设计的电路直接设计在专用芯片上。微电子技术的发展，特别是可编程逻辑器件的发展，使得微电子厂家可以为用户提供各种规模的可编程逻辑器件，使设计者通过设计芯片实现电子系统功能。EDA 工具的发展，又为设计师提供了全线 EDA 工具。这个阶段发展起来的 EDA 工具，目的是在设计前期将设计师从事的许多高层次设计由工具来完成，如可以将用户要求转换为设计技术规范，有效的处理可用的设计资源与理想的设计目标之间的矛盾，按具体的硬件、软件和算法分解设计等。由于电子技术和 EDA 工具的发展，设计师可以在不太长的时间内使用 EDA 工具，通过一些简单标准化的设计过程，利用微电子厂家提供的设计库来完成数万门 ASIC 和集成系统的设计与验证。硬件描述语言 HDL 的出现是这个阶段最重要的成果，由于 HDL 语言的出现使得 EDA 设计进入到抽象描述的设计层次。

20 世纪 90 年代，设计师逐步从使用硬件转向设计硬件，从单个电子产品开发转向系统级电子产品开发，即片上系统集成(System On A Chip)。因此，EDA 工具是以系统机设计为核心，包括系统行为级描述与结构综合，系统仿真与测试验证，系统划分与指标分配，系统决策与文件生成等一整套的电子系统设计自动化工具。这时的 EDA 工具不仅具有电子系统设计的能力，而且能提供独立于工艺和厂家的系统级设计能力，具有高级抽象的设计构思手段。例如，提供方框图、状态图和流程图的编辑能力，具有适合层次描述和混合信号描述的硬件描述语言(如 VHDL、AHDL 或 Verilog-HDL)，同时含有各种工艺的标准元件库。只有具备上述功能的 EDA 工具，才可能使电子系统工程师在不熟悉各种半导体工艺的情况下，完成电子系统的设计。

21世纪开始，随着微电子技术的进一步发展，EDA设计进入了更高的阶段，即片上系统设计(System On Programmable Chip，SOPC)阶段，在这个阶段，可编程逻辑器件内集成了数字信号处理器的内核、微处理器的内核等，使得可编程逻辑器件不再只是完成复杂的逻辑功能，而是具有强大的信号处理和控制功能。SOPC技术的进一步发展必将给电子系统的设计带来一场深刻的变革。

1.1.2 EDA技术含义

EDA技术是一门迅速发展的新技术，涉及面广，内容丰富，理解各异，目前尚无统一的看法。从一般认识上，将EDA技术分成狭义EDA技术和广义EDA技术。

狭义EDA技术，就是指以大规模可编程逻辑器件为设计载体，以硬件描述语言为系统逻辑描述的主要表达方式，以计算机、大规模可编程逻辑器件的开发软件及实验开发系统为设计工具，通过有关的开发软件，自动完成用软件方式设计的电子系统到硬件系统的逻辑编译、逻辑化简、逻辑分割、逻辑综合及优化、逻辑布局布线、逻辑仿真，直至对于特定目标芯片的适配编译、逻辑映射、编程下载等工作，最终形成集成电子系统或专用集成芯片的一门新技术，或称为IES/ASIC自动设计技术。狭义EDA技术也就是使用EDA软件进行数字系统的设计，这也是本书所要介绍的内容。

广义EDA技术，是通过计算机及其电子系统的辅助分析和设计软件，完成电子系统某一部分的设计过程。因此，广义EDA技术除了包含狭义的EDA技术外，还包括计算机辅助分析CAA技术(如PSPICE、EWB、MATLAB等)，印刷电路板计算机辅助设计PCB-CAD技术(如PROTEL、ORCAD等)和其他高频和射频设计和分析的工具等。

不论是广义EDA还是狭义EDA技术，它们都有以下共同的特点：

(1) 通过使用相应的电路分析和设计软件，完成电子系统某部分的设计。

(2) 在电子系统设计中所使用的EDA软件基本都符合自顶向下的设计流程的理念。

(3) 使用EDA软件设计电子系统，都需要分工设计，团体协作。

(4) 使用EDA软件设计电子系统，提高了设计的效率，缩短了设计周期。

(5) 使用EDA软件设计电子系统，采用了模块化和层次化的设计方法。

(6) 大多数EDA软件都具有仿真或模拟功能。

综上所述，EDA技术的不断发展为日益庞大的电子系统设计提供了强大的动力和技术保障。

1.1.3 EDA技术主要内容

基于狭义EDA技术进行可编程逻辑器件的设计应掌握以下几个方面的内容：

- 大规模可编程逻辑器件(Programmable Logic Device，PLD)，PLD是利用EDA技术进行电子系统设计的载体。
- 硬件描述语言(Hardware Description Language，HDL)，HDL语言是利用EDA技术进行电子系统设计的主要表达手段。

- EDA 设计软件(Electronic Design Automation Software,EDAS),EDA 设计软件是利用 EDA 技术进行电子系统设计的自动化设计工具;
- 相关的硬件平台,硬件平台是利用 EDA 技术进行电子系统设计的下载工具及硬件验证工具。

下面对这几个问题进行详细描述。

1. 大规模可编程逻辑器件

PLD 是一种由用户编程以实现某种逻辑功能的新型逻辑器件。现在所说的 PLD 器件一般包含现场可编程门阵列(Field Programmable Gate Array,FPGA)和复杂可编程逻辑器件(Complex Programmable Logic Device,CPLD)。PLD 器件的应用十分广泛,它们将随着 EDA 技术的发展而成为电子设计领域的重要角色。

FPGA 在结构上主要分为三个部分,可编程逻辑单元、可编程输入输出单元和可编程连线。CPLD 在结构上主要包括三个部分,即可编程逻辑宏单元、可编程输入输出单元和可编程内部连线。

由于 PLD 的集成规模非常大,因此可利用先进的 EDA 工具进行电子系统设计和产品开发。由于开发工具的通用性、设计语言的标准化以及设计过程几乎与所用器件的硬件结构无关,因而设计开发成功的各类逻辑功能块软件有很好的兼容性和可移植性。它几乎可用于任何型号和规模的 PLD 中,从而使得产品设计效率大幅度提高,可以在很短时间内完成十分复杂的系统设计,这正是产品快速进入市场最重要的特征。

与 ASIC 设计相比,PLD 显著的优势是开发周期短、投资风险小、产品上市速度快、市场适应能力强和硬件升级回旋余地大,而且当产品定型和产量扩大后,可将在生产中达到充分检验的 HDL 设计迅速实现 ASIC 投产。

2. 硬件描述语言

常用硬件描述语言有 VHDL、Verilog 和 ABEL 语言。VHDL 起源于美国国防部的 VHSIC,Verilog 起源于集成电路的设计,ABEL 则来源于可编程逻辑器件的设计。

下面从使用方面对这三种语言进行对比。

(1) 逻辑描述层次。一般的硬件描述语言可以在三个层次上进行电路描述,其层次由高到低依次可分为行为级、RTL 级和门电路级。VHDL 语言是一种高级描述语言,适用于行为级和 RTL 级的描述,最适于描述电路的行为;Verilog 语言和 ABEL 语言是一种较低级的描述语言,适用于 RTL 级和门电路级的描述,最适于描述门级电路。

(2) 设计要求。VHDL 进行电子系统设计时可以不了解电路的结构细节,设计者所做的工作较少;Verilog 和 ABEL 语言进行电子系统设计时需了解电路的结构细节,设计者需做大量的工作。

(3) 综合过程。任何一种语言源程序,最终都要转换成门电路级才能被布线器或适配器所接受。因此,VHDL 语言源程序的综合通常要经过行为级→RTL 级→门电路级的转化,VHDL 几乎不能直接控制门电路的生成。而 Verilog 语言和 ABEL 语言源程序的综合过程要稍简单,即经过 RTL 级→门电路级的转化,易于控制电路资源。

(4) 对综合器的要求。VHDL 描述语言层次较高,不易控制底层电路,因而对综合器的性能要求较高,Verilog 和 ABEL 对综合器的性能要求较低。

(5) 支持的 EDA 工具。支持 VHDL 和 Verilog 的 EDA 工具很多,但支持 ABEL 的综合器仅仅 Dataio 一家。

(6) 国际化程度。VHDL 和 Verilog 已成为 IEEE 标准,而 ABEL 正朝国际化标准努力。在新世纪中,VHDL 与 Verilog 语言将承担几乎全部的数字系统设计任务。

3. 软件开发工具

基于高复杂度 PLD 器件的开发,在很大程度上要依靠 EDA 软件完成。PLD 的 EDA 工具以计算机软件为主,将典型的单元电路封装起来形成固定模块并形成标准的硬件开发语言(如 HDL 语言)供设计人员使用。设计人员考虑如何将可组装的软件库和软件包搭建出满足需求的功能模块甚至完整的系统。PLD 开发软件需要自动地完成逻辑编译、化简、分割、综合及优化、布局布线、仿真以及对于特定目标芯片的适配编译和编程下载等工作。典型的 EDA 工具中必须包含两个特殊的软件包,即综合器和适配器。

综合器的功能就是将设计者在 EDA 平台上完成的针对某个系统项目的 HDL、原理图或状态图形描述,针对给定的硬件系统组件,进行编译、优化、转换和综合。

随着开发规模的级数性增长,就必须减短 PLD 开发软件的编译时间,并提高其编译性能以及提供丰富的知识产权 IP(Intellectual Property)核资源供设计人员调用。

此外,PLD 开发界面的友好性以及操作的复杂程度也是评价其性能的重要因素。目前在 PLD 产业领域中,PLD 厂商的开发工具的性能已成为其 PLD 产品能否大规模应用的重要影响因素。只有全面做到芯片技术领先、文档完整和 PLD 开发软件性能优良,芯片提供商才能获得客户的认可。

1) 主流厂家的 EDA 软件工具

目前比较流行的、主流厂家的 EDA 的软件工具有 Xilinx 的 Foundation Series、ISE/ISE-WebPACK Series。Altera 的 MAX+plus Ⅱ、Quartus Ⅱ,Lattice 的 ispEXPERT、这些软件的基本功能相同,主要差别是面向的目标器件不一样和性能各有优劣。

(1) Foundation Series。它是 Xilinx 公司集成开发的 EDA 工具。它采用自动化的、完整的集成设计环境。Foundation 项目管理器集成了 Xilinx 实现工具,并包含了强大的 Synopsys FPGA Express 综合系统,是业界最强大的 EDA 设计工具之一。

(2) ISE/ISE-WebPACK Series。它是 Xilinx 公司新近推出的全球性能最高的 EDA 集成软件开发环境(Integrated Software Environment,ISE)。Xilinx ISE 操作简易方便,其提供的各种最新改良功能能解决以往各种设计上的瓶颈,加快了设计与检验的流程,如 Project Navigator(先进的设计流程导向专业管理程式)让设计人员能在同一设计工程中使用 Synplicity 与 Xilinx 的合成工具,混合使用 VHDL 及 Verilog HDL 源程序,让设计人员能使用固有的 IP 与 HDL 设计资源达至最佳的结果。使用者亦可链结与启动 Xilinx Embedded Design Kit (EDK) XPS 专用管理器,以及使用新增的 Automatic Web Update 功能来监视软件的更新状况向使用者发送通知,及让使用者进行下载更新档案,以令其 ISE 的设定维持最佳状态。

ISE的高版本软件提供各种独特的高速设计功能，如新增的时序限制设定。先进的管脚锁定与空间配置编辑器(Pinout and Area Constraints Editor，PACE)提供操作简易的图形化界面针脚配置与管理功能。

Xilinx的最新的EDK软件包可以对片上可编程系统(System On-A Programmable Chip，SOPC)进行开发和设计，System Generator可以进行数字信号处理应用的开发和设计。

(3) MAX＋plus Ⅱ。是Altera公司推出的一个使用非常广泛的EDA软件工具，它支持原理图、VHDL和Verilog语言文本文件以及以波形与EDIF等格式的文件作为设计输入，并支持这些文件的任意混合设计。它具有门级仿真器，可以进行功能仿真和时序仿真，能够产生精确的仿真结果。在适配之后，MAX＋plus Ⅱ生成供时序仿真用的EDIF、VHDL和Verilog这三种不同格式的网表文件。

(4) Quartus Ⅱ。是Altera公司的新近推出的EDA软件工具，其设计工具完全支持VHDL、Verilog的设计流程，其内部嵌有VHDL、Verilog逻辑综合器。第三方的综合工具，如Leonardo Spectrum、Synplify Pro、FPGA Compiler Ⅱ有着更好的综合效果，因此通常建议使用这些工具来完成VHDL/Verilog源程序的综合。Quartus Ⅱ可以直接调用这些第三方工具。同样，Quartus Ⅱ具备仿真功能，但也支持第三方的仿真工具，如Modelsim。此外，Quartus Ⅱ为Altera DSP开发包进行系统模型设计提供了集成综合环境，它与MATLAB和DSP Builder结合可以进行基于FPGA的DSP系统开发，是DSP硬件系统实现的关键EDA工具。Quartus Ⅱ还可与SOPC Builder结合，实现SOPC系统开发。

(5) ispEXPERT。ispEXPERT System是ispEXPERT的主要集成环境。通过它可以进行VHDL、Verilog及ABEL语言的设计输入、综合、适配、仿真和在系统下载。ispEXPERT System是目前流行的EDA软件中最容易掌握的设计工具之一，它界面友好，操作方便，功能强大，并与第三方EDA工具兼容良好。

2) 第三方EDA工具

在基于EDA技术的实际开发设计中，由于所选用EDA工具软件的某些性能受局限或不够好，为了使设计性能达到最佳，往往需要使用第三方工具。业界最流行的第三方EDA工具有：逻辑综合性能最好的Synplify，仿真功能最强大的ModelSim。

(1) Synplify。它是Cadence公司的产品，它是一个逻辑综合性能最好的PLD逻辑综合工具。它支持工业标准的Verilog和VHDL混合硬件硬件描述语言编程，能高效将文本文件转换为高性能的设计网表；它在综合后还可以生成VHDL和Verilog仿真网表，以便对原设计进行功能仿真；它具有符号化的FSM编译器，以实现高级的状态机转化，并有一个内置的语言敏感的编辑器；它的编辑窗口可以在HDL源文件高亮显示综合后的错误，以便能够迅速定位和纠正所出现的问题；它具有图形调试功能，在编译和综合后可以以图形方式(RTL图、Technology图)观察结果。

(2) ModelSim。它是Mentor Graphics公司的产品，支持VHDL和Verilog的混合仿真。使用它可以进行三个层次的仿真，即RTL(寄存器传输层次)、Functional(功能)和Gate-Level(门级)。RTL级仿真仅验证设计的功能，没有时序信息；功能级是经过综合器逻辑综合后，针对特定目标器件生成的 VHDL 网表进行仿真；而门级仿真是经过布线器、适配器后，对生成的门级 VHDL 网表进行的仿真，此时在 VHDL 网表中含有精确的时序延迟信息，因而可以得到与硬件相对应的时序仿真结果。

4. 硬件开发平台

硬件开发平台提供芯片下载电路及 EDA 实验/开发的外围资源，以供硬件验证用。硬件开发平台一般包括以下内容：

(1) 实验或开发所需的各类基本信号发生模块，包括时钟、脉冲、高低电平等。

(2) PLD 输出信息显示模块，包括数码显示、发光管显示、声响指示等。

(3) 监控程序模块，提供"电路重构软配置"。

(4) 目标芯片适配座以及上面的 FPGA/CPLD 目标芯片和编程下载电路。

1.2 PLD 设计方法学

1.2.1 PLD 设计概论

随着 EDA 技术的不断发展，其设计方法也发生着显著的变化，设计已经从传统的自下而上的方法，转变成自上而下的设计方法。

如图 1.1 所示，传统上的设计方法是自下而上(Bottom-up)的设计方法，是以固定功能元件为基础，基于电路板的设计方法。这种设计方法有下面的缺点：

(1) 设计依赖于设计人员的经验。

(2) 设计依赖于现有的通用元器件。

(3) 设计后期的仿真不易实现，并且调试复杂。

(4) 设计实现周期长，灵活性差，耗时耗力，效率低下。

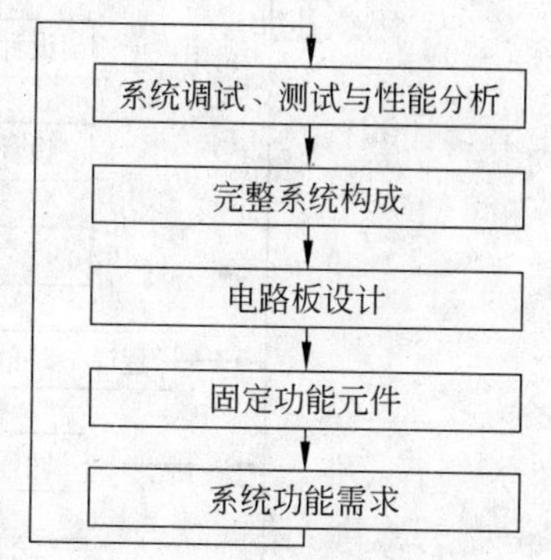

图 1.1 传统设计方法

目前微电子技术已经发展到 SoC 阶段，即集成系统(Integrated System)阶段，相对于集成电路 IC 的设计思想有着革命性的变化。使用传统的设计方法设计这样庞大的系统已经是不可能的，因此需要按照层次化、结构化的设计方法来实施。首先由总设计师将整个开发任务划分为若干个可操作的模块，并对其接口和资源进行评估，编制出相应的行为或结构模型，再将其分配给下一层的设计师。这就允许多个设计者同时设计一个硬件系统中的不同模块，并为自己所设计的模块负责；然后由上层设计师对下层模块进行功能验证。这种设计流程就是典型的自上而下(top-down)的设计方法。

自上而下是指将数字系统的整体逐步分解为各个子系统和模块，若子系统规模较大，则还需将子系统进一步分解为更小的子系统和模块，层层分解，直至整个系统中各个子系统关系合理，便于逻辑电路级的设计和实现为止。自上而下设计中可逐层描述，逐层仿真，以保证满足系统指标。

在工程实践中，还存在软件编译时长的问题。由于大型设计包含多个复杂的功能模块，其时序收敛与仿真验证复杂度很高，为了满足时序指标的要求，往往需要反复修改源文件，再对所修改的新版本进行重新编译，直到满足要求为止。这里面存在两个问题：首先，软件编译一次需要长达数小时甚至数周的时间，这是开发所不能容忍的；其次，重新编译和布局布线后结果差异很大，会将已满足时序的电路破坏。因此必须提出一种有效提高设计性能，继承已有结果，便于团队化设计的软件工具。FPGA厂商意识到这类需求，由此开发出了相应的逻辑锁定和增量设计的软件工具。例如，Xilinx公司的解决方案就是PlanAhead。PlanAhead允许高层设计者为不同的模块划分相应FPGA芯片区域，并允许底层设计者在所给定的区域内独立地进行设计、实现和优化，等各个模块都正确后，再进行设计整合。

1.2.2 PLD设计流程

PLD的设计流程就是利用EDA开发软件和编程工具对PLD芯片进行开发的过程。以典型的FPGA的开发为例，如图1.2所示，其设计流程包括设计目标、设计输入、设计综合，行为仿真，翻译、映射和布局布线，时序仿真，系统验证和系统产品等主要过程。

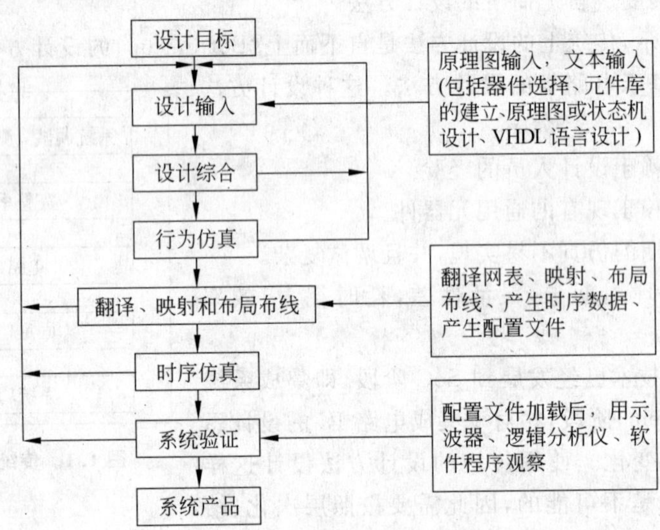

图1.2 FPGA开发的一般流程

1. 设计目标

在系统设计之前，首先要进行的是方案论证、系统设计和FPGA芯片选择等准备工作。系统工程师根据任务要求，如系统的指标和复杂度，对工作速度和芯片本身的各种资源、成本等方面进行权衡，选择合理的设计方案和合适的器件类型。一般都采用自顶向下的设计方法，把系统分成若干个基本单元，然后再把每个基本单元划分为下一层次的基本单元，一直这样做下去，直到可以直接使用EDA元件库为止。

2. 设计输入

设计输入是将所设计的系统或电路以开发软件要求的某种形式表示出来，并输入EDA工具的过程。常用的方法有硬件描述语言HDL和原理图输入方法等。原理图输入方式是一种最直接的描述方式，在可编程芯片发展的早期应用比较广泛，它将所需的器件从元件库中调出来，画出原理图。这种方法虽然直观并易于仿真，但效率很低，且不易维护，不利于模块构造和重用。更主要的缺点是可移植性差，当芯片升级后，所有的原理图都需要作一定的改动。目前，在实际开发中应用最广的就是HDL语言输入法，利用文本描述设计，可以分为普通HDL和行为HDL。普通HDL有ABEL、CUR等，支持逻辑方程、真值表和状态机等表达方式，主要用于简单的小型设计。而在中大型工程中，主要使用行为HDL，其主流语言是Verilog HDL和VHDL。这两种语言都是美国电气与电子工程师协会(Institute of Electrical and Electronics Engineers, IEEE)的标准，其共同的突出特点有：语言与芯片工艺无关，利于自顶向下设计，便于模块的划分与移植，可移植性好，具有很强的逻辑描述和仿真功能，而且输入效率很高。

3. 功能仿真

功能仿真，也称为前仿真，是在编译之前对用户所设计的电路进行逻辑功能验证，此时的仿真没有延迟信息，仅对初步的功能进行检测。仿真前，要先利用波形编辑器和HDL等建立波形文件和测试向量(即将所关心的输入信号组合成序列)，仿真结果将会生成报告文件和输出信号波形，从中便可以观察各个节点信号的变化。如果发现错误，则返回设计修改逻辑设计。常用的工具有Model Tech公司的ModelSim、Sysnopsys公司的VCS和Cadence公司的NC-Verilog以及NC-VHDL等软件。

4. 综合优化

所谓综合就是将较高级抽象层次的描述转化成较低层次的描述。综合优化根据目标与要求优化所生成的逻辑连接，使层次设计平面化，供FPGA布局布线软件进行实现。就目前的层次来看，综合优化(synthesis)是指将设计输入编译成由与门、或门、非门、RAM、触发器等基本逻辑单元组成的逻辑连接网表，而并非真实的门级电路。真实具体的门级电路需要利用FPGA制造商的布局布线功能，根据综合后生成的标准门级结构网表来产生。为了能转换成标准的门级结构网表，HDL程序的编写必须符合特定综合器所要求的风格。由于门级结构、RTL级的HDL程序的综合是很成熟的技术，所有的综合器都可以支持到这一级别的综合。常用的综合工具有Synplicity公司的Synplify/Synplify Pro软件以及各个FPGA厂家自己推出的综合开发工具。

5. 综合后仿真

综合后仿真检查综合结果是否和原设计一致。在仿真时，把综合生成的标准延时文件反标注到综合仿真模型中去，可估计门延时带来的影响。但这一步骤不能估计线延时，因此和布线后的实际情况还有一定的差距，并不十分准确。目前的综合工具较为成熟，对于一般的设计可以省略这一步，但如果在布局布线后发现电路结构和设计意图不符，则需要回溯到综合后仿真来确认问题之所在。在功能仿真中介绍的软件工具一般都支持综合后仿真。

6. 实现与布局布线

实现是将综合生成的逻辑网表配置到具体的FPGA芯片上的过程，布局布线是其中最重要的一个步骤。布局将逻辑网表中的硬件原语和底层单元合理地配置到芯片内部的固有硬件结构上，并且往往需要在速度最优和面积最优之间作出选择。布线根据布局的拓扑结构，利用芯片内部的各种连线资源，合理正确地连接各个元件。目前，FPGA的结构非常复杂，特别是在有时序约束条件时，需要利用时序驱动的引擎进行布局布线。布线结束后，软件工具会自动生成报告，提供有关设计中各部分资源的使用情况。由于只有FPGA芯片生产商对芯片结构最为了解，所以布局布线必须选择芯片开发商提供的工具。

7. 时序仿真

时序仿真，也称为后仿真，是指将布局布线的延时信息反标注到设计网表中来检测有无时序违规(即不满足时序约束条件或器件固有的时序规则，如建立时间、保持时间等)现象。时序仿真包含的延迟信息最全，也最精确，能较好地反映芯片的实际工作情况。由于不同芯片的内部延时不一样，不同的布局布线方案也给延时带来不同的影响。因此在布局布线后，通过对系统和各个模块进行时序仿真，分析其时序关系，估计系统性能，以及检查和消除竞争冒险是非常有必要的。在功能仿真中介绍的软件工具一般都支持综合后仿真。

8. 板级仿真与验证

板级仿真主要应用于高速电路设计中，对高速系统的信号完整性、电磁干扰等特征进行分析，一般都以第三方工具进行仿真和验证，比如Mentor Graphics公司的PADs软件。

9. 芯片编程与调试

设计的最后一步就是芯片编程与调试。芯片编程是指产生可用的比特流文件，然后将编程数据下载到FPGA芯片的过程。其中，芯片编程需要满足一定的条件，如编程电压、编程时序和编程算法等方面。逻辑分析仪(Logic Analyzer，LA)是FPGA设计的主要调试工具，但需要引出大量的测试管脚，且逻辑分析仪价格昂贵。目前，主流的FPGA芯片生产商都提供了内嵌的在线逻辑分析仪(如Xilinx ISE中的ChipScope、Altera QuartusⅡ中的SignalTapⅡ以及SignalProb)来解决上述问题，它们只需要占用少量的芯片上的逻辑资源，对系统调试具有很高的实用价值。

1.2.3 SOPC 设计流程

随着 EDA 技术和 PLD 制造技术的不断发展，出现了片上可编程系统 SOPC，它的出现使得 PLD 的设计流程变的更加复杂，图 1.3 给出了 Xilinx 的 SOPC 的典型设计流程。

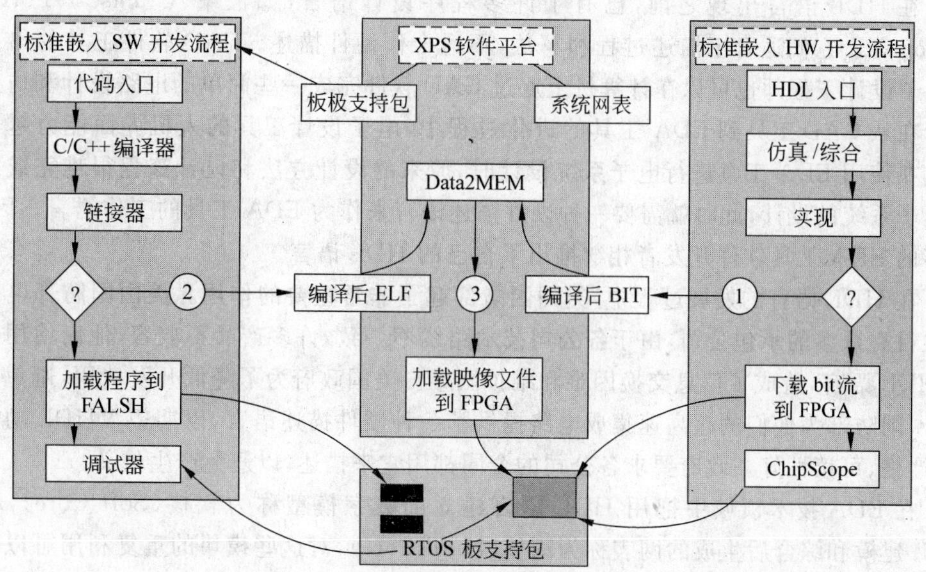

图 1.3　Xilinx 的 SOPC 设计流程

Xilinx 公司的 XPS 软件工具包和 FPGA 的平台既支持已有的 PLD 的开发流程，也支持基于软核和硬核处理器的 SOPC 的软件设计。从 SOPC 的设计流程可以看出，整个 SOPC 的设计是通过软件和硬件的协同设计完成的。从图中可以看出，软件代码和硬件代码在独立运行的时候就是传统意义上的软件设计流程和 PLD 设计流程。只有软件和硬件设计代码通过相互的连接后(使用 Data2MEM 工具)，才是真正意义上的 SOPC 的设计流程。

从图中也可以看出，SOPC 的设计流程实际上就是软件和硬件协同设计流程。在这个设计流程中应该重点考虑以下方面的问题：

(1) 如何选择 SOPC 芯片，一方面是性能的考虑，另一方面是对于软件的考虑。

(2) 如何对 SOPC 的设计进行验证。

(3) 如何对 SOPC 的设计提供板极支持包。

1.3　HDL 硬件描述语言

1.3.1 HDL 硬件描述语言概念

硬件描述语言(HDL)是硬件设计人员和电子设计自动化(EDA)工具之间的界面，其主要目的是用来编写设计文件，建立电子系统行为级的仿真模型。即利用计算机的强大功能对 Verilog HDL 或 VHDL 建模的复杂数字逻辑进行仿真，然后再自动综合，生成符合要求且在电路结构上可以实现的逻辑网表(Netlist)，根据网表和某种工艺的器件自动生成具体电路，最后生成该工艺条件下这种具体电路的时延模型。仿真验证无误后，该模型可用于制造 ASIC 芯片或写入 CPLD 和 FPGA 器件中。

在 HDL 语言出现之前，已有了许多程序设计语言，如汇编、C、Pascal、Fortran、Prolog 等。它们适合于描述过程和算法，不适合作硬件描述。CAD 软件工具的出现使得电子设计工程师也可以在计算机上通过 CAD 软件完成一些简单的电路设计和仿真功能。在从 CAD 工具到 EDA 工具的进化过程中，电子设计工具的人机界面能力越来越高。在使用 EDA 工具进行电子系统设计时，原来的设计方法和设计流程很难完成复杂的电子系统的设计，此时就需要一种硬件描述语言来作为 EDA 工具的工作语言。因此，众多的 EDA 工具软件开发者相继推出了自己的 HDL 语言。

在 HDL 语言的发展过程中，美国国防部起了非常重要的作用。美国国防部电子系统项目有众多的承包公司，由于各公司技术路线不一致，许多产品不兼容，他们使用各自的 HDL 语言，造成了信息交换困难和维护困难。美国政府为了降低开发费用，避免重复设计，国防部为他们的超高速集成电路提供了一种硬件描述语言，以期望 VHDL 功能强大、严格、可读性好。政府要求各公司的合同都用它来描述，以避免产生歧义。

在 EDA 技术领域中把用 HDL 语言建立的数字模型称为软核(Soft Core)，把用 HDL 建模和综合后生成的网表称为固核(Hard Core)，对这些模块的重复利用可以缩短开发时间，提高产品开发率，提高设计效率。

传统的用原理图设计电路的方法已逐渐消失，取而代之，HDL 语言正被人们广泛接受，出现这种情况有以下几点原因：

(1) 电路设计将继续保持向大规模和高复杂度发展的趋势。20 世纪 90 年代末设计的规模已达到百万门的数量级，并且有继续增加的趋势。随着微电子技术的不断发展，芯片的集成度和设计的复杂度不断地增加。芯片的集成密度已达到一千万个晶体管以上，为了在如此复杂的芯片上进行设计，用一种高级语言来表达其功能而隐藏具体实现细节是很必要的。工程人员必须使用 HDL 进行设计，而把具体实现留给逻辑综合工具去完成。

(2) 电子领域的竞争越来越激烈，刚刚从事电子系统设计的人员要面对巨大的压力，提高逻辑设计的效率，降低设计成本，更重要的是缩短设计周期。而不同层次的仿真可以在设计完成之前检测到设计错误，这样能够减少重复设计的次数。因此，HDL 语言和仿真工具在将设计错误的数目减少到最低限方面起到了重要的作用，使第一次便能成功地实现投片成为可能。

(3) 使用 HDL 语言描述将验证各种设计方案变成一件比较容易的事情。对方案的修改只需要修改 HDL 程序，这比修改原理图要方便得多。

1.3.2 HDL语言特点和比较

1. HDL 语言特点

HDL 语言之所以能成为国际标准并大规模的应用，与 HDL 语言的特点是分不开的,HDL语言的特点主要体现在以下几个方面：

(1) HDL语言既包含一些高层程序设计语言的结构形式,同时也兼顾描述硬件线路连接的具体构件。

(2) HDL语言是并发的,即具有在同一时刻执行多任务的能力。一般来讲编程语言是非并行的,但在实际硬件中许多操作都是在同一时刻发生的,所以HDL语言具有并发的特征。

(3) HDL语言有时序的概念。一般来讲,编程语言是没有时序概念的,但在硬件电路中从输入到输出总是有延迟存在的,为描述这些特征,HDL语言需要建立时序的概念。因此,使用HDL除了可以描述硬件电路的功能外,还可以描述其时序要求。

(4) 通过使用结构级或行为级描述可以在不同的抽象层次描述设计,HDL语言采用自顶向下的数字电路设计方法,主要包括3个领域5个抽象层次,如表1.1所示。

表1.1 HDL抽象层次描述表

领域 / 内容 / 抽象层次	行为领域	结构领域	物理领域
系统级	性能描述	部件及它们之间的逻辑连接方式	芯片、模块、电路板和物理划分的子系统
算法级	I/O应答算法级	硬件模块数据结构	部件之间的物理连接、电路板、底盘等
寄存器传输级	并行操作寄存器传输、状态表	算术运算部件、多路选择器、寄存器总线、微定序器、微存储器之间的物理连接方式	芯片、宏单元
逻辑级	用布尔方程叙述	门电路、触发器、锁存器	标准单元布图
电路级	微分方程表达	晶体管、电阻、电容、电感元件	晶体管布图

2. Verilog和VHDL比较

Verilog HDL和VHDL是目前两种最常用的硬件描述语言,同时也都是IEEE标准化的HDL语言。总的来说,它们有以下几点不同：

(1) 从推出的过程来看,VHDL偏重于标准化的考虑,而Verilog HDL则和EDA工具结合得更为紧密。VHDL是为了实现美国国防部VHSIC计划所推出的各个电子部件供应商具有统一数据交换格式标准的要求。相比之下,Verilog HDL的商业气息更浓,它是在全球最大的EDA/ESDA供应商Cadence公司的支持下针对EDA工具专门开发的硬件描述语言。

(2) Verilog HDL至今已有20多年的历史了,因此Verilog HDL拥有广泛的设计群体,成熟的资源远比VHDL丰富。同时Verilog HDL是从高级设计语言C语言发展而来的,相比VHDL而言更容易上手,其编码风格也更为简洁明了,是一种非常容易掌握的硬件描述语言。

(3) 目前版本的Verilog HDL和VHDL在行为级抽象建模的覆盖范围方面也有所

不同。Verilog HDL比较适合算法级、寄存器传输级、逻辑级以及门级的设计，而VHDL更适合特大型系统级的设计。

1.3.3 HDL语言最新发展

随着设计规模的进一步扩大，当前超大规模集成电路的设计面临着这样一些问题：

(1) 设计重用、知识产权和内核插入。

(2) 电路综合，特别是高层次的综合和混合模型的综合。

(3) 验证，包括仿真验证和形式验证等自动验证手段。

(4) 深亚微米效应。

按传统方法，硬件抽象级的模型类型分为以下5种：

(1) 系统级(system)用语言提供的高级结构实现系统运行的模型。

(2) 算法级(algorithm)用语言提供的高级结构实现算法运行的模型。

(3) RTL级(Register Transfer Level)描述数据如何在寄存器之间流动和如何处理、控制这些数据流动的模型。

(4) 门级(gate-level)描述逻辑门以及逻辑门之间的连接模型，与逻辑电路有确切的连接关系。

(5) 开关级(switch-level)描述器件中三极管和存储结点以及它们之间连接的模型，开关级与具体的物理电路有对应关系，设计人员必须掌握工艺库元件和宏部件。

这些类型中，前3种都属于行为描述，只有RTL级才与逻辑电路有明确的对应关系。作为数字系统设计人员则必须掌握前4种类型。

根据目前芯片设计的发展趋势，验证级和综合抽象级也有可能成为一种标准级别(因为它们适合于IP核复用和系统级仿真综合优化的需要)，而软件包括嵌入式、固件式，也越来越成为一个和系统密切相关的抽象级别。

目前对于一个系统芯片设计项目，可以采用的方案包括以下几种：

(1) 最传统的办法是在系统级采用VHDL，在软件级采用C语言，在实现级采用Verilog。目前，VHDL和Verilog的互操作性已经逐步走向标准化，但软件与硬件的协调设计还是一个很具挑战性的工作，因为软件越来越成为SoC设计的关键。该方案的特点是：风险小，集成难度大，与原有方法完全兼容，有现成的开发工具，但工具集成由开发者自行负责完成。

(2) 系统级及软件级采用Superlog，硬件级和实现级均采用Verilog HDL描述，这样和原有的硬件设计可以兼容。只要重新采购两个Superlog开发工具STSTEMSIMTM和SYSTEMEXTM即可。该方案特点是风险较小，易于集成，与原硬件设计兼容性好，有集成开发环境。

(3) 系统级和软件级采用SystemC，硬件级采用Verilog HDL，SystemC与常规的Verilog HDL互相转换，与原来的软件编译环境完全兼容。开发者只需要一组描述类库和一个包含仿真核的库，就可以在通常ANSI C++编译环境下开发，但硬件描述与原有方法完全不兼容。该方法特点是风险较大，与原软件开发兼容性好，硬件开发有风险。

对于未来数字系统的设计，必须把模型建立放在最重要的方面来考虑。这是因为，随着数字系统的日益复杂，一旦有一个设计部分出现问题，就有可能导致整个设计的失败，这样会浪费大量的人力、物力和时间。可以想象的是，未来的电子系统设计就是对电子系统建立模型和实现模型的过程。

习 题 1

1. 说明 EDA 技术的发展阶段和每个阶段的特点。
2. 说明 EDA 技术的含义和内容。
3. 比较电子系统传统设计方法和基于 EDA 技术的设计方法。
4. 说明 PLD 的典型设计流程。
5. 说明 HDL 语言的特点及其分类。
6. 说明 VHDL 语言和 Verilog 语言的相同点和不同点。

第2章 chapter 2

可编程逻辑器件设计方法

根据产品的产量、设计周期等几个因素，一般将集成电路(Integrated Circuit，IC)设计方法上分为6类：

(1) 全定制法，如ROM，RAM或PLA等。

(2) 定制法，通常包括标准单元法和通用单元法。

(3) 半定制法，通常包括数字电路门阵列和线性阵列。

(4) 模块编译法，对设计模块进行描述，然后通过编译直接得到电路掩膜版图。

(5) 可编程逻辑器件法，通常是指PAL、PLA、GAL器件和CPLD器件。

(6) 逻辑单元阵列法，通常是指现场可编程门阵列FPGA器件。

其中的可编程逻辑器件法和逻辑单元阵列法是本书所要介绍的内容。本章首先介绍可编程逻辑的基础知识，然后介绍PLD芯片的制造工艺，在此基础上介绍CPLD芯片和FPGA芯片的内部结构，最后对Xilinx的CPLD和FPGA芯片的特性进行详细的介绍。读者通过该章内容的学习，初步掌握PLD器件的结构，为后续章节的学习打下基础。

2.1 可编程逻辑器件基础

2.1.1 可编程逻辑器件概述

可编程逻辑器件(PLD)起源于20世纪70年代，是在专用集成电路(Application Specific Integrated Circuits，ASIC)的基础上发展起来的一种新型逻辑器件，是当今数字系统设计的主要硬件平台，其主要特点就是完全由用户通过软件进行配置和编程，从而完成某种特定的功能，且可以反复擦写。

可编程逻辑器件PLD包含两个基本部分：逻辑阵列和输出单元或宏单元。逻辑阵列是设计人员可以编程的部分。设计人员可以通过宏单元改变PLD的输出结构。输入信号通过“与”矩阵，产生输入信号的乘积项组合，然后通过“或”矩阵相加，在经过输出单元或宏单元输出。任何逻辑功能均可以通过卡诺图和摩根定理化简得到“积之和”逻辑方程。

以“与/或”阵列为基础的PLD器件包括4种基本类型：

(1) 编程只读存储器(Programmable Read Only Memory,PROM)。

(2) 现场可编程逻辑阵列(Field Programmable Logic Array,FPLA)。

(3) 可编程阵列逻辑(Programmable Array Logic,PAL)。

(4) 通用阵列逻辑(Generic Array Logic,GAL)。

逻辑模块规模与元器件的颗粒度相关,而元器件的颗粒度又与模块之间需要完成的布线工作量相关,PLD器件按照颗粒度可以分为3类:

(1) 小颗粒度,如门海架构。

(2) 中等颗粒度,如FPGA。

(3) 大颗粒度,如CPLD。

PLD按照编程工艺可以分为4类:

(1) 熔丝(fuse)和反熔丝(antifuse)编程器件,为非易失性器件。

(2) 可擦除的可编程只读存储器(Ultraviolet Erasable Programmable Read-Only Memory, UEPROM)编程器件,为非易失性器件。

(3) 电信号可擦除的可编程只读存储器(Electrically Erasable Programmable Read-Only Memory, EEPROM)编程器件,如CPLD,为非易失性器件。

(4) SRAM编程器件,如FPGA,为易失性器件。

2.1.2 可编程逻辑器件的发展历史

可编程逻辑器件的发展可以划分为4个阶段,即从20世纪70年代初到70年代中为第1阶段,20世纪70年代中到80年代中为第2阶段,20世纪80年代到90年代末为第3阶段,20世纪90年代末到目前为第4阶段。

1. 第1阶段(20世纪70年代)

在该阶段的可编程器件只有简单的可编程只读存储器(PROM)、紫外线可擦除只读存储器(EPROM)和电信号可擦除只读存储器(EEPROM)3种,由于结构的限制,它们只能完成简单的数字逻辑功能。

2. 第2阶段(20世纪80年代)

在该阶段出现了结构上稍微复杂的可编程阵列逻辑和通用阵列逻辑器件,正式被称为PLD,能够完成各种逻辑运算功能。典型的PLD由"与"、"非"阵列组成,用"与或"表达式来实现任意组合逻辑,所以PLD能以乘积和形式完成大量的逻辑组合。PAL器件只能实现可编程,在编程以后无法修改;如需要修改,则需要更换新的PAL器件。但GAL器件不需要进行更换,只要在原器件上再次编程即可。

3. 第3阶段(20世纪90年代)

在该阶段第3阶段Xilinx和Altera分别推出了与标准门阵列类似的FPGA和类似于PAL结构的扩展性CPLD,提高了逻辑运算的速度,具有体系结构和逻辑单元灵活、集成度高以及适用范围宽等特点,兼容了PLD和通用门阵列的优点,能够实现超大规模的电路,编程方式也很灵活,成为产品原型设计和中小规模产品生产的首选。这一阶段,CPLD、FPGA器件在制造工艺和产品性能都获得长足的发展,达到了0.18微米工艺和百万门的规模。

4. 第4阶段(21世纪初)

在该阶段出现了SOPC和SOC技术,是PLD和ASIC技术融合的结果,涵盖了实时化数字信号处理技术、高速数据收发器、复杂计算以及嵌入式系统设计技术的全部内容。Xilinx和Altera也推出了相应SOPC产品,制造工艺达到65nm/40nm工艺水平,系统门数也超过百万门。并且,这一阶段的逻辑器件内嵌了硬核高速乘法器,Gbits差分串行接口,时钟频率高达500MHz的PowerPC微处理器,软核如Xilinx公司的MicroBlaze、Picoblaze,Altera公司的Nios以及NiosⅡ,不仅实现了软件需求和硬件设计的完美结合,还实现了高速与灵活性的完美结合,使PLD的应用范围从单片扩展到系统级。目前,基于PLD片上可编程的概念仍在进一步向前发展。

2.2 PLD芯片制造工艺

1. 熔丝连接技术

最早的允许对器件进行编程的技术是熔丝连接技术。在这种技术的器件中,所有逻辑的连接都是靠熔丝连接的。熔丝器件是一次可编程的,一旦编程,永久不能改变。

图2.1给出了熔丝未编程的结构。如果进行编程时,需要将熔丝烧断。图2.2给出了熔丝编程后的结构。

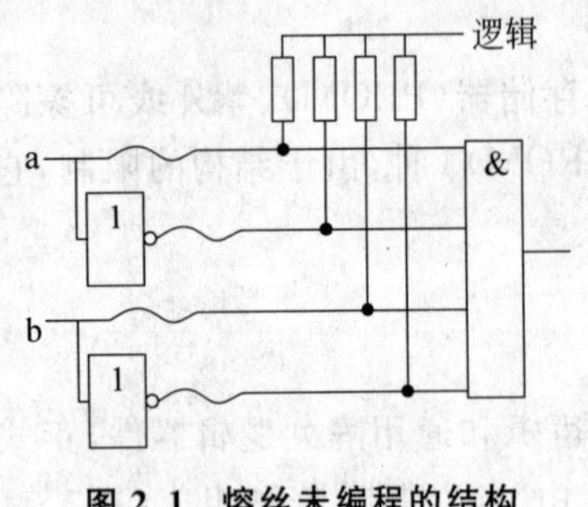

图2.1 熔丝未编程的结构

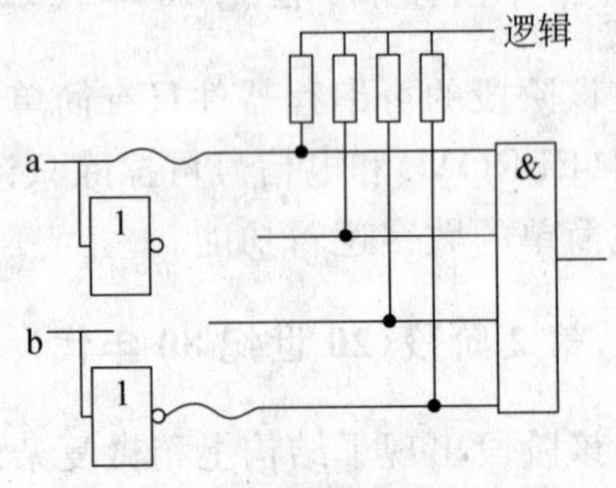

图2.2 熔丝编程后的结构

2. 反熔丝连接技术

反熔丝技术和熔丝技术相反,在未编程时,熔丝没有连接。如果编程后,熔丝将和逻辑单元连接。反熔丝开始是连接两个金属连接的微型非晶硅柱。未编程时,成高阻状态。编程结束后,形成连接。反熔丝器件是一次可编程的,一旦编程,永久不能改变。

图2.3给出了反熔丝未编程的结构。如果进行编程时,需要将熔丝连接。图2.4给出了反熔丝编程后的结构。

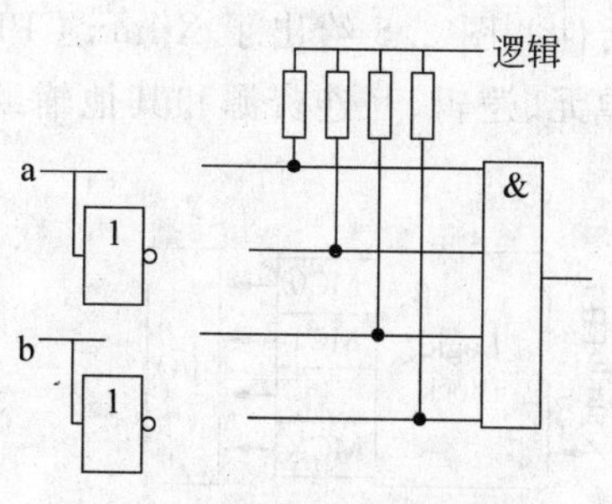

图 2.3 反熔丝未编程的结构

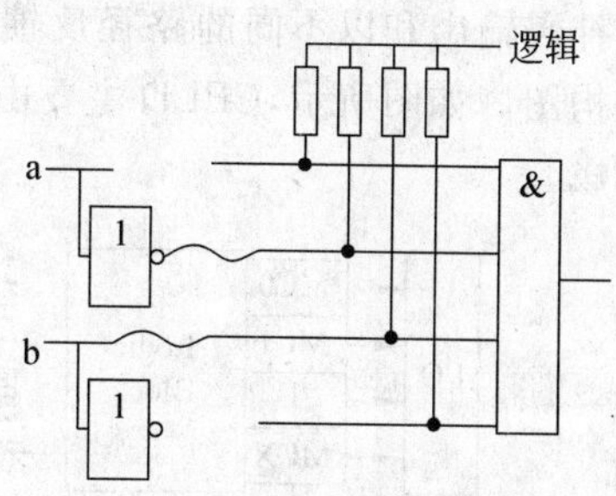

图 2.4 反熔丝编程后的结构

3. SRAM 技术

基于静态存储器 SRAM 的可编程器件，值被保存在 SRAM 中时，只要系统正常供电信息就不会丢失，否则信息将丢失。SRAM 存储数据需要消耗大量的硅面积，且断电后数据丢失。但是这种器件可以反复的编程和修改。

4. 掩膜技术

ROM 是非易失性的，系统断电后，信息被保留在存储单元中。掩膜器件可以读出，但是不能写入信息。ROM 单元保存了行和列数据，形成一个阵列，每一列有负载电阻使其保持逻辑 1，每个行列的交叉有一个关联晶体管和一个掩膜连接。这种技术代价比较高，实际上很少使用。

5. PROM 技术

PROM 是非易失性的，系统断电后，信息被保留在存储单元中。PROM 器件可以编程一次，以后只能读数据而不能写入新的数据。PROM 单元保存了行和列数据，形成一个阵列，每一列有负载电阻使其保持逻辑 1，每个行列的交叉有一个关联晶体管和一个掩膜连接。如果可以多次编程就成为 EPROM、EEPROM 技术。

6. FLASH 技术

FLASH 技术的芯片的檫除的速度比 PROM 技术要快得多。FLASH 技术可采用多种结构，与 EPROM 单元类似的具有一个浮置栅晶体管单元和 EEPROM 器件的薄氧化层特性。

2.3 PLD 芯片结构

2.3.1 CPLD 原理及结构

CPLD 由完全可编程的与/或阵列以及宏单元库构成。与/或阵列是可重新编程的，可以实现多种逻辑功能。宏单元则是可实现组合或时序逻辑的功能模块，同时还提供了真值或补码输出和以不同的路径反馈等额外的灵活性。图 2.5 给出了 Xilinx CPLD 的内部结构图。如图所示，CPLD 主要由可编程 I/O 单元、逻辑、互连资源和其他辅助功能模块构成。

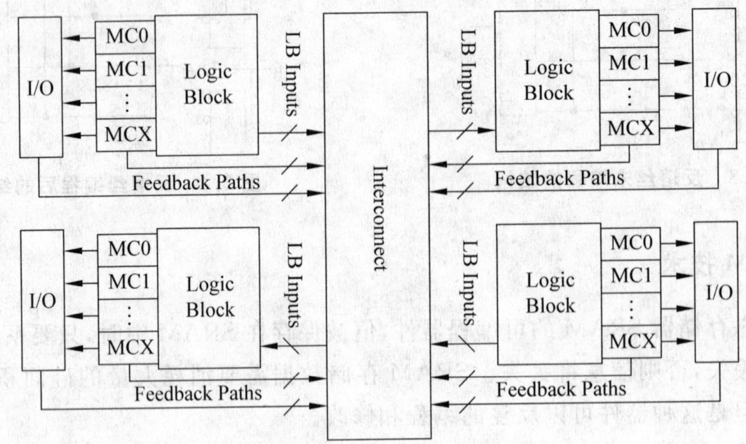

图 2.5　CPLD 的内部结构图

1. 可编程 I/O 单元

作用与 FPGA 的基本 I/O 口相同，但是 CPLD 应用范围局限性较大，I/O 的性能和复杂度与 FPGA 相比有一定的差距，支撑的 I/O 标准较少，频率也较低。

2. 基本逻辑块

CPLD 中基本逻辑块是宏单元。所谓宏单元就是由一些与、或阵列加上触发器构成的，其中“与或”阵列完成组合逻辑功能，触发器用以完成时序逻辑。与 CPLD 基本逻辑单元相关的另外一个重要概念是乘积项。所谓乘积项就是宏单元中与阵列的输出，其数量标志了 CPLD 容量。乘积项阵列实际上就是一个“与或”阵列，每一个交叉点都是一个可编程熔丝，如果导通就是实现“与”逻辑，在“与”阵列后一般还有一个“或”阵列，用以完成最小逻辑表达式中的“或”关系。图 2.6 给出了 3 输入与门的 PLD 表示方法。

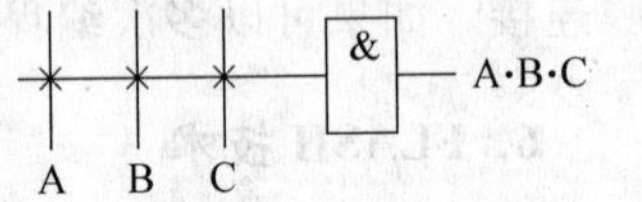

图 2.6　3 输入与门的 PLD 描述

3. 互连资源

CPLD 中的布线资源即互连资源比 FPGA 的要简单得多，布线资源也相对有限，一般采用集中式布线池结构。所谓布线池其本质就是一个开关矩阵，通过打结点可以完成不同宏单元的输入与输出项之间的连接。由于 CPLD 器件内部互连资源比较缺乏，所以在某些情况下器件布线时会遇到一定的困难。由于 CPLD 的布线池结构固定，所以 CPLD 的输入管脚到输出管脚的标准延时固定，被称为管脚到管脚的延时，用 T_{pd} 表示，T_{pd} 延时反映了 CPLD 器件可以实现的最高频率，表明了 CPLD 器件的速度等级。

4. 其他辅助功能模块

如JTAG编程模块,一些全局时钟、全局使能、全局复位/置位单元等。

2.3.2 FPGA原理及结构

1. FPGA原理

FPGA是在PAL、GAL、EPLD、CPLD等可编程器件的基础上进一步发展起来的,它是作为ASIC领域中的一种半定制电路而出现的,既解决了定制电路的不足,又克服了原有可编程器件门电路的缺点。

由于FPGA需要被反复烧写,它实现组合逻辑的基本结构不可能像ASIC那样通过固定的与非门来完成,而只能采用一种易于反复配置的结构。查找表可以很好地满足这一要求,目前主流FPGA都采用了基于SRAM工艺的查找表结构,也有一些军品和宇航级FPGA采用FLASH或者熔丝与反熔丝工艺的查找表结构。通过烧写文件改变查找表内容的方法来实现对FPGA的重复配置。

由布尔代数理论可知,对于一个n输入的逻辑运算,不管是与或非运算还是异或运算等,最多只可能存在$2n$种结果,所以如果事先将相应的结果存放于一个存储单元,就相当于实现了与非门电路的功能。FPGA的原理也是如此,它通过烧写文件去配置查找表的内容,从而在相同的电路情况下实现了不同的逻辑功能。

查找表(Look-Up-Table,LUT)本质上就是一个RAM。目前FPGA中多使用4输入的LUT,所以每一个LUT可以看成一个有4位地址线的RAM。当用户通过原理图或HDL语言描述了一个逻辑电路以后,EDA软件会自动计算逻辑电路的所有可能结果,并把真值表事先写入RAM,这样,每输入一个信号进行逻辑运算就等于输入一个地址进行查表,找出地址对应的内容后输出即可。

表2.1给出一个4与门电路的例子来说明LUT实现逻辑功能的原理。

表2.1 4输入与门的真值表

实际逻辑电路		LUT实现方式	
a,b,c,d输入	**逻辑输出**	**RAM地址**	**RAM中存储内容**
0000	0	0000	0
0001	0	0001	0
⋮	⋮	⋮	⋮
1111	1	1111	1

从表2.1可以看出,LUT具有和逻辑电路相同的功能。LUT具有更快的执行速度和更大的规模。

由于基于LUT的FPGA具有很高的集成度,其器件密度从数万门到数千万门不等,可以完成极其复杂的时序与逻辑组合逻辑电路功能,所以适用于高速、高密度的高端数字逻辑电路设计领域。

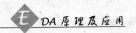

2. FPGA 结构

目前主流的 FPGA 仍是基于查找表技术的。如图 2.7 所示，FPGA 芯片主要由 6 部分完成，分别为可编程输入输出单元、基本可编程逻辑单元、完整的时钟管理、嵌入块式 RAM、丰富的布线资源、内嵌的底层功能单元和内嵌专用硬件模块。每个模块的功能如下。

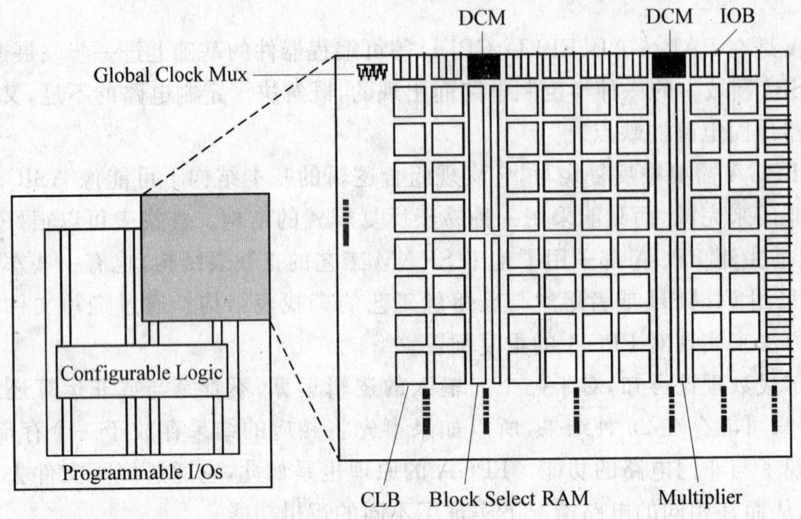

图 2.7 Virtex-Ⅱ系列 FPGA 芯片内部结构

1）可编程输入输出单元

可编程输入输出单元（Inpat/Output Block，IOB），是芯片与外界电路的接口部分，完成不同电气特性下对输入输出信号的驱动与匹配要求，其示意结构如图 2.8 所示。FPGA 内的 I/O 按组分类，每组都能够独立地支持不同的 I/O 标准。通过软件的灵活

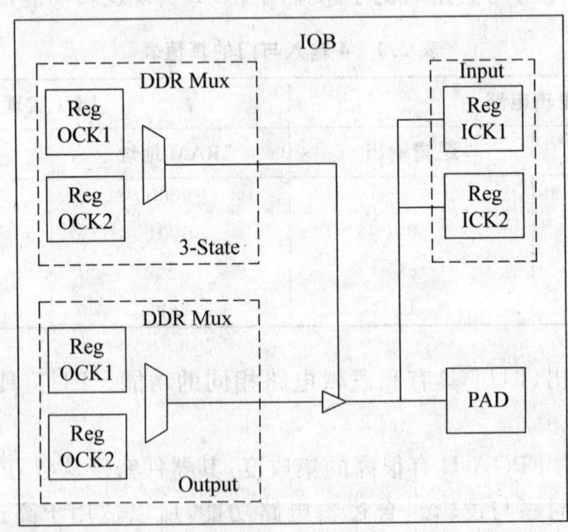

图 2.8 典型的 IOB 内部结构示意图

配置，可适配不同的电气标准与I/O物理特性，可以调整驱动电流的大小，可以改变上、下拉电阻。目前，I/O口的频率也越来越高，一些高端的FPGA通过DDR寄存器技术可以支持高达2Gb/s的数据速率。外部输入信号可以通过IOB模块的存储单元输入到FPGA的内部，也可以直接输入FPGA内部。当外部输入信号经过IOB模块的存储单元输入到FPGA内部时，其保持时间(Hold Time)的要求可以降低，通常默认为0。

为了便于管理和适应多种电器标准，FPGA的IOB被划分为若干个组(bank)，每个组的接口标准由其接口电压V_{CCO}决定，一个组只能有一种V_{CCO}，但不同组的V_{CCO}可以不同。只有相同电气标准的端口才能连接在一起，V_{CCO}电压相同是接口标准的基本条件。

2) 可配置逻辑块

可配置逻辑块(Configurable Logic Block, CLB)是FPGA内的基本逻辑单元。CLB的实际数量和特性会依器件的不同而不同，但是每个CLB都包含一个可配置开关矩阵，此矩阵由4或6个输入、一些选型电路(多路复用器等)和触发器组成。开关矩阵是高度灵活的，可以对其进行配置以便处理组合逻辑、移位寄存器或RAM。在Xilinx公司的FPGA器件中，CLB由多个(一般为4个或2个)相同的Slice和附加逻辑构成，如图2.9所示。每个CLB模块不仅可以用于实现组合逻辑、时序逻辑，还可以配置为分布式RAM和分布式ROM。

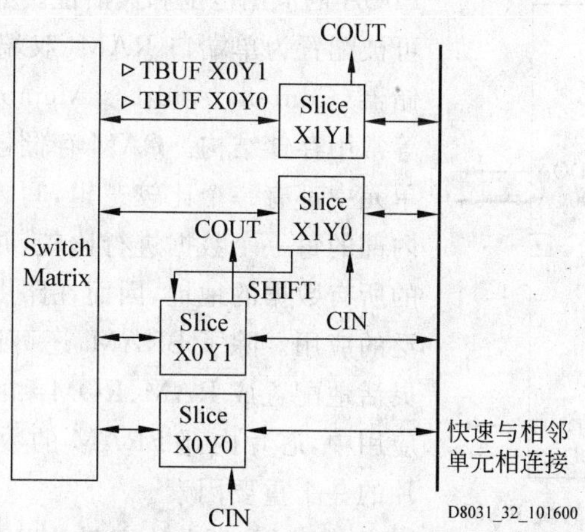

图2.9 典型的CLB结构示意图

Slice是Xilinx公司定义的基本逻辑单位，其内部结构如图2.10所示，一个Slice由两个4输入的函数、进位逻辑、算术逻辑、存储逻辑和函数复用器组成。算术逻辑包括一个异或门XORG和一个专用与门MULTAND，一个异或门可以使一个Slice实现2b全加操作，专用与门用于提高乘法器的效率；进位逻辑由专用进位信号和函数复用器MUXC组成，用于实现快速的算术加减法操作；4输入函数发生器用于实现4输入LUT、分布式RAM或16b移位寄存器(Virtex-5系列芯片的Slice中的两个输入函数为6输入，可以实现6输入LUT或64b移位寄存器)；进位逻辑包括两条快速进位链，用于提高CLB模块的处理速度。

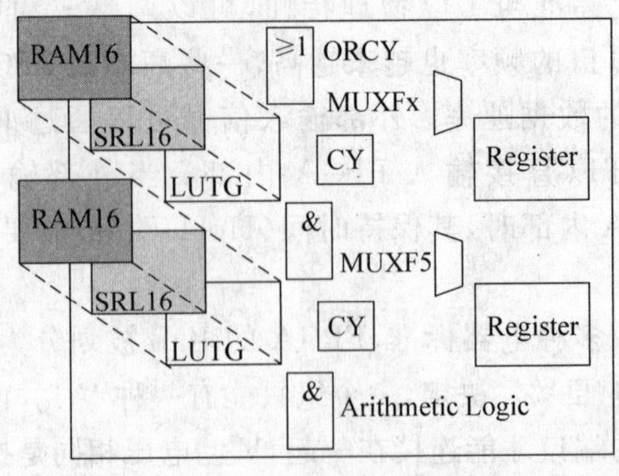

图 2.10　典型的 4 输入 Slice 结构示意图

3）数字时钟管理模块

大多数 FPGA 均提供数字时钟管理(Digital Clock Management，DCM)。Xilinx 推出最先进的 FPGA 提供数字时钟管理和相位环路锁定。相位环路锁定能够提供精确的时钟综合，且能够降低抖动，并实现过滤功能。

4）块存储器

大多数 FPGA 都具有内嵌的存储器，块存储器(Block RAM，BRAM)大大拓展了FPGA 的应用范围和灵活性。如图 2.11 所示，BRAM 可被配置为单端口 RAM、双端口 RAM、内容地址存储器(Content Address Memory，CAM)以及 FIFO 等常用存储结构。CAM 存储器在其内部的每个存储单元中都有一个比较逻辑，写入 CAM 中的数据会与内部的每一个数据进行比较，并返回与端口数据相同的所有数据的地址，因而在路由的地址交换器中有广泛的应用。除了 BRAM，还可以将 FPGA 中的 LUT 灵活地配置成 RAM、ROM 和 FIFO 等结构。在实际应用中，芯片内部 BRAM 的数量也是选择 FDGA 芯片的一个重要因素。

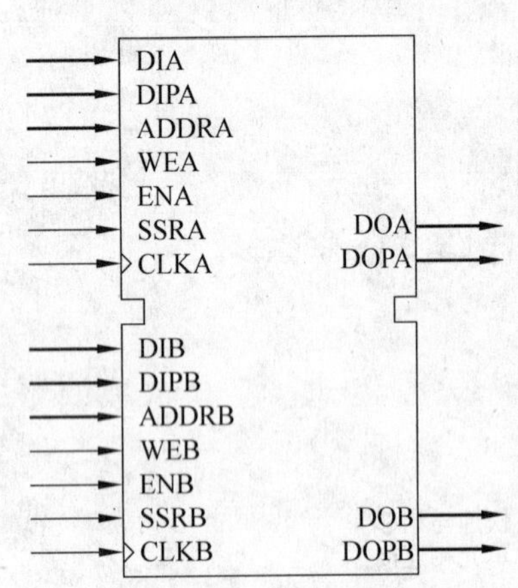

图 2.11　双端口 18Kb 的块 RAM

单片 BRAM 的容量为 18Kb，即位宽为 18b、深度为 1024，可以根据需要改变其位宽和深度，但要满足两个原则：修改后的容量(位宽、深度)不能大于 18Kb；位宽最大不能超过 36b。可以将多片 BRAM 级联起来形成容量更大的 RAM，此时只受限于芯片内 BRAM 的数量，而不受上面两条原则约束。

5）丰富的布线资源

布线资源连通 FPGA 内部的所有单元，而连线的长度和工艺决定着信号在连线上的驱动能力和传输速度。如图 2.12 所示，FPGA 芯片内部有着丰富的布线资源，根据工艺、长度、宽度和分布位置的不同而划分为 4 类不同的类别。第一类是全局布线资源，用于芯片内部全局时钟和全局复位/置位的布线；第二类是长线资源，用以完成芯片 Bank 间的高速信号和第二全局时钟信号的布线；第三类是短线资源，用于完成基本逻辑单元之间的逻辑互连和布线;第四类是分布式的布线资源,用于专有时钟、复位等控制信号线。

在实际中设计者不需要直接选择布线资源,布局布线器可自动地根据输入逻辑网表的拓扑结构和约束条件选择布线资源来连通各个模块单元。从本质上讲,布线资源的使用方法和设计的结果有密切、直接的关系。

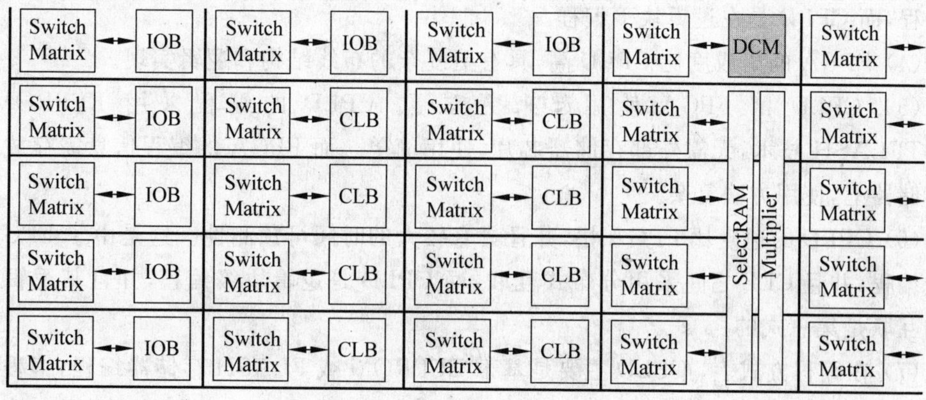

图 2.12 FPGA 内的互连资源

6) 底层内嵌功能单元

内嵌功能模块主要指延时锁相环(Delay Locked Loop,DLL)、相位锁相环(Phase Locked Loop,PLL)、数字信号处理器(Digital Signal Processor, DSP)和 CPU 等软核(Soft Core)。现在越来越丰富的内嵌功能单元,使得单片 FPGA 成为系统级的设计工具,使其具备了软硬件协同设计的能力,逐步向 SOC 平台过渡。

DLL 和 PLL 具有类似的功能,可以完成时钟高精度、低抖动的倍频和分频,以及占空比调整和移相等功能。PLL 和 DLL 可以通过 IP 核生成的工具方便地进行管理和配置。

7) 内嵌专用硬核

内嵌专用硬核是相对底层嵌入的软核而言的,是 FPGA 内具有强大处理能力的硬核(Hard Core),功能等效于 ASIC 电路。为了提高 FPGA 性能,芯片生产商在芯片内部集成了一些专用的硬核。例如:为了提高 FPGA 的乘法速度,FPGA 中集成了专用乘法器;为了适用通信总线与接口标准,很多高端的 FPGA 内部都集成了串并收发器 SERDES,可以达到数十吉比特每秒的收发速度。

2.3.3 CPLD 和 FPGA 比较

FPGA 和 CPLD 都是可编程逻辑器件,有很多共同特点,但由于 CPLD 和 FPGA 结构上的差异,具有各自的特点:

(1) CPLD 更适合完成各种算法和组合逻辑,FPGA 更适合于完成时序逻辑。换句话说,FPGA 更适合于触发器丰富的结构,而 CPLD 更适合于触发器有限而乘积项丰富的结构。

(2) CPLD的连续式布线结构决定了它的时序延迟是均匀的和可预测的，而FPGA的分段式布线结构决定了其延迟的不可预测性。

(3) 在编程上FPGA比CPLD具有更大的灵活性。CPLD通过修改具有固定内连电路的逻辑功能来编程，FPGA主要通过改变内部连线的布线来编程；FPGA可在逻辑门下编程，而CPLD是在逻辑块下编程。

(4) FPGA的集成度比CPLD高，具有更复杂的布线结构和逻辑实现。

(5) CPLD比FPGA使用起来更方便。CPLD的编程采用EEPROM或FASTFLASH技术，无需外部存储器芯片，使用简单。而FPGA的编程信息需存放在外部存储器上，使用方法复杂。

(6) CPLD的速度比FPGA快，并且具有较大的时间可预测性。这是由于FPGA是门级编程，并且CLB之间采用分布式互联，而CPLD是逻辑块级编程，并且其逻辑块之间的互联是集总式的。

(7) 在编程方式上，CPLD主要是基于EEPROM或FLASH存储器编程，编程次数可达1万次，优点是系统断电时编程信息也不丢失。CPLD又可分为在编程器上编程和在系统编程两类。FPGA大部分是基于SRAM编程，编程信息在系统断电时丢失，每次上电时，需从器件外部将编程。数据重新写入SRAM中。其优点是可以编程任意次，可在工作中快速编程，从而实现板级和系统级的动态配置。

(8) CPLD保密性好，FPGA保密性差。

(9) 一般情况下，CPLD的功耗要比FPGA大，且集成度越高越明显。CPLD最基本的单元是宏单元。一个宏单元包含一个寄存器(使用多达16个乘积项作为其输入)及其他有用特性。因为每个宏单元用了16个乘积项，因此设计人员可使用大量的组合逻辑而不用增加额外的路径。这就是为何CPLD被认为是"逻辑丰富"型的。宏单元以逻辑模块的形式排列，每个逻辑模块由16个宏单元组成。宏单元执行一个与操作，然后一个或操作以实现组合逻辑。

2.3.4 PLD选择原则

在设计数字系统时，选择PLD芯片应主要针对FPGA芯片考虑以下因素。

1. 工艺的选择

选择PLD的制造工艺是对PLD进行设计最重要的问题，因为一旦选择了制造工艺，那么基本上就确定了使用哪个厂商的PLD产品进行设计，并且使用的EDA软件工具也是不一样的。PLD的制造艺主要有基于SRAM、反熔丝和FLASH几种。

1) 基于SRAM的PLD

采用这种工艺的PLD设计非常灵活，但是需要一个外部配置存储器。系统上电后，程序需要从片外存储器加载到PLD内部。

2）基于反熔丝的 PLD

反熔丝技术为 IP 设计提供最高的安全保障，并且具有功耗低、上电不需要从外部加载程序节约了电路板的成本和空间。并且比其他工艺能更好地抵抗紫外线辐射，因此在航空航天有很好的应用。这种技术唯一的缺点就是只能一次编程，所以在进行原型设计时不能用这种器件进行设计。

3）基于 FLASH 的 PLD

这种工艺的器件比 SRAM 的器件有较好的安全性，但是在 IP 设计上比不上反熔丝器件。该技术克服了反熔丝器件只能编程一次的缺点，可以进行重新配置。这种器件的可编程的逻辑门比同级别的 SRAM 工艺的 PLD 要少很多。

2. 芯片资源

工艺确定了，下一步就是寻找满足工艺条件的 PLD 厂商。PLD 厂商确定了，EDA 设计人员最关心的问题就是芯片的逻辑资源，这里逻辑资源一般指 LUT、寄存器和相关逻辑的组合。这些指标比起可配置的 CLB 或阵列逻辑来说更直观。对于 FPGA 来说，EDA 设计人员更关心该芯片是否有足够的时钟资源。

芯片资源还需要考虑的一个问题是 I/O 模块的数量和性能。这些 I/O 模块将要和系统其他部分相连，所以必须满足相应的电气特性和速度要求。在原型设计初期时，必须和 PCB 设计人员一起仔细的规划、设计原型和系统其他部分连接的 I/O 数目。

芯片资源的选择，是选择器件最重要的部分，所以在还未进行正式的设计以前，必须要认真地对待这个问题，否则随后的硬件系统设计将会被放弃。

3. 封装和速度

封装是 EDA 设计人员应该考虑的问题，虽然他们中的很多人最后并不会参与到硬件电路板的设计工作，但是 EDA 设计人员在选择芯片的封装时，需要和 PCB 的设计人员进行沟通，使得选择的芯片封装能够满足系统对信号完整性、散热和 PCB 设计方面的要求。

芯片的速度也是一个重要的问题，因为不同速度等级的芯片在价格上相差甚多。一般说，芯片速度等级每提高一个等级，PLD 的性能将提高 15%左右，但成本提高了 30%。那么如果在设计时，如果提高设计性能，则速度等级就可以相应降低，从而节约 30%的成本。在原型设计时，需要对速度进行认真地考虑，否则当设计完成后，将会使芯片成本成为整个系统成本最高的部分。当进行原型设计的时候，尽量选择速度等级低的器件和优化设计，当设计完成，进入软件的性能分析时，如果速度达不到设计要求时，再提高芯片的速度等级。

4. IP 核资源

IP 核资源是 EDA 设计人员在选择芯片时，一个非常重要的考虑因素。对于 EDA 设计人员，他们总希望 PLD 厂商提供他们直接可以使用的 IP 核来降低设计成本和难度。

在选定芯片前，要认真地阅读相关厂商关于所要选择的PLD所能提供的IP核资源。如果EDA设计人员有足够的资金支持设计，并且希望用最短的时间完成设计，那么最好的方法是通过PLD厂商购买它提供的IP核或者第三方厂商提供的IP核资源。

2.4 Xilinx公司芯片简介

本节介绍Xilinx公司的主流CPLD芯片、FPGA芯片和PROM芯片，这些芯片被广泛地应用在数字系统设计中，熟悉了解其性能指标和参数是使用Xilinx芯片进行数字系统开发和设计所必须的。本节的内容对于后续VHDL语言的学习打下良好的基础。

2.4.1 Xilinx CPLD芯片介绍

Xilinx公司目前有两大类CPLD产品：CoolRunner和XC9500。CoolRunner系列中又包含CoolRunner-Ⅱ和CoolRunnerXPLA3两个系列。XC9500系列中又包含XC9500XL和XC9500两个系列。

1. XC9500系列

在保持高性能的同时，XC9500器件还能为用户提供最大的布线能力和灵活性。该构架特性丰富，包括单个p-term输出激活和3个全局时钟，并且其单位输出的p-term比其他CPLD多。该构架公认的在保持管脚分配(管脚锁定)的同时适应设计变化的能力已在自XC9500系列推出以来的无数消费类设计中得到了说明。这个有保证的管脚锁定意味着用户可以充分利用在系统编程性，并且能够在任何时间(甚至是现场)轻松完成修改。表2.2给出了该系列CPLD的主要特征。

表2.2 该系列CPLD的主要特征

器　件	XC9536	XC9572	XC95108	XC95144	XC95216	XC95288
宏单元	36	72	108	144	216	288
可用门	800	1600	2400	3200	4800	6400
寄存器	36	72	108	144	216	288
T_{PD}(ns)	5	7.5	7.5	7.5	10	15
T_{SU}(ns)	3.5	4.5	4.5	4.5	6.0	8.0
T_{CO}(ns)	4.0	4.5	4.5	4.5	6.0	8.0
F_{CNT}(MHz)	100	125	125	125	111.1	92.2
F_{SYSTEM}(MHz)	100	83.3	83.3	83.3	66.7	56.6

2. XC9500XL系列

XC9500XL提供了一个高性能非易失性可编程逻辑解决方案，包括成本优化的芯片、免费的设计工具和无与伦比的技术支持。使用与Xilinx FPGA同样的设计环境，XC9500XL CPLD可以为用户提供灵活、高级的逻辑系统设计所需的一切。表2.3给出了该系列 CPLD 的主要特征。

表 2.3 XC9500XL 系列 CPLD 的主要特征

器件	XC9536XL	XC9572XL	XC95144XL	XC95288XL
宏单元	36	72	144	288
可用门	800	1600	3200	6400
寄存器	36	72	144	288
T_{PD}(ns)	5	5	5	6
T_{SU}(ns)	3.7	3.7	3.7	4.0
T_{CO}(ns)	3.5	3.5	3.5	3.8
F_{SYSTEM}(MHz)	178	178	178	208

3. CoolRunner-Ⅱ系列

作为第一款能够提供100%数字核的 CPLD 系列，只有 CoolRunner™-Ⅱ 系列可以通过单个成本优化解决方案提供高性能和极低的功耗，以及现实系统特性。表 2.4 给出了其特点和优点。表 2.5 给出了该系列 CPLD 的主要特征。

表 2.4 CoolRunner-Ⅱ系列 CPLD 的特点和优点

特点	优点
32～512 宏单元器件可供选择	各种不同容量的器件适用于多种应用
1.8V 电源电压，以及 1.5～3.3V I/O	不需要变压器
4 级设计安全性	防止设计被窃
RealDigital CPLD 技术	先进的低功耗高速可编程逻辑
DataGATE 信号阻塞	比传统的低功耗 CPLD 功耗低 99%
多个 I/O bank	在同一器件中支持不同的电压电平
输入滞后和可编程地	改善了高速 I/O 的信号完整性
DualEDGE-触发的触发器/ClockDivide	与任何竞争的解决方案相比，具有更高的性能和更多的功能
多个 LVCMOS、HSTL、SSTL I/O	灵活的 I/O 可支持多种器件接口
高级封装	低成本小尺寸微型引线框架封装
优异的管脚锁定功能	方便开发过程中的重新设计，支持现场升级功能。

表 2.5 CoolRunner-Ⅱ系列 CPLD 的主要特征

器件	XC2C32A	XC2C64A	XC2C128	XC2C256	XC2C384	XC2C512
宏单元	32	64	128	256	384	512
最大 I/O 数目	33	64	100	184	240	270
T_{PD}(ns)	3.8	4.6	5.7	5.7	7.1	7.1
T_{SU}(ns)	1.9	2.0	2.4	2.4	2.9	2.6
T_{CO}(ns)	3.7	3.9	4.2	4.5	5.8	5.8
F_{SYSTEM}(MHz)	323	263	244	256	217	179

4. CoolRunnerXPLA3 系列

CoolRunnerXPLA3 先进构架特性体现在具有直接输入寄存器路径，多时钟、JTAG 编程、5V 耐压的 I/O 和一个完整的 PLA 结构。这些增强性能提供了高速度和最灵活的逻辑分配，从而具有无需改变管脚即可修改设计的能力。CoolRunnerXPLA3 架构包括一组 48 个乘积项，该乘积项可分配到逻辑块中的任意宏单元。表 2.6 给出了其特点和优点。表 2.7 给出了该系列 CPLD 的主要特征。

表 2.6 CoolRunnerXPLA3 系列系列 CPLD 的特点和优点

特　点	优　点
FZP 设计技术	待机电流和总电流消耗最低的 CPLD
提供 32～512 个宏单元	全密度范围
快速的管脚-管脚时序、32 个宏单元－5ns	特别适于高速系统
3.3V 操作、5V 耐压 I/O	简化了多电压系统设计
全 36x48 PLA-完全可编程 AND/可编程 OR 架构	优化分配和资源利用率(全部产品均有)
总线友好型 I/O	用于 I/O 终端的上拉电阻
多个时钟选项	最多的时钟资源，可以实现极大的设计灵活性
快速输入寄存器	支持直接高速接口
利用 JTAG 接口实现 3.3V 在系统可编程(ISP)	更简单的板制作和现场升级
小型、表面安装封装(0.8mm 和 0.5mm 球形栅距 BGA)	最小的封装可以最大限度地节省板空间
先进的 5 层金属工艺技术	最低的成本
电源电压范围扩大了的工业器件(2.7～3.6V)	2.7V 工作电压延长了系统电池寿命

表 2.7 CoolRunnerXPLA3 系列 CPLD 的主要特征

器　件	XCR3032XL	XCR3064XL	XCR30128XL	XCR3256XL	XCR3384XL	XCR3512XL
宏单元	32	64	128	256	384	512
可用门	750	1500	3000	6000	9000	12 000
寄存器	32	64	128	256	384	512
T_{PD}(ns)	4.5	5.5	5.5	7.0	7.0	7.0
T_{SU}(ns)	3.0	3.5	3.5	4.3	4.3	3.8
T_{CO}(ns)	3.5	4	4	4.5	4.5	5.0
F_{SYSTEM}(MHz)	213	192	175	154	135	135
I_{CCSS}(μA)	17	17	17	18	18	18

2.4.2 Xilinx FPGA 芯片介绍

Xilinx 公司目前有两大类 FPGA 产品：Spartan 类和 Virtex 类。前者主要面向低成本的中低端应用，是目前业界成本最低的一类 FPGA；后者主要面向高端应用，属于业界的顶级产品。这两个系列的差异仅限于芯片的规模和专用模块上，都采用了先进的 130nm 、90nm 甚至 65nm 制造工艺，具有相同的卓越品质。

1. Spartan 类

Spartan 系列适用于普通的工业、商业等领域，目前主流的芯片包括 Spartan-2、Spartan-2E、Spartan-3、Spartan-3A 以及 Spartan-3E 等种类。其中 Spartan-2 最高可达 20 万系统门，Spartan-2E 最高可达 60 万系统门，Spartan-3 最高可达 500 万门，Spartan-3A 和 Spartan-3E 不仅系统门数更大，还增强了大量的内嵌专用乘法器和专用块 RAM 资源，具备实现复杂数字信号处理和片上可编程系统的能力。

1）Spartan-2 系列

Spartan-2 在 Spartan 系列的基础上继承了更多的逻辑资源，达到更高的性能，芯片密度高达 20 万系统门。由于采用了成熟的 FPGA 结构，支持流行的接口标准，具有适量的逻辑资源和片内 RAM，并提供灵活的时钟处理，可以运行 8 位的 PicoBlaze 软核，主要应用于各类低端产品中。表 2.8 给出了 Spartan-2 系列产品的主要技术特征。其主要特点如下：

- 采用 0.18μm 工艺，密度达到 5292 逻辑单元。
- 系统时钟可以达到 200MHz。
- 采用最大门数为 20 万门，具有延迟数字锁相环。
- 具有可编程用户 I/O。
- 具有片上块 RAM 存储资源。

2）Spartan-2E 系列

Spartan-2E 基于 Virex-E 架构，具有比 Spartan-2 更多的逻辑门、用户 I/O 和更高的性能。Xilinx 还为其提供了包括存储器控制器、系统接口、DSP、通信以及网络等 IP 核，并可以运行 CPU 软核，对 DSP 有一定的支持。表 2.9 给出了 Spartan-2E 系列产品的主要技术特征。其主要特点如下：

- 采用 0.15μm 工艺，密度达到 15 552 逻辑单元。
- 最高系统时钟可达 200MHz。
- 最大门数为 60 万门，最多具有 4 个延时锁相环。

表 2.8　Spartan-2 系列 FPGA 主要技术指标特征

器　件	逻辑单元	系统门（逻辑和 RAM）	CLB 阵列（R×C）	CLB 总数	最大可用的 I/O	分布式 RAM 的总数(b)	BRAM 总数（Kb）
XC2S15	432	15 000	8×12	96	86	6144	16
XC2S30	972	30 000	12×18	216	92	13 824	24
XC2S50	1728	50 000	16×24	384	176	24 576	32
XC2S100	2700	100 000	20×30	600	176	38 400	40
XC2S150	3888	150 000	24×36	864	260	55 296	48
XC2S200	5292	200 000	28×42	1176	284	75 264	56

表 2.9 Spartan-2E 系列 FPGA 主要技术特征

器件	逻辑单元	系统门范围（逻辑和 RAM）	CLB 阵列（R×C）	CLB 总数	最大可用的 I/O	分布式 RAM 的总数(b)	BRAM 总数（Kb）
XC2S50E	1728	23 000～50 000	16×24	384	182	24 576	32
XC2S100E	2700	37 000～100 000	20×30	600	202	38 400	40
XC2S150E	3888	52 000～150 000	24×36	864	265	55 296	48
XC2S200E	5292	71 000～200 000	28×42	1176	289	75 264	56
XC2S300E	6912	93 000～300 000	32×48	1536	329	98 304	64
XC2S400E	10 800	145 000～400 000	40×60	2400	410	153 600	160
XC2S600E	15 552	210 000～600 000	48×72	3456	514	221 184	288

- 核电压为 1.2V，I/Q 电压可为 1.2V、3.3V、2.5V，支持 19 个可选的 I/O 标准。
- 最大可达 288K 的 BRAM 和 221K 的分布式 RAM。

3）Spartan-3 系列

Spartan-3 基于 Virtex-Ⅱ FPGA 架构，采用 90nm 技术，8 层金属工艺，系统门数超过 5 百万，内嵌了硬核乘法器和数字时钟管理模块。从结构上看，Spartan-3 将逻辑、存储器、数学运算、数字处理器、I/O 以及系统管理资源完美地结合在一起，使之有更高层次、更广泛的应用。表 2.10 给出了 Spartan-3 系列产品的主要技术特征。其主要特性如下所示：

- 采用 90nm 工艺，密度高达 74 880 逻辑单元。
- 最高系统时钟为 340MHz。
- 具有专用乘法器。
- 核电压为 1.2V，端口电压为 3.3V、2.5V、1.2V，支持 24 种 I/O 标准。
- 高达 520K 分布式 RAM 和 1872K 的块 RAM。
- 具有片上时钟管理模块 DCM。
- 具有嵌入式 Xtreme DSP 功能，每秒可执行 3300 亿次乘加。

表 2.10 Spartan-3 系列 FPGA 主要技术特征

器 件	系统门（K）	等效逻辑单元	CLB 阵列（一个 CLB=4 Slice）			分布式 RAM 比特(Kb)	BRAM 比特（Kb）	专用乘法器	DCM	最大可用 I/O	最大差分 I/O 对
			行	列	CLB 总数						
XC3S50	50	1728	16	12	192	12	72	4	2	124	56
XC3S200	200	4320	24	20	480	30	216	12	4	173	76
XC3S400	400	8064	32	28	896	56	288	16	4	264	116
XC3S1000	1000	17 280	48	40	1920	120	432	24	4	391	175
XC3S1500	1500	29 952	64	52	3328	208	576	32	4	487	221
XC3S2000	2000	46 080	80	64	5120	320	720	40	4	565	270
XC3S4000	4000	62 208	96	72	6912	432	1728	96	4	712	312
XC3S5000	5000	74 880	104	80	8320	520	1872	104	4	712	312

4）Spartan-3E 系列

Spartan-3E 是目前 Spartan 系列最新的产品，具有系统门数从 10 万到 160 万的多款芯片，是在 Spartan-3 成功的基础上进一步改进的产品，提供了比 Spartan-3 更多的 I/O 端口和更低的单位成本，是 Xilinx 公司性价比最高的 FPGA 芯片。由于更好地利用了 90nm 技术，在单位成本上实现了更多的功能和处理带宽，是 Xilinx 公司新的低成本产品代表，是 ASIC 的有效替代品，主要面向消费电子应用，如宽带无线接入、家庭网络接入以及数字电视设备等。表 2.11 给出了 Spartan-3E 系列产品的主要技术特征。其主要特点如下：

- 采用 90nm 工艺。
- 大量用户 I/O 端口，最多可支持 376 个 I/O 端口或者 156 对差分端口。
- 端口电压为 3.3V、2.5V、1.8V、1.5V、1.2V。
- 单端端口的传输速率可以达到 622Mbps，支持 DDR 接口。
- 最多可达 36 个的专用乘法器、648BRAM、231K 分布式 RAM。
- 宽的时钟频率以及多个专用 DCM 模块。

表 2.11 Spartan-3E 系列 FPGA 主要技术特征

器 件	系统门（K）	等效逻辑单元	CLB 阵列（一个 CLB＝4 Slice）			分布式 RAM 比特（Kb）	BRAM 比特（Kb）	专用乘法器	DCM	最大可用 I/O	最大差分 I/O 对
			行	列	CLB 总数						
XC3S100E	100	2160	22	16	240	15	72	4	2	108	40
XC3S250E	250	5508	34	26	612	38	216	12	4	172	68
XC3S500E	500	10 478	46	34	1164	73	360	20	4	232	92
XC3S1200E	1200	18 512	60	46	2168	136	504	28	8	304	124
XC3S1600E	1600	33 192	76	58	3688	231	648	36	8	376	156

5）Spartan-3A 系列

Spartan-3A 在 Spartan-3 和 Spartan-3E 平台的基础上，整合了各种新特性帮助用户极大地削减了系统总成本。利用独特的器件 DNA ID 技术，实现业内首款 FPGA 电子序列号；提供了经济、功能强大的机制来防止发生窜改、克隆和过度设计的现象。并且具有集成式看门狗监控功能的增强型多重启动特性。支持商用 FLASH 存储器，有助于削减系统总成本。表 2.12 给出了 Spartan-3A 系列产品的主要技术特征，其主要特性如下所示：

- 采用 90nm 工艺，密度高达 74 880 逻辑单元。
- 工作时钟范围为 5～320MHz。
- 领先的连接功能平台，具有最广泛的 IO 标准（26 种，包括新的 TMDS 和 PPDS）支持。
- 利用独特的 Device DNA 序列号实现的业内首个功能强大的防克隆安全特性。
- 5 个器件，具有高达 140 万个的系统门和 502 个 I/O。
- 灵活的功耗管理。

表 2.12 Spartan-3A 系列 FPGA 主要技术特征

器件	系统门(K)	等效逻辑单元	CLB	Slice	分布式RAM(Kb)	BRAM(Kb)	系统FLASH(Mb)	专用乘法器	DSP48A	DCM	最大可用 I/O
XC3S50A/AN	50	1584	176	704	11	54	1	3	—	2	144
XC3S200A/AN	200	4032	448	1792	28	288	4	16	—	4	248
XC3S400A/AN	400	8064	896	3584	56	360	4	20	—	4	311
XC3S700A/AN	700	13 248	1472	5888	92	360	8	20	—	8	372
XC3S1400A/AN	1400	25 344	2816	11 264	176	576	16	32	—	8	502
XC3SD1800A	1800	37 440	4160	16 440	260	1512	—	—	84	8	519
XC3SD3400A	3400	53 712	5968	23 872	373	2268	—	—	126	8	469

6) Spartan-3ADSP 系列

Spartan-3ADSP 平台提供了最具成本效益的 DSP 器件，其架构的核心就是 XtremeDSP DSP48A slice，还提供了性能超过 30GMAC/s、存储器带宽高达 2196Mb/s 的新型 XC3SD3400A 和 XC3SD1800A 器件。新型 Spartan-3A DSP 平台是成本敏感型 DSP 算法和需要极高 DSP 性能的协处理应用的理想之选。表 2.13 给出了 Spartan-3ADSP 系列产品的主要技术特征。其主要特征如下所示：

- 采用 90nm 工艺，密度高达 74 880 个逻辑单元。
- 内嵌的 DSP48A 工作频率到 250MHz。
- 采用结构化的 SelectRAM 架构，提供了大量的片上存储单元。
- VCCAUX 的电压支持 2.5V 和 3.3V，对于 3.3V 的应用简化了设计。
- 低功耗效率，Spartan-3A DSP 器件功耗为 4.06GMACs/mW。

表 2.13 Spartan-3ADSP 系列 FPGA 主要技术特征

器件	系统门(K)	等效逻辑单元	CLB 阵列(一个 CLB=4 Slice)			分布式RAM比特(Kb)	BRAM比特(Kb)	DSP48A	DCM	最大可用I/O	最大差分I/O 对
			行	列	CLB 总数						
XA3SD1800A	1800	37 440	88	48	4160	260	1512	84	8	519	227
XA3SD3400A	3400	53 712	104	58	5968	373	2268	126	8	469	213

7) Spartan-3AN 系列

Spartan-3AN 芯片为最高级别系统集成的非易失性安全 FPGA，提供下列两个独特的性能：先进 SRAM FPGA 的大量特性和高性能以及非易失性 FPGA 的安全、节省板空间和易于配置的特性。Spartan-3AN 平台是对空间要求严格和/或安全应用及低成本嵌入式控制器的理想选择。表 2.14 所示为 Spartan-3AN 系列产品的主要技术特征。Spartan-3AN 平台的关键特性包括：

- 业界首款 90nm 非易失性 FPGA，具有可以实现灵活的、低成本安全性能的 Device DNA 电子序列号。

- 业内最大的片上用户 FLASH，容量高达 11Mb。
- 提供最广泛的 I/O 标准支持，包括 26 种单端与差分信号标准。
- 灵活的电源管理模式，休眠模式下可节省超过 40%的功耗。
- 5 个器件，具有高达 1.4M 的系统门和 502 个 I/O。

表 2.14 Spartan-3AN 系列 FPGA 主要技术特征

器件	系统门(K)	等效逻辑单元	CLB总数	Slices	分布式RAM比特(Kb)	BRAM比特(Kb)	专用乘法器	DCM	最大可用I/O	最大差分I/O对	比特流大小(K)	系统FLASH(Mb)
XC3S50AN	50	1584	176	704	11	54	3	2	108	50	427	1
XC3S200AN	200	4032	448	1792	28	288	16	4	195	90	1168	4
XC3S400AN	400	8064	896	3584	56	360	20	4	311	142	1842	4
XC3S700AN	700	13 248	1472	5888	92	360	20	8	372	165	2669	8
XC3S1400AN	1400	25 344	2816	11 264	176	576	32	8	502	227	4664	16

2. Virtex 类

Virtex 系列是 Xilinx 的高端产品，也是业界的顶级产品，Xilinx 公司正是凭借 Vitex 系列产品赢得市场，从而获得 FPGA 供应商领头羊的地位。可以说 Xilinx 以其 Virtex-5、Virtex-4、Virtex-Ⅱ Pro 和 Virtex-Ⅱ系列 FPGA 产品引领现场可编程门阵列行业。主要面向电信基础设施、汽车工业、高端消费电子等应用。目前的主流芯片包括 Vitrex-2、Virtex-2 Pro、Vitex-4 和 Virtex-5 等种类。

1) Virtex-2 系列

Vitrex-2 系列具有优秀的平台解决方案，这进一步提升了其性能；且内置 IP 核硬核技术，可以将硬 IP 核分配到芯片的任何地方，具有比 Vitex 系列更多的资源和更高的性能。表 2.15 给出 Virtex-2 系列产品的主要技术特征。其主要特征如下所示：

- 采用 0.15/0.12μm 工艺。
- 核电压为 1.5V，工作时钟可以达到 420MHz。
- 支持 20 多种 I/O 接口标准。
- 内嵌了多个硬核乘法器，提高了 DSP 处理能力。
- 具有完全的系统时钟管理功能，多达 12 个 DCM 模块。

表 2.15 Virtex-2 系列 FPGA 主要技术特征

器件	系统门(K)	可配置逻辑块 CLB (1 个 CLB=4 Slice=Max 128b)			乘法器模块	SelectRAM 块		DCM	最大I/O Pad
		阵列 R×C	Slice	最大分布RAM(b)		18Kb块	最大RAM(Kb)		
XC2V40	40	8×8	256	8	4	4	72	4	88
XC2V80	80	16×8	512	16	8	8	144	4	120

续表

器　件	系统门(K)	可配置逻辑块 CLB (1个CLB=4 Slice=Max 128b)			乘法器模块	SelectRAM 块		DCM	最大 I/O Pad
		阵列 R×C	Slice	最大分布 RAM(b)		18Kb 块	最大 RAM(Kb)		
XC2V250	250	24×16	1536	48	24	24	432	8	200
XC2V500	500	32×24	3072	96	32	32	576	8	264
XC2V1000	1000	40×32	5120	160	40	40	720	8	432
XC2V1500	1500	48×40	7680	240	48	48	864	8	528
XC2V2000	2000	56×48	10 752	336	56	56	1008	8	624
XC2V3000	3000	64×56	14 336	448	96	96	1728	12	720
XC2V4000	4000	80×72	23 040	720	120	120	2160	12	912
XC2V6000	6000	96×88	33 792	1056	144	144	2592	12	1104
XC2V8000	8000	112×104	46 592	1456	168	168	3024	12	1108

2) Virtex-Ⅱ Pro 系列

Virtex-Ⅱ Pro 系列在 Virtex-2 的基础上，增强了嵌入式处理功能，内嵌了 PowerPC405 内核，还包括了先进的主动互联(Active Interconnect)技术，以解决高性能系统所面临的挑战。此外还增加了高速串行收发器，提供了千兆以太网的解决方案。表 2.16 给出了 Virtex-2 Pro 系列产品的主要技术特征。其主要特征如下所示：

- 采用 0.13μm 工艺。
- 核电压为 1.5V，工作时钟可以达到 420MHz。
- 支持 20 多种 I/O 接口标准。
- 增加了两个高性能、工作频率高达 400MHz 的 PowerPC 处理器。
- 增加多个 3.125Gb/s 速率的 Rocket 串行收发器。
- 内嵌了多个硬核乘法器，提高了 DSP 处理能力。
- 具有完全的系统时钟管理功能，多达 12 个 DCM 模块。

表 2.16　Virtex-2 Pro 系列 FPGA 主要技术特征

器　件	RocketIO 接收发送器块	PowerPC 处理器块	逻辑单元	可配置逻辑块 CLB (1 CLB=4 Slice)		18×18 乘法器块	块 SelectRAM		DCM	最大用户 I/O
				Slice	最大分布 RAM(Kb)		18Kb 块	最大 BRAM (Kb)		
XC2VP2	4	0	3168	1408	44	12	12	216	4	204
XC2VP4	4	1	6768	3008	94	28	28	504	4	348
XC2VP7	8	1	11 088	4928	154	44	44	792	4	396
XC2VP20	8	2	20 880	9280	290	88	88	1584	8	564
XC2VPX20	8	1	22 032	9792	306	88	88	1584	8	552
XC2VP30	8	2	30 816	13 696	428	136	136	2448	8	644
XC2VP40	0,8,12	2	43 632	19 392	606	192	192	3456	8	804
XC2VP50	0,16	2	53 136	23 616	738	232	232	4176	8	852

续表

器　件	RocketIO接收发送器块	PowerPC处理器块	逻辑单元	可配置逻辑块 CLB (1 CLB＝4 Slice)		18×18 乘法器块	块 SelectRAM		DCM	最大用户 I/O
				Slice	最大分布RAM(Kb)		18Kb块	最大BRAM(Kb)		
XC2VP70	16,20	2	74 448	33 088	1034	328	328	5904	8	996
XC2VPX70	20	2	74 448	33 088	1034	308	308	5544	8	992
XC2VP100	0,20	2	99 216	44 096	1378	444	444	7992	12	1164

3) Virtex-4 系列

Virtex-4 器件整合了高达 200 000 个的逻辑单元，高达 500MHz 的性能和无可比拟的系统特性。Vitex-4 产品基于新的高级硅片组合模块(Advanced Silicon Modular Block，ASMBL)架构，提供了一个多平台方式，使设计者可以根据需求选用不同的开发平台；逻辑密度高，时钟频率能够达到 500MHz；具备 DCM 模块、PMCD 相位匹配时钟分频器、片上差分时钟网络；采用了集成 FIFO 控制逻辑的 500MHz SmartRAM 技术，每个 I/O 都集成了 ChipSync 源同步技术的 1Gb/s I/O 和 Xtreme DSP 逻辑片。表 2.17 给出了 Virtex-4 系列产品的主要技术特征，其主要特点如下：

- 采用了 90nm 工艺，集成了高达 20 万的逻辑单元。
- 系统时钟 500MHz。
- 采用了集成 FIFO 控制逻辑的 500MHz Smart RAM 技术。
- 具有 DCM 模块、PMCD 相位匹配时钟分频器和片上差分时钟网络。
- 每个 I/O 都集成了 ChipSync 源同步技术的 1Gb/s I/O。
- 具有超强的信号处理能力，集成了数以百计的 XtremeDSP Slice。

Vitex-4 LX 平台 FPGA 的特点是密度高达 20 万逻辑单元，是全球逻辑密度最高的 FPGA 系列之一，适合对逻辑门需求高的设计应用。

Virtex-4 SX 平台提高了 DSP、RAM 单元与逻辑单元的比例，最多可以提供 512 个 XtremeDSP 硬核，并可以创建 40 多种不同功能，并能多个组合实现更大规模的 DSP 模块。与 Vitex-2 Pro 系列相比，还大大降低了成本和功耗，具有极低的 DSP 成本。SX 平台的 FPGA 非常适合应用于高速、实时的数字信号处理领域。

Virtex-4 FX 平台内嵌了 1 或 2 个 32 位 RISC PowerPC 处理器，提供了 4 个 1300 Dhrystone MIPS、10/100/1000 自适应的以太网 MAC 内核，协处理器控制器单元(Auxiliary Processor Unit，APU)允许处理器在 FPGA 中构造专用指令，使 FX 器件的性能达到固定指令方式的 20 倍；此外，还包含 24 个 Rocket I/O 串行高速收发器，支持常用的 0.6Gb/s、1.25Gb/s、2.5Gb/s、3.125Gb/s、4Gb/s、6.25Gb/s、10Gb/s 等高速传输速率。FX 平台适用于复杂计算和嵌入式处理应用。

4) Virtex-5 系列

Virtex-5 系列是 Xilinx 最新一代的 FPGA 产品，计划提供了 4 种新型平台，每种平台都在高性能逻辑、串行连接功能、信号处理和嵌入式处理性能方面实现了最佳平衡。

表 2.17　Virtex-4 系列 FPGA 主要技术特征

器件	可配置逻辑块 CLB				Xtreme DSP Slice	BRAM		DCM	PMCD	PowerPC 处理器模块	以太网 MAC	RocketIO 接收发送器块	I/O 组总数	最大用户 I/O
	阵列 行×列	逻辑单元	Slice	最大分布式 RAM(Kb)		18Kb 模块	最大 BRAM							
XC4VLX15	64×24	13 824	6144	96	32	48	864	4	0	无	无	无	9	320
XC4VLX25	96×28	24 192	10 752	168	48	72	1296	8	4	无	无	无	11	448
XC4VLX40	128×36	41 472	18 432	288	64	96	1728	8	4	无	无	无	12	640
XC4VLX60	128×52	59 904	26 624	416	64	160	2880	8	4	无	无	无	12	640
XC4VLX80	160×56	80 640	35 840	560	80	200	3600	12	8	无	无	无	15	768
XC4VLX100	192×64	110 592	49 152	768	96	240	4320	12	8	无	无	无	17	960
XC4VLX160	192×88	152 064	67 584	1056	96	288	5184	12	8	无	无	无	17	960
XC4VLX200	192×116	200 448	89 088	1392	96	336	6048	12	8	无	无	无	17	960
XC4VSX25	64×40	23 040	10 240	160	128	128	2304	4	0	无	无	无	9	320
XC4VSX35	96×40	34 560	15 360	240	192	192	3456	8	4	无	无	无	11	448
XC4VSX55	128×48	55 296	24 576	384	512	320	5760	8	4	无	无	无	13	640
XC4VFX12	64×24	12 312	5472	86	32	36	648	4	0	1	2	无	9	320
XC4VFX20	64×36	19 224	8544	134	32	68	1224	4	0	1	2	8	9	320
XC4VFX40	96×52	41 904	18 624	291	48	144	2592	8	4	2	4	12	11	448
XC4VFX60	128×52	56 880	25 280	395	128	232	4178	12	8	2	4	16	13	576
XC4VFX100	160×68	94 896	42 176	659	160	376	6768	12	8	2	4	20	15	768
XC4VFX140	192×84	142 128	63 168	987	192	552	9936	20	8	2	4	24	17	896

现有的3款平台为LX、LXT以及SXT。LX针对高性能逻辑进行了优化,LXT针对具有低功耗串行连接功能的高性能逻辑进行了优化,SXT针对具有低功耗串行连接功能的DSP和存储器密集型应用进行了优化。表2.18给出了Virtex-5系列产品的主要技术特征。其主要特点如下:

- 采用了最新的65nm工艺,结合低功耗IP块将动态功耗降低了35%;此外,还利用65nm三栅极氧化层技术保持低静态功耗。
- 利用65nm ExpressFabric技术,实现了真正的6输入LUT,并将性能提高了2个速度级别。
- 内置有用于构建更大型阵列的FIFO逻辑和ECC的增强型36Kbit Block RAM。
- 带有低功耗电路,可以关闭未使用的存储器。
- 逻辑单元多达330 000个,可以实现无与伦比的高性能。
- I/O引脚多达1200个,可以实现高带宽存储器/网络接口,1.25Gb/s LVDS。
- 低功耗收发器多达24个,可以实现100Mb/s~3.75Gb/s高速串行接口。
- 核电压为1V,550MHz系统时钟。
- 550MHz DSP48E slice内置有25×18 MAC,提供352 GMACS的性能,能够在将资源使用率降低50%的情况下,实现单精度浮点运算。
- 利用内置式PCIe端点和以太网MAC模块提高面积效率。
- 更加灵活的时钟管理管道(Clock Management Tile,CMT)结合了用于进行精确时钟相位控制与抖动滤除的新型PLL和用于各种时钟综合的数字时钟管理器。
- 采用了第二代sparse chevron封装,改善了信号完整性,并降低了系统成本;
- 增强了器件配置,支持商用FLASH存储器,从而降低了成本。

2.4.3 Xilinx PROM芯片介绍

Xilinx公司的Platform FLASH PROM能为所有型号的Xilinx FPGA提供非易失性存储。全系列PROM的容量范围为1~32Mb,兼容任何一款Xilinx的FPGA芯片,具备完整的工业温度特性,支持IEEE1149.1所定义的JTAG边界扫描协议。

PROM芯片可以分成3.3V核电压的S系列和1.8V核电压的P系列两大类,前者主要面向底端引用,串行传输数据,且容量较小,不具备数据压缩的功能;后者主要面向高端的FPGA芯片,支持并行配置、设计修订和数据压缩等高级功能,以容量大、速度快著称,其详细参数如表2.19所示。

XCFXXS系列包含XCF01S、XCF02S和XCF04S(容量分别为1Mb、2Mb和4Mb),其共同特征有3.3V核电压,串行配置接口以及VO20封装。图2.13给出了该系列PROM芯片的内部控制信号、数据信号、时钟信号和JTAG信号的整体结构。

表 2.18 Virtex-5 系列 FPGA 主要技术特征

器件	可配置逻辑块 CLB			DSP48E Slice	BRAM			CMT	PowerPC 处理器模块	PCIe 端点模块	以太网 MAC	RocketIO 接收发送器块		I/O 组总数	最大用户 I/O
	阵列 行×列	Virtex-5 Slice	最大分布式 RAM(Kb)		18Kb	36Kb	最大 Kb					GIP	GTX		
XC5VLX30	80×30	4800	320	32	64	32	1152	2	不适用	不适用	不适用	不适用	不适用	13	400
XC5VLX50	120×30	7200	480	48	96	48	1728	6	不适用	不适用	不适用	不适用	不适用	17	560
XC5VLX85	120×54	12 960	840	48	192	96	3456	6	不适用	不适用	不适用	不适用	不适用	17	560
XC5VLX110	160×54	17 280	1120	64	256	128	4608	6	不适用	不适用	不适用	不适用	不适用	23	800
XC5VLX155	160×76	24 320	1640	128	384	192	6912	6	不适用	不适用	不适用	不适用	不适用	23	800
XC5VLX220	160×108	34 560	2280	128	384	192	6912	6	不适用	不适用	不适用	不适用	不适用	23	800
XC5VLX330	240×108	51 840	3420	192	576	288	10 368	6	不适用	不适用	不适用	不适用	不适用	33	1200
XC5VLX20T	60×26	3120	210	24	52	26	936	1	不适用	1	2	4	不适用	7	172
XC5VLX30T	80×30	4800	320	32	72	36	1296	2	不适用	1	4	8	不适用	12	360
XC5VLX50T	120×30	7200	480	48	120	60	2160	6	不适用	1	4	12	不适用	15	480
XC5VLX85T	120×54	12 960	840	48	216	108	3888	6	不适用	1	4	12	不适用	15	480
XC5VLX110T	160×54	17 280	1120	64	296	148	5328	6	不适用	1	4	16	不适用	20	680
XC5VLX155T	160×76	24 320	1640	128	424	212	7632	6	不适用	1	4	16	不适用	20	680
XC5VLX220T	160×108	34 560	2280	128	424	212	7632	6	不适用	1	4	16	不适用	20	680
XC5VLX330T	240×108	51 840	3420	192	648	324	11 664	6	不适用	1	4	24	不适用	27	960
XC5VSX35T	80×34	5440	520	192	168	84	3024	2	不适用	1	4	8	不适用	12	360

续表

器件	可配置逻辑块 CLB			DSP48E Slice	BRAM			CMT	PowerPC 处理器模块	PCIe 端点模块	以太网 MAC	RocketIO 接收发送器块		I/O 组总数	最大用户 I/O
	阵列 行×列	Virtex-5 Slice	最大分布式 RAM(Kb)		18Kb	36Kb	最大 Kb					GIP	GTX		
XC5VSX50T	120×34	8160	780	288	264	132	4752	6	不适用	1	4	12	不适用	15	480
XC5VSX95T	160×46	14 720	1520	640	488	244	8784	6	不适用	1	4	16	不适用	19	640
XC5VSX240T	240×78	37 440	4200	1056	1032	516	18 576	6	不适用	1	4	24	不适用	27	960
XC5VTX150T	200×58	23 200	1500	80	456	228	8208	6	不适用	1	4	不适用	40	20	680
XC5VTX240T	240×78	37 440	2400	96	648	324	11 664	6	不适用	1	4	不适用	48	20	680
XC5VFX30T	80×38	5120	380	64	136	68	2448	2	1	1	4	不适用	8	12	360
XC5VFX70T	160×38	11 200	820	128	296	148	5328	6	1	3	4	不适用	16	19	640
XC5VFX100T	160×56	16 000	1240	256	456	228	8208	6	2	3	4	不适用	16	20	680
XC5VFX130T	200×56	20 480	1580	320	596	298	10 728	6	2	3	6	不适用	20	24	840
XC5VFX200T	240×68	30 720	2280	384	912	456	16 416	6	2	4	8	不适用	24	27	960

表 2.19 Xilinx公司 PROM 芯片总结

型号	容量(Mb)	V_{CCINT} (V)	封　装	JTAG 配置	串行配置	并行配置	设计修订	数据压缩
XCF01S	1	3.3	VO20/VOG20	√	√	—	—	—
XCF02S	2	3.3	VO20/VOG20	√	√	—	—	—
XCF04S	4	3.3	VO20/VOG20	√	√	—	—	—
XCF08P	8	1.8	VO48/VOG48/FS48/FSG48	√	√	√	√	√
XCF16P	16	1.8	VO48/VOG48/FS48/FSG48	√	√	√	√	√
XCF32P	32	1.8	VO48/VOG48/FS48/FSG48	√	√	√	√	√

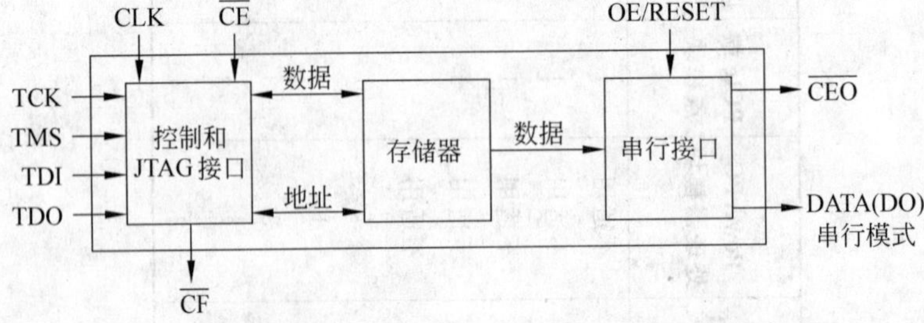

图 2.13　XCF01S/XCF02S/XCF04S PROM 结构组成框图

XCFXXP 系列有 XCP08P、XCF16P 和 XCF32P(容量分别为 8Mb、16Mb 和 32Mb)，其共同特征有 1.8V 核电压、串行或并行配置接口、设计修订、内嵌的数据压缩器、FS48 封装或 VQ48 封装和内嵌振荡器。图 2.14 给出了该系列 PROM 芯片的内部控制信号、数据信号、时钟信号和 JTAG 信号的整体结构。

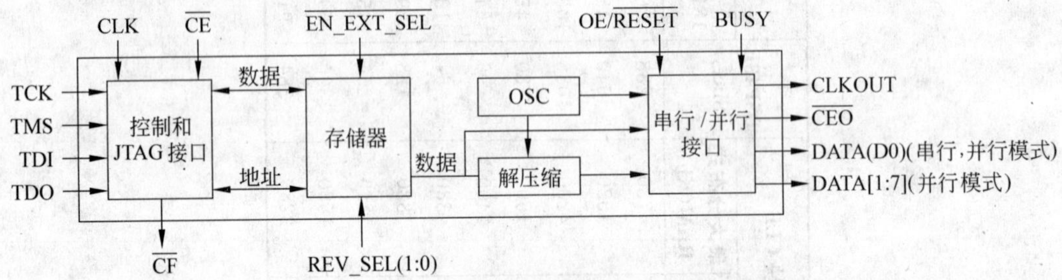

图 2.14　XCP08P/XCF16P/XCF32P PROM 结构组成框图

值得一提的是 P 系列设计修正和数据压缩这两个功能。设计修订功能在 FPGA 加电启动时改变其配置数据，根据所需来改变 FPGA 的功能，允许用户在单个 PROM 中将多种配置存储为不同的修订版本，从而简化 FPGA 配置更改，在 FPGA 内部加入少量的逻辑，用户就能在 PROM 中存储多达 4 个不同修订版本之间的动态切换。数据压缩功能可以节省 PROM 的空间(最高可节约 50%的存储空间)，从而降低成本，是一项非常实用的技术。当然如果编程时在软件端采用了压缩模式，则需要一定的硬件配置来完成相应的解压缩。

习 题 2

1. 给出可编程逻辑器件的基本组成部分。
2. 说明可编程逻辑器件的分类方法。
3. 说明 CPLD 的结构原理。
4. 说明 FPGA 的结构原理。
5. 说明 FPGA 和 CPLD 的主要区别和应用场合。
6. 给出在使用 FPGA/CPLD 进行设计时,选择器件的原则。
7. 说明 Xilinx 的主要产品分类,并举例说明其中一款产品的性能和优点。

chapter 3

第3章

VHDL 语言基础

本章详细介绍 VHDL 语言的基本结构、VHDL 语言要素、VHDL 语言语句的原理和设计方法。VHDL 语言是整个 EDA 设计中最核心的内容之一。读者必须熟练掌握 VHDL 语言，并且通过实验掌握使用 VHDL 语言对可编程逻辑器件进行编程的方法和技巧。

3.1 VHDL 程序结构

3.1.1 VHDL 程序结构概述

一个完整的 VHDL 程序包含实体(entity)、结构体(architecture)、配置(configuration)、包集合(package)、库(library)5 个部分。实体主要是用于描述和外部设备的接口信号；构造体用于描述系统的具体逻辑行为功能；包存放设计使用到的公共的数据类型、常数和子程序等；配置用来从库中选择所需单元来组成系统设计的不同版本；库存放已经编译的实体、构造体、包集合和配置等。

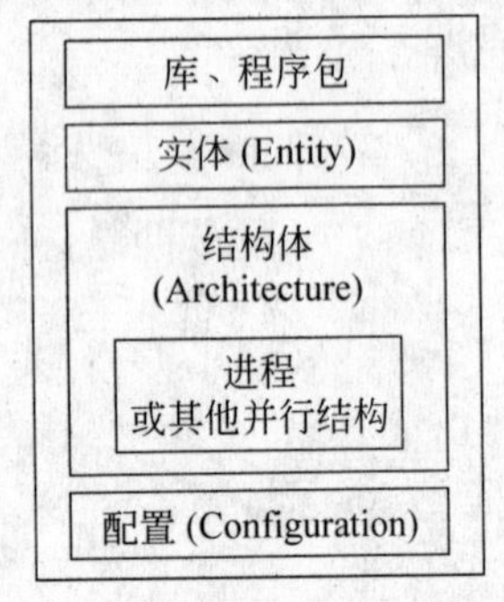

图 3.1　VHDL 程序的结构图

VHDL 的基本结构由实体和结构体两部分组成。实体用于描述设计系统的外部接口信号，结构体用于描述系统的行为、系统数据的流程或者系统组织结构形式。设计实体是 VHDL 程序的基本单元，是电子系统的抽象。根据所设计数字系统的复杂度不同，其程序规模也大不相同。图 3.1 给出了 VHDL 程序的基本结构示意图，该图表明了一个完整的 VHDL 程序所应该包含的部分。

3.1.2 VHDL 程序实体

实体由类属说明和端口说明两个部分组成。根据 IEEE 标准，VHDL 程序实体的一般格式为：

```
entity <entity_name>is
```

```
generic (
  <generic_name>: <type>:=<value>;
  <other generics>...
);
port (
  <port_name>: <mode><type>;
   <other ports>...
  );
end <entity_name>;
```

实体说明在 VHDL 程序设计中描述一个元件或一个模块与设计系统的其余部分(其余元件、模块)之间的连接关系,可以看作一个电路图的符号。因为在一张电路图中,某个元件在图中与其他元件的连接关系是明显直观的。

1. 类属说明

类属说明是实体说明中的可选项,放在端口说明之前,用于指定参数,其一般书写格式为:

```
generic (
  <generic_name>: <type>:=<value>;
  <other generics>...
);
```

类属说明常用来定义实体端口的大小、设计实体的物理特性、总线宽度、元件例化的数量等。

2. 端口说明

定义实体的一组端口称作端口说明(port declaration)。端口说明是对设计实体与外部接口的描述,是设计实体和外部环境动态通信的通道,其功能对应于电路图符号的一个引脚。实体说明中的每一个 I/O 信号被称为一个端口,一个端口就是一个数据对象。端口可以被赋值,也可以当作变量用在逻辑表达式中。

端口说明结构必须有端口名、端口方向和数据类型。端口说明的一般格式为:

```
port (
  <port_name>: <mode><type>;
  <other ports>...
);
```

1) 端口名

端口名(port_name)是赋予每个外部引脚的名称,名称的含义要明确,如 D 开头的端口名表示数据,A 开头的端口名表示地址等。端口名通常用几个英文字母或一个英文字母加数字表示。下面是合法的端口名:CLK、RESET、A0、D3。

2) 模式

模式(mode)用来说明数据、信号通过该端口的传输方向。端口模式有 in、out、buffer、inout。

(1) 输入模式。

输入仅允许数据流入端口。输入信号的驱动源由外部向该设计实体内进行。输入模式(in)主要用于时钟输入、控制输入(如 Load、Reset、Enable、CLK)和单向的数据输入,如地址信号(address)。

(2) 输出模式。

输出仅允许数据流从实体内部输出。如图 3.2(a)所示,端口的驱动源是由被设计的实体内部进行的。输出模式(out)不能用于被设计实体的内部反馈,因为输出端口在实体内不能看作可读的。输出模式常用于计数输出、单向数据输出及设计实体产生的控制其他实体的信号等。

(3) 缓冲模式。

缓冲模式(buffer)的端口与输出模式的端口类似,只是缓冲模式允许内部引用该端口的信号。缓冲端口既能用于输出,也能用于反馈。缓冲端口的驱动源可以是设计实体的内部信号源或其他实体的缓冲端口。缓冲不允许多重驱动,不与其他实体的双向端口和输出端口相连。

内部反馈的实现方法如下:

- 建立缓冲模式端口。
- 建立设计实体的内部节点。

如图 3.2(b)所示,缓冲模式用于在实体内部建立一个可读的输出端口,例如计数器输出,计数器的现态被用来决定计数器的次态。实体既需要输出,又需要反馈,这时设计端口模式应为缓冲模式。

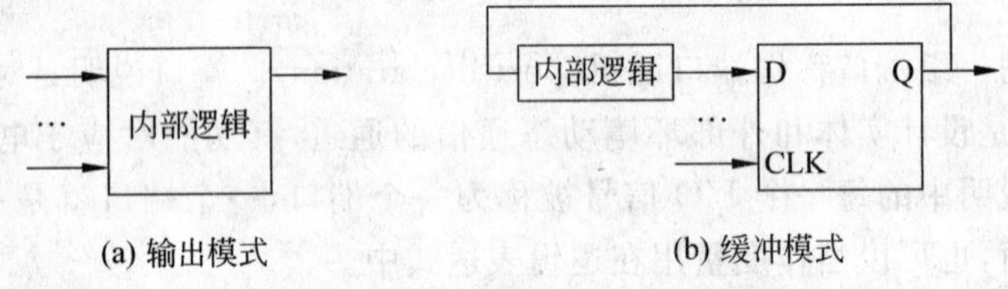

(a) 输出模式　　　　(b) 缓冲模式

图 3.2　输出模式和缓冲模式的区别

(4) 双向模式。

双向模式(inout)可以代替输入模式、输出模式和缓冲模式。

在设计实体的数据流中,有些数据是双向的,数据可以流入该设计实体,也有数据从设计实体流出,这时需要将端口模式设计为双向端口。

双向模式的端口允许引入内部反馈,所以双向模式端口还可以作为缓冲模式用。由上述分析可见,双向端口是一个完备的端口模式。典型的,常见的 SRAM 和 SDRAM 芯片的数据端口就是双向的。在第 4 章将详细地说明对双向端口的控制方法。

3) 数据类型

数据类型(type)端口说明除了定义端口标识名称、端口定义外,还要标明出入端口的数据类型。VHDL 语言的标准规定，EDA 综合工具支持的数据类型为布尔型(boolean)、位型(bit)、位矢量型(bit-vector)和整数型(integer)。

为了使 EDA 工具的仿真、综合软件能够处理这些逻辑类型，这些标准库必须在实体中声明或在 USE 语句中调用。

【例 3-1】 下面给出一个关于 8 位计数器的实体说明

```
entity counter is
generic (byte:  integer:=8);
port(
     clk      :    in  std_logic;
     rst      :    in  std_logic;
     counter  :    out std_logic_vector(byte-1 downto 0)
   );
end counter;
```

在上面的例子中描述了一个 8 位的计数器的实体部分。该实体部分包含类属说明和端口说明。从例子中可以看到，在实体中声明了一个 byte 的类属名，该类属表示 8 个比特位。因此，在 counter 端口的类型说明中直接使用在该实体中所定义的 byte 类属名。在实体的端口说明部分，说明了 3 个端口 clk、rst、counter。其中 clk、rst 均为输入端口，而 counter 为输出端口。需要注意的是，在实体中使用类属在很多情况下是为了修改程序的方便。

3.1.3 VHDL 结构体

结构体具体指明了该设计实体的行为，定义了该设计实体的逻辑功能和行为，规定了该设计实体的内部模块及其内部模块的连接关系。VHDL 对构造体的描述通常有三种方式进行描述：行为描述、寄存器传输描述和结构描述，这三种描述方式将在后面进行详细的说明。

由于结构体是对实体功能的具体描述，所以结构体一定在实体的后面。

一个结构体的 VHDL 的描述为：

```
architecture <arch_name> of <entity_name> is
   --declarative_items (signal declarations, component declarations, etc.)
begin
   --architecture body
end <arch_name>;
```

其中，arch_name 为结构体的名字；entity_name 为实体的名字。

结构体的 begin 开始的前面部分为声明项(declarative_items)，通常是对设计内部的信号或者元件进行声明；而 begin 后面一直到结构体的结束，该部分是对实体行为和功能的具体的描述。该部分的描述是由顺序语句和并发语句完成的。

1. 结构体命名

结构体名称由设计者自由命名，是结构体的唯一名称。OF 后面的实体名称表明该结构体属于哪个设计实体，有些设计实体中可能含有多个结构体。这些结构体的命名可以从不同侧面反映结构体的特色，让人一目了然。例如：

```
ARCHITECTURE rtl OF mux IS              --用结构体的寄存器传输结构命名
ARCHITECTURE dataflow OF mux IS         --用结构体的数据流命名
ARCHITECTURE structural OF mux IS       --用结构体的组织结构命名
ARCHITECTURE behave OF mux IS           --用结构体的行为描述方式命名
```

上述几个结构体都属于设计实体 mux，每个结构体有着不同的名称，使得阅读 VHDL 程序的人能直接从结构体的描述方式了解功能，定义电路行为。命名时应该简明扼要，一目了然。用 VHDL 写的文档不仅是 EDA 工具编译的源程序，而且对于一个完整的设计来说也是非常重要的。对于一个从事 EDA 设计的读者来说，培养一个良好的命名习惯可以在某种程度上提高设计效率，同时也有利于整个项目的管理。

2. 结构体内信号定义

由结构体的书写格式知道，在关键字 ARCHITECTURE 和 BEGIN 之间的部分，用于对结构体内部使用的信号、常数、数据类型和函数进行定义。

特别需要注意的是，这些声明用于结构体内部，而不能用于实体内部，因为一个实体可能有几个结构体相对应。另外，实体说明中定义 I/O 信号为外部信号，而结构体定义的信号为内部信号。

结构体的信号定义和实体的端口说明一样，应有信号名称和数据类型定义，但不需要定义信号模式(mode)，不需要说明信号方向，因为这些结构体的内部信号是用来描述结构体内部的连接关系。

【例 3-2】 结构体的内部信号定义方法

```
ARCHITECTURE structural OF mux IS
  signal    a,b:  std_logic;
  signal    x:   std_logic_vector(0 to 7);
  signal    y:   integer 0 to 255;
BEGIN
   ⋮
END structural;
```

从上面的例子可以看出，在结构体内声明的信号不需要指明端口的方向，因为在结构体内部的信号只是用来表示设计实体内部的逻辑之间的连接关系。

3. 结构体并行处理语句

并行处理语句是结构体描述的主要语句，并行处理语句在 begin 和 end 之间。并行处理语句表明，若一个结构体的描述用的是结构描述方式，则并行语句表达了结构体的内部元件之间的互连关系。这些语句是并行的，各个语句之间没有顺序关系。

若一个结构体是用进程语句来描述的，并且这个结构体含有多个进程，则各进程之间是并行的。但必须声明，每个进程内部的语句是有顺序的，不是并行的。

若一个结构体用模块化结构描述，则各模块间是并行的，而模块内部视描述方式而定。

【例 3-3】 用并行语句描述的结构体

```
LIBRARY ieee;
USE ieee.std_logic_1164.all;
ENTITY mux4 IS
  PORT (a    :  in  std_logic_vector(3 downto 0);
        sel  :  in  std_logic_vector(1 downto 0);
        q    :  out  std_logic);
END mux4;
ARCHITECTURE rtl OF mux IS
BEGIN
    q<=a(0)  when sel="00" else
        a(1)  when sel="01" else
        a(2)  when sel="10" else
        a(3)  when sel="11" else
        'X'
END rtl;
```

在上面的例子中，使用了条件带入语句来描述了一个四选一的逻辑单元，该条件信号带入语句是并发描述语句。下面将对该条件带入语句进行详细的描述。

3.2 VHDL 语言描述风格

VHDL 语言主要有 3 种描述风格：行为描述、数据流（RTL 寄存器传输）描述和结构描述。这 3 种描述方式从不同角度对硬件系统进行描述。一般情况下，行为描述用于模型仿真和功能仿真；而 RTL 描述和结构描述可以进行逻辑综合。

3.2.1 结构体行为描述

行为描述是以算法形式对系统模型、功能的描述，与硬件结构无关。抽象程度最高。行为描述中常用的语句主要有进程、过程和函数。

【例 3-4】 两输入或门的行为描述

```
ENTITY and2 IS
  PORT (a, b: in std_logic;
          c: out std_logic);
END and2;
ARCHITECTURE behav of and2 is
BEGIN
   c<=a or b AFTER 5 ns;
END behave;
```

3.2.2 结构体数据流描述

数据流描述又称为寄存器传输级 RTL 描述。RTL 级描述是以寄存器为特征，在寄存器之间插入组合逻辑电路，即以描述数据流的流向为特征。图 3.3 给出了结构体的数据流的图形描述。

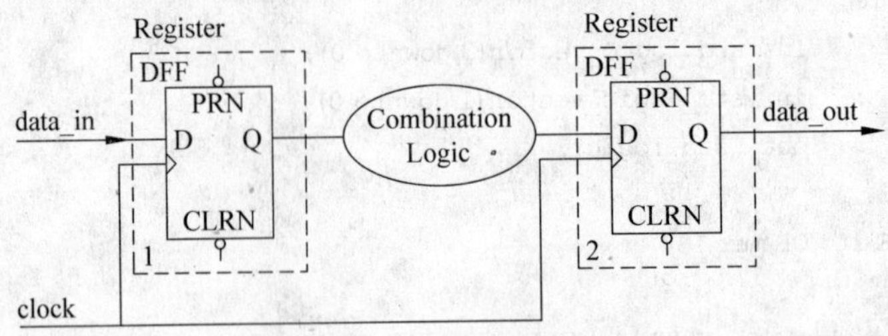

图 3.3 结构体的数据流描述

【例 3-5】 四选一选择器的数据流(RTL)描述

```
LIBRARY IEEE;
USE IEEE.STD_LOGIC_1164.ALL;
USE IEEE.STD_LOGIC_UNSIGNED.ALL;
ENTITY mux4 IS
  port (x  :   in   std_logic_vector(3 downto 0);
       sel :   in   std_logic_vector(1 downto 0);
        y  :   out  std_logic);
END mux4;
ARCHITECTURE rtl of mux4 IS
BEGIN
  y<=x(0) when sel="00" else
     x(1) when sel="01" else
     x(2) when sel="10" else
     x(3);
END rtl;
```

这种基于 RTL 级的描述，虽然具体了一些，但仍没有反映出实体内的具体结构。使用 RTL 描述时，应遵循以下几个原则：

(1) 在一个进程中，不允许存在两个寄存器的描述。

【例 3-6】 违反规则(1)的描述

```
PROCESS(clk1,clk2)
BEGIN
 if rising_edge(clk1) then
    y<=a;
 end if;
   if rising_edge(clk2) then
```

```
    z<=b;
  end if;
END PROCESS;
```

上面的例子中，在一个进程中使用了两个时钟，激励两个触发器，这是违反规则(1)的。

(2) 在描述寄存器时，不允许使用IF语句中的ELSE项。

【例 3-7】 违反规则(2)的描述

```
PROCESS(clk)
BEGIN
 if rising_edge(clk) then
    y<=a;
 else
    y<=b;
 end if;
END PROCESS;
```

(3) 在描述寄存器时，必须带入信号值。

【例 3-8】 带入信号的方法

```
PROCESS(clk)
 VARIABLE tmp:  std_logic;
BEGIN
   y<=tmp;
if rising_edge(clk) then
    tmp:=a;
 end if;
END PROCESS;
```

3.2.3 结构体结构化描述

在多层次设计中，高层次的设计模块调用低层次的设计模块，构成模块化的设计。从下面的例子可以看出来，全加器由两个半加器和一个或门构成，元件之间、元件与实体端口之间通过信号连接。知道了它们的构成方式，那么就可以通过元件例化语句进行描述。

【例 3-9】 全加器的结构化的 VHDL 的描述

图 3.4 给出了全加器的结构化的图形描述。

```
Architecture structure_view of Full_adder is
   Component half_adder
   port(a,b: in std_logic; s,c: out std_logic);
end component;
component or_gate
   port(a,b: in std_logic; c: out std_logic);
```

```
end component;
  signal a,b,c: std_logic;
begin
Inst_half_adder1:    port map(x,y,a,b);
Inst_half_adder2:    port map(a,cin,sum,c);
Inst_or_gate:        port map(b,c,cout);
End structure_view;
```

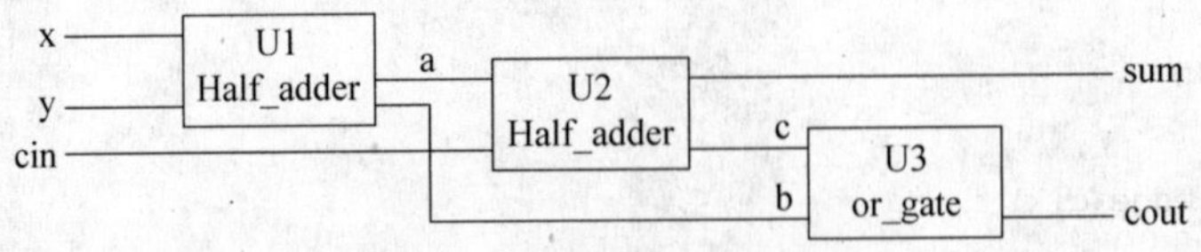

图 3.4 全加器的结构化描述

结构层次化编码是模块化设计思想的一种体现。目前大型设计中必须采用结构层次化编码风格，以提高代码的可读性，易于分工协作，易于设计仿真测试激励。最基本的结构化层次是由一个顶层模块和若干个子模块构成，每个子模块根据需要还可以包含自己的子模块。结构层次化编码结构如图 3.5 所示。

在进行结构层次化设计过程中，要遵循以下的原则：

(1) 结构的层次不易太深，一般为 3～5 层即可。在综合时，一般综合工具为了获得更好的综合效果，特别是为了使综合结果所占用的面积更小，会默认将 RTL 代码的层次打平。而有时为了在综合后仿真和布局布线后时序仿真中较方便的找出一些中间信号，比如子模块之间的接口信号等，可以在综合工具中设置保留结构层次，以便于仿真信号的查找和观察。

(2) 顶层模块最好仅仅包含对所有模块的组织和调用，而不应该完成比较复杂的逻辑功能。较为合理的顶层模块由输入输出管脚声明、模块的调用与实例化、全局时钟资源、全局置位/复位、三态缓冲和一些简单的组合逻辑等构成。

(3) 所有的 I/O 信号，如输入、输出、双向信号等的描述在顶层模块中完成。

(4) 子模块之间也可以有接口，但是最好不要建立子模块间跨层次的接口，例如图 3.5 中模块 A1 到模块 B1 之间不宜直接连接，两者需要交换的信号可以通过模块 A、模块 B 的接口传递。这样做的好处是增加了设计的可读性和可维护性。

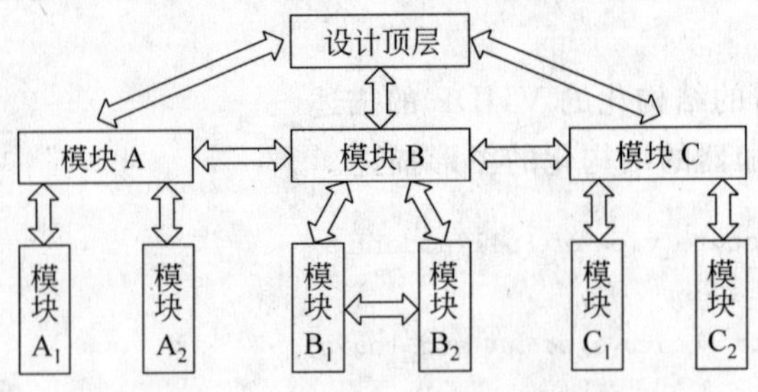

图 3.5 结构层次化设计示意图

(5) 子模块的合理划分非常重要,应该综合考虑子模块的功能、结构、时序、复杂度等多方面因素。

3.3 设计资源共享

除实体和构造体外,包集合、库及配置是 VHDL 语言另外 3 个可以各自独立进行编译的源设计单元。通过使用库、包和配置,可以实现设计的共享。

3.3.1 库

1. 库的种类

一个库中可以存放集合定义、实体定义、结构体定义和配置定义。当需要引用一个库时,首先需要对库名进行说明,其格式为:

```
LIBRARY  <library_name>
```

其中,<library_name>为库的名字,这时就可以使用库中已经编译好的设计。对库中集合包的访问必须再经由 USE 语句才能打开。其格式为:

```
USE  <package_name>
```

其中,<package_name>为程序包的名字。

当前在 VHDL 语言中的库大致可以分为 5 种:IEEE 库、STD 库、ASIC 矢量库、用户定义库和 WORK 库。

1) IEEE 库

定义了 4 个常用的程序包:

- std_logic_1164 (std_logic types & related functions)
- std_logic_arith (arithmetic functions)
- std_logic_signed (signed arithmetic functions)
- std_logic_unsigned (unsigned arithmetic functions)

2) STD 库(默认库)

STD 库是 VHDL 的标准库,在库中存放 STANDARD 的包集合。由于它是 VHDL 的标准库,因此设计人员如果调用 STANDARD 包内的数据可以不进行标准格式的说明。STD 库中还包含 TEXTIO 的包集合,在使用这部分包时,必须说明库和包集合名,然后才能使用该包集合中的数据。

```
LIBRARY STD
USE STD.TEXTIO.ALL;
```

STANDARD 包集合中定义了最基本的数据类型,包括 Bit、bit_vector、Boolean、Integer、Real 和 Time 等。

3）面向ASIC的库

在VHDL中，为了门级仿真的要求，各公司提供面向ASIC的逻辑门库。在该库中存放着与逻辑门一一对应的实体。为了使用它，必须对库进行说明。

4）WORK库

WORK库是存放设计数据的库。设计所描述的VHDL语句并不需要说明，将存放到WORK中。在使用该库的时候无须说明。

5）用户定义库

用户定义库是设计人员根据设计的需要所开发的包集合和实体等，可以汇集在一起定义成一个库。在使用库时必须要说明库名称，然后才能调用包内的数据等。

2. 库的使用

1）库的说明

除了WORK和STD库外，其他的库在使用前都需要进行说明，其说明格式为：

```
library <LIB_NAME>;
```

其中，LIB_NAME为所需要调用的库的名字。

2）库的调用

此外，还需要设计人员指明使用库中哪个包集合以及包集合中的项目名（过程名、函数名等）。

```
use <LIB_NAME>.<PACKAGE_NAME>.all
```

其中，LIB_NAME为所需要调用的库的名字，PACKAGE_NAME为所需要调用的包的名字。

3）库的作用范围

库说明语句的作用范围从一个实体说明开始到所属的构造体、配置为止。当一个文件中出现两个以上的实体时，两条作为使用库的说明语句应在每个实体说明语句前重复书写。

3.3.2 包集合

包集合（package）说明像C语言中的include语句一样，用来单纯的罗列VHDL语言中所要用到的信号定义、常数定义、数据类型、元件语句、函数定义和过程定义等。使用包集合时用USE语句说明。如USE IEEE. STD_logic_1164. ALL；程序包的说明包含常量说明、VHDL数据类型说明、元件说明和子程序说明。程序包的结构包括程序包说明（包首）、程序包主体（包体）。

1. 程序包的说明语句

包的说明语句格式为：

```
package <Package_Name>is
```

```
  <package declaration>
end <Package_Name>;
```

其中,Package_Name 为包的名字,包的声明部分以 package <Package_Name> is 开头,以 end<Package_Name>结束。Package declaration 为包的具体声明部分。

从上面的包声明格式可以知道,包的声明部分包含类型说明、子类型说明、常量说明、信号说明、子程序说明和元件说明。

【例 3-10】 程序包说明

```
package example is
  type <new_type> is
    record
        <type_name>   : std_logic_vector( 7 downto 0);
        <type_name>   : std_logic;
    end record;
--Declare constants
  constant <constant_name>          : time :=<time_unit>ns;
  constant <constant_name>          : integer :=<value>;
--Declare functions and procedure
  function <function_name>   (signal <signal_name>: in <type_declaration>) return
<type_declaration>;
  procedure <procedure_name>    (<type_declaration><constant_name>    : in
<type_ declaration>);
end example;
```

从该例子可以看出,该程序包的声明部分包括记录(record)类型、常数(constant)类型、函数(function)和子程序(procedure)几个部分。

2. 程序包包体

程序包的内容为子程序的实现算法。包体的语句格式为:

```
package body <Package_Name> is
  <package_body declaration>
end <Package_Name>;
```

其中,Package_Name 为包的名字,程序包的包体部分以 package body<Package_Name>is 开头,以 end<Package_Name>结束。package_body declaration 为包体的具体声明部分。

包体说明项可含 use 语句、子程序说明、子程序主体、类型说明、子类型说明和常量说明。

程序包首与程序包体的关系:程序包体并非必需,只有在程序包中要说明子程序时,程序包体才是必需的。程序包首可以独立定义和使用。

【例 3-11】 一个程序包的具体描述

```
package body example  is
  function <function_name>  (signal <signal_name>: in <type_declaration>  ) return
<type_declaration>is
      variable <variable_name>   :  <type_declaration>;
     begin
      <variable_name>:=<signal_name>xor <signal_name>;
      return <variable_name>;
     end <function_name>;

     function <function_name>   (signal <signal_name>: in <type_declaration>;
                                 signal <signal_name>   :  in <type_declaration>
) return
 <type_declaration>is
     begin
       if (<signal_name>='1') then
         return <signal_name>;
       else
         return 'Z';
       end if;
     end <function_name>;
   --Procedure Example
     procedure <procedure_name>  (<type_declaration><constant_name>  :  in
 <type_declaration>) is
      begin
      end <procedure_name>;
    end example;
```

该包体是对包声明部分中的函数(function)和子程序(procedure)的具体说明,即描述函数和子程序所要实现的具体功能。

3.3.3 子程序和函数

子程序和函数是VHDL语言中一种重要的代码共享方式,通过使用子程序和函数可以大大减少代码的书写量。

1. VHDL中的函数

1) VHDL语言中的函数的说明部分

```
function <FUNC_NAME> (<comma_separated_inputs>: <type>;
                     <comma_separated_inputs>: <type>) return <type>;
```

其中,FUNC_NAME为函数的名字;()里为输入变量的声明,对变量的声明包括对变量类型type的说明;在声明部分还要声明return后面变量的返回类型。

2) VHDL 语言中的函数的实现部分

```
function <FUNC_NAME> (<comma_separated_inputs> : <type> ;
                     <comma_separated_inputs> : <type> ) return <type> is
  --subprogram_declarative_items (constant declarations, variable declarations, etc.)
begin
  --function body
end <FUNC_NAME> ;
```

其中,FUNC_NAME 为函数的名字;()里为输入变量的声明,对变量的声明包括对变量类型 type 的说明;在声明部分还要声明 return 后面变量的返回类型。在 return <type> is 之后和 begin 之前是函数内部使用的一些常数和变量等的声明。在 begin 后到 end 之间是函数体部分,函数体是函数的具体逻辑行为方式的表示。

return 用于函数,并且必须返回一个值,该值的类型必须和声明的返回类型一致。

【例 3-12】 函数的声明和实现部分

```
function lut1(a:    std_logic_vector)           --函数的声明部分
   return std_logic_vector;

function lut1(a:    std_logic_vector)           --函数的实现部分
return std_logic_vector is
      variable  length1  :   std_logic_vector(2 downto 0);
begin
        if(a="11111110")  then  length1:="000";
        elsif(a="11111101") then  length1:="001";
        elsif(a="11111011") then  length1:="010";
        elsif(a="11110111") then  length1:="011";
        elsif(a="11101111") then  length1:="100";
        elsif(a="11011111") then  length1:="101";
        elsif(a="10111111") then  length1:="110";
        elsif(a="01111111") then  length1:="111";
        end if;
return length1;
end lut1;
```

2. VHDL 中的子程序

1) VHDL 语言中的子程序的说明部分

```
procedure <PROC_NAME> (<comma_separated_inputs> : in <type> ;
                       <comma_separated_outputs> : out <type>) ;
```

其中,PROC_NAME 为子程序的名字;()里为输入变量和输出变量的声明,对变量的声明包括对变量输入(in)输出(out)和变量类型 type 的说明。

2) VHDL 语言中的子程序的实现部分

```
procedure <PROC_NAME> (<comma_separated_inputs>: in <type>;
                       <comma_separated_outputs>: out <type>) is
  --subprogram_declarative_items (constant declarations, variable declarations, etc.)
begin
  --procedure body
end <PROC_NAME>;
```

其中,PROCC_NAME 为子程序的名字;()里为输入和输出变量的声明,对变量的声明包括对变量输入(in)输出(out)和变量类型 type 的说明。在()is 之后和 begin 之前是子程序内部使用的一些常数和变量等的声明。在 begin 后到 end 之间是子程序体部分,子程序体是子程序的具体逻辑行为方式的表示。

return 用于子程序,只是结束子程序,不返回任何值。

【例 3-13】 子程序的声明和实现部分

```
package PKG is
  procedure ADD (
                 A,B, CIN: in BIT;
                 C: out BIT_VECTOR (1 downto 0) );
end PKG;                          --子程序声明部分
package body PKG is               --子程序实现部分
  procedure ADD (
                 A,B, CIN: in BIT;
                 C: out BIT_VECTOR (1 downto 0))  is
    variable S, COUT: BIT;
  begin
    S :=A xor B xor CIN;
    COUT := (A and B) or (A and CIN) or (B and CIN);
    C :=COUT & S;
  end ADD;
end PKG;
```

3.3.4 元件配置

元件配置就是从某个实体的多种结构体描述方式中选择特定的一个。配置语句描述层与层之间的连接关系以及实体与结构之间的连接关系。设计者可以利用这种配置语句来选择不同的构造体,使其与要设计的实体相对应。在进行高级仿真时经常会使用元件配置语句。

配置语句的格式:

```
configuration <configuration_identifier> of <entity_name> is
   for <architecture_name>
   <component_configuration>
```

```
end <configuration_identifier>;
```

其中，configration_identifier 为配置名字，entity_name 为配置所使用的实体名字，architecture_name 为配置所使用的结构体的名字，component_configuration 为元件的配置。

【例 3-14】 一个与非门不同实现方式的配置

```
library ieee;
 use ieee.std_logic_1164.all;
 entity nand is
       port(a   :    in std_logic;
            b   :    in std_logic;
            c   :    out std_logic );
 end entity nand;
 architecture art1 of nand is
 begin
        c<=not (a and b);
 end architecture art1;

architecture art2 of nand is
 begin
       c<='1' when (a='0') and (b='0') else
            '1' when (a='0') and (b='1') else
            '1' when (a='1') and (b='0') else
            '0' when (a='1') and (b='1') else
            '0';
 end architecture art2;

configuration first of nand is
        for art1;
        end for;
 end first;

 configuration second of nand is
        for art2
        end for;
end second;
```

3.4 VHDL 语言的文字规则

3.4.1 数字型文字

1. 整数

整数(integer)类型的数代表正整数、负整数和零，表示的范围$-(2^{31}-1)\sim(2^{31}-1)$，它与算术整数相似，可进行“+”，“-”，“*”，“/”等算术运算，不能用于逻辑运算。

例如：5,678,156E2(=15 600),45_234_287 (=45 234 287)。

2. 实数

实数(real)类型也类似于数学上的实数，或称浮点数，表示范围为－1.0E38～1.0E38。

例如：23.34,2.0,44.99E-2(=0.4499),8_867_551.23_909(8 867 551.239 09)。

3. 以数制基数表示的文字格式

例如：

```
10#170# (=170)
2#1111_1110# (=254)
16#E#E1(=2#1110_0000#=224)
```

4. 位矢量

位矢量(Bit_Vector)是用双引号括起来的一组位数据，使用位矢量必须注明位宽。例如：

```
B"1_1101_1110" : 二进制数数组,长度为 9
O"34"          : 八进制数数组,长度为 6
X"1AB"         : 十六进制数数组,长度为 12
```

5. IEEE 预定义标准逻辑位与矢量

在 IEEE 库的程序包 STD_LOGIC_1164 中，定义了两个重要的数据类型，即标准逻辑位 STD_LOGIC 和标准逻辑矢量 STD_LOGIC_VECTOR，使得 STD_LOGIC 数据可以具有如下的 9 种不同的值。

- “U”：初始值。
- “0”：0。
- “Z”：高阻。
- “L”：弱信号 0。
- “X ”：不定。
- “1”：1。
- “W”：弱信号不定。
- “H”：弱信号 1。
- “_”：不可能情况。

注意：在使用该类型数据时，在程序中必须写出库说明语句和使用包集合的说明语句。

3.4.2 字符型文字

1. 字符

字符(character)也是一种数据类型，字符类型通常用单引号引起来，如'A'。字符类型区分大小写,如'B'不同于'b'。

2. 字符串

字符串(string)是由双引号括起来的一个字符序列,也称字符矢量或字符串数组。常用于程序的提示和说明,如"STRING"等。

3. 时间

时间(time)是一个物理数据。完整的时间类型包括整数和单位两部分;整数与单位之间至少留一个空格,如 55ms,2ns。在包集合 STANDARD 中给出了时间的预定义,其单位为 fs,ps,ns,us,ms,sec,min,hr。

在系统仿真时,时间数据很有用,可用它表示信号延时,从而使模型系统能更逼近实际系统的运行环境。

4. 错误等级

在 VHDL 仿真器中,错误等级(Severity Level)用来指示设计系统的工作状态,它有 4 种:NOTE(注意)、WARNING(警告)、ERROR(出错)、FAILURE(失败)。在仿真过程中,可输出这 4 种状态以提示系统当前的工作状态。

3.4.3 标识符

VHDL 中的标识符可以是常数、变量、信号、端口、子程序或参数的名字。使用标识符要遵守如下法则:

- 标识符由字母(A～Z,a～z)、数字和下划线字符组成。
- 任何标识符必须以英文字母开头。
- 末字符不能为下划线。
- 不允许出现两个连续下划线。
- 标识符中不区分大小写字母。
- VHDL 定义的保留字或称关键字,不能用作标识符。
- VHDL 中的注释由两个连续的短线(--)开始,直到行尾。

以下是非法标识符:

－Decoder	—起始不能为非英文字母
3DOP	—起始不能为数字
Large＃number	—“＃”不能成为标识符的构成符号
Data__bus	—不能有双下划线
Copper_	—最后字符不能为下划线
On	—关键字不能用作标识符。

扩展标识符(93 标准):以反斜杠来界定,免去了 87 标准中基本标识符的一些限制:

- 可以以数字打头。
- 允许包含图形符号。

- 允许使用VHDL保留字。
- 区分字母大小写等。

如\74LS163\、\Sig_＃N\、\entity\、\ENTITY\。

注意：在AHDL语言中标识符要区分大小写，但在VHDL语言中不区分大小写。所以写程序时，一定要养成良好的书写习惯，应用关键字时用大写，自己定义的标识符用小写。

3.4.4 下标名及下标段名

下标名：用于指示数组型变量或信号的某一个元素。

下标段名：用于指示数组型变量或信号的某一段元素。

【例3-15】 下标的VHDL描述

```
a : std_logic_vector(7 downto 0);
a(7), a(6)...a(0);
a(7 downto 4), a(5 downto 3)...
```

3.5 VHDL语言数据对象、类型和属性

3.5.1 VHDL中的数据对象

标识符表示的几种数据对象的详细说明如下。

1. 常量

常量(constant)是一个固定的值，主要是为了使设计实体中的常量更容易阅读和修改。常量一被赋值就不能再改变。常量所赋的值应与定义的数据类型一致。

常量声明的一般格式为：

```
CONSTANT 常数名：数据类型:=表达式;
```

例：

```
CONSTANT Vcc: REAL: =5.0;        --设计实体的电源电压指定
```

常量的使用范围取决于它被定义的位置。程序包中定义的常量具有最大的全局化特性，可以用在调用此程序包的所有设计实体中；设计实体中某一结构体中定义的常量只能用于此结构体；结构体中某一单元定义的常量，如一个进程中，这个常量只能用在这一进程中。

2. 变量

变量(variable)是一个局部变量，它只能在函数语句和进程语句结构中使用。用作局部数据存储。在仿真过程中，它不像信号那样，到了规定的仿真时间才进行赋值，变量的赋值是立即生效的。变量常用在实现某种算法的赋值语句中。

变量声明一般格式为：

```
VARIABLE 变量名：数据类型    约束条件:=表达式；
```

例：

```
VARIABLE x,y: INTEGER;                              --定义 x,y 为整数变量
VARIABLE count:    INTEGER RANGE0 TO255:=10;        --定义计数变量范围
```

变量的适用范围仅限于定义了变量的进程或子程序中。若将变量用于进程之外，必须将该值赋给一个相同类型的信号，即进程之间的数据是通过信号进行传递的。变量赋值语句的语法格式如下：

```
目标变量:=表达式；
```

变量赋值符号是“:=”。赋值语句右方的表达式必须是一个与目标变量有相同数据类型的数值。

变量不能用于硬件连线和存储元件。变量只能在进程、函数和过程中使用，一旦赋值立即生效。

3. 信号

信号(signal)是描述硬件系统的基本数据对象，它类似于连接线，它除了没有数据流动方向说明以外，其他性质与实体的端口(port)概念一致。变量的值可以传递给信号，而信号的值不能传递给变量。信号通常在构造体、包集合和实体中说明。

信号说明格式为：

```
SIGNAL 信号名： 数据类型；
```

信号初始值的设置不是必需的，而且初始值仅在 VHDL 的行为仿真中有效。信号是电子系统内部硬件连接和硬件特性的抽象表示。用来描述硬件系统的基本特性。

信号赋值语句的语法格式如下：

```
目标信号<=表达式；
```

信号除了没有方向的概念以外几乎和端口概念一致。端口是一种有方向的信号，即输出端口不能读数据，只能写入数据；输入端口不能写入数据，只能读出数据。信号本身无方向，可读可写。

信号是一个全局量，可以用来进行进程之间的通信。下面对信号和变量的一些不同特性进行详细的说明：

(1) 信号赋值可以有延迟时间，变量赋值无时间延迟。

(2) 信号除当前值外还有许多相关值，如历史信息等，变量只有当前值。

(3) 进程对信号敏感，对变量不敏感。

(4) 信号可以是多个进程的全局信号，但变量只在定义它之后的顺序域可见。

(5) 信号可以看作硬件的一根连线，但变量无此对应关系。

3.5.2 VHDL中的数据类型

VHDL是一种强数据类型语言。要求设计实体中的每一个常数、信号、变量、函数以及设定的各种参量都必须具有确定的数据类型，并且相同数据类型的量才能互相传递和作用。

VHDL数据类型分为4大类：

- 标量类型(SCALAR TYPE)
- 复合类型(COMPOSITE TYPE)
- 存取类型(ACCESS TYPE)
- 文件类型(FILES TYPE)

1. 预定义数据类型

1) 布尔量

布尔量(boolean)具有两种状态：false 和 true。常用于逻辑函数，如相等(=)、比较(<)等中作逻辑比较。如，bit 值转化成 boolean 值：boolean_var := (bit_var ='1');

2) 位

位(bit)表示一位的信号值。放在单引号中，如'0'或'1'。

3) 位矢量

位矢量(bit_vector)是用双引号括起来的一组位数据。如"001100"，X"00B10B"。

4) STD_LOGIC

```
--'U','X','0','1','Z','W','L','H','-'
```

5) STD_LOGIC_VECTOR

```
--STD_LOGIC 的范围
```

6) 字符

字符(character)用单引号将字符括起来。

```
variable  character_var: character;
:
Character_var : = 'A';
```

7) 整数

整数(integer)表示正整数、零和负整数。硬件实现时，利用32位的位矢量来表示。可实现的整数范围为：

$$-(2^{31}-1)\sim(2^{31}-1)$$

VHDL综合器要求对具体的整数作出范围限定，否则无法综合成硬件电路。如：

```
signal s : integer range 0 to 15;
```

信号 s 的取值范围是0～15，可用4位二进制数表示，因此 s 将被综合成由4条信号线构成的信号。

8）自然数和正整数

自然数(natural)是 integer 的子类型,表示非负整数。

正整数(positive)是 integer 的子类型,表示正整数。

定义如下：

```
subtype natural is integer range 0 to integer'high';
subtype positive is integer range 1 to integer'high';
```

9）实数或称浮点数(real)

取值范围：－1.0E38～＋1.0E38。实数类型仅能用于 VHDL 仿真器,一般综合器不支持。

10）字符串

字符串(string)是 character 类型的一个非限定数组,用双引号将一串字符括起来。如：

```
variable  string_var: string(1 to 7);
 …
string_var := "Rosebud";
```

11）时间(TIME)

由整数和物理单位组成,如 55ms、20ns。

12）错误等级(SEVERITY_LEVEL)

仿真中用来指示系统的工作状态,共有 4 种：NOTE(注意)、WARNING(警告)、ERROR(出错)、FAILURE(失败)。

2. 标准逻辑位与矢量

1）std_logic 类型

由 ieee 库中的 std_logic_1164 程序包定义,为 9 值逻辑系统,如下：

('U','X','0','1','Z','W','L','H','-')

- 'U'：未初始化的。
- 'X'：强未知的。
- '0'：强 0。
- '1'：强 1。
- 'Z'：高阻态。
- 'W'：弱未知的。
- 'L'：弱 0。
- 'H'：弱 1。
- '-'：忽略。

由 std_logic 类型代替 bit 类型可以完成电子系统的精确模拟,并可实现常见的三态总线电路。

2）std_logic_vector 类型

由 std_logic 构成的数组。定义如下：

```
type std_logic_vector is array(natural range<>) of std_logic;
```

赋值的原则：相同位宽，相同数据类型。

3. 用户自定义类型

用户自定义类型是 VHDL 语言的一大特色。可由用户定义的数据类型有：枚举类型，整数和实数类型，数组类型，记录类型，子类型。

1）type(类型)定义语句

type 主要有 3 种描述格式。

(1) 整数类型描述。

```
type <type_name> is integer range <lower_limit> to <upper_limit>;
```

其中，type_name 为类型名字，lower_limit 为整数的下限值，upper_limit 为整数的上限值。

【例 3-16】 type my_integer is integer range 0 to 9

(2) 枚举类型描述。

```
type <type_name> is (<string1>, <string2>, …);
```

其中，type_name 为类型名字，<string>为字符串的名字。

【例 3-17】 9 值系统的枚举类型语句

```
type std_logic is('U','X','0','1','Z','W','L','H','-')
```

【例 3-18】 颜色枚举类型语句

```
type color is(blue, green, yellow, red);
```

枚举类型的编码方法：综合器自动实现枚举类型元素的编码，一般将第一个枚举量(最左边)编码为 0，以后的依次加 1。编码用位矢量表示，位矢量的长度将取所需表达的所有枚举元素的最小值。一种编码为：blue="00"；green="01"；yellow="10"；red="11"。

(3) 通用类型描述。

```
type <type_name> is type <type_definition>;
```

其中，type_name 为类型名字，<type_defination>为类型的定义。

【例 3-19】 类型的声明语句

```
type byte is array(7 downto 0) of bit;
variable  addend: byte;
type week is (sun, mon, tue, wed, thu, fri, sat);
type byte is array(7 downto 0) of bit;
type vector is array(3 downto 0) of  byte;
```

【例 3-20】 限定数组的声明

```
type bit_vector is array(integer range <>)  of  bit;
variable my_vector: bit_vector (5 downto -5);
```

2）subtype(子类型)定义语句

subtype 实现用户自定义数据子类型。subtype 主要有 3 种描述格式。

(1) 整数子类型描述。

```
subtype <subtype_name> is integer range <lower_limit> to <upper_limit>;
```

【例 3-21】 子类型的声明语句

```
subtype digits is integer range 0 to 9;
```

(2) 数组子类型描述。

```
subtype <subtype_name> is array range <lower_limit> to <upper_limit>;
```

(3) 通用子类型描述。

```
subtype <subtype_name> is subtype <subtype_definition>;
```

由 subtype 语句定义的数据类型称为子类型。

【例 3-22】 子类型声明语句

bit_vector 类型定义如下：

```
type bit_vector is array (natural range <>) of bit;
```

如设计中只用 16bit，可定义子类型如下：subtype my_vector is bit_vector(0 to 15)；

注意：子类型与基(父)类型具有相同的操作符和子程序，可以直接进行赋值操作。

3) 记录类型

记录是不同类型的名称域的集合。

格式如下：

```
type  记录类型名  is  record
      元素名：数据类型名;
      元素名：数据类型名;
            ⋮
end   record;
```

访问记录体元素的方式：记录体名.元素名。

【例 3-23】 访问记录的方法

```
constant len: integer:=8 ;
subtype byte_vec is bit_vector(len-1 downto 0);
type byte_and_ix  is  record                  --声明记录
byte: byte_vec;
ix: integer range 0 to len;
```

```
end  record;                              --记录结束
signal  x, y, z: byte_and_ix;
signal  data: byte_vec;
signal  num: integer;
           ⋮
x.byte <="11110000";
x.ix <=2;
data <=y.byte;
num <=y.ix;
z <=x;
```

4. 数据类型转换

VHDL是一种强类型语言，不同类型的数据对象必须经过类型转换，才能相互操作。下面给出一个常用的数据对象的转换函数。

1) IEEE. numeric_std. all 中常用的几种转换函数

(1) 整数转有符号数的函数。

```
<signed_sig>=TO_SIGNED(<int_sig>, <integer_size>);
```

(2) 整数转无符号数的函数。

```
<unsigned_sig>=TO_UNSIGNED(<int_sig>, <integer_size>);
```

(3) 有符号数转整数的函数。

```
<int_sig>=TO_INTEGER(<signed_sig>);
```

(4) 无符号数转整数的函数。

```
<int_sig>=TO_INTEGER(<unsigned_sig>);
```

2) IEEE. std_logic_1164. all 中常用的几种转换函数

(1) bit 转 StdUlogic 的函数。

```
<sul_sig>=To_StdUlogic(<bit_sig>);
```

(2) bit_vector 转 std_logic_vector 的函数。

```
<slv_sig>=To_StdLogicVector(<bv_sig>);
```

(3) bit_vector 转 std_ulogic_vector 的函数。

```
<sulv_sig>=To_StdULogicVector(<bv_sig>);
```

(4) std_logic_vector 转 bit_vector 的函数。

```
<bv_sig>=To_bitvector(<slv_sig>);
```

(5) std_logic_vector 转 std_ulogic_vector 的函数。

```
<sulv_sig>=To_StdULogicVector(<slv_sig>);
```

(6) std_ulogic 转 bit 函数。

```
<bit_sig>=To_bit(<sul_sig>);
```

(7) std_ulogic_vector 转 bit_vector 的函数。

```
<bv_sig>=To_bitvector(<sulv_sig>);
```

(8) std_ulogic_vector 转 std_logic_vector 的函数。

```
<slv_sig>=To_StdLogicVector(<sulv_sig>);
```

3) IEEE. std_logic_arith. all 中常用的几种转换函数

(1) integer 转 signed 的函数。

```
<signed_sig>=CONV_SIGNED(<int_sig>, <integer_size>);
```

(2) integer 转 std_logic_vector 的函数。

```
<slv_sig>=CONV_STD_LOGIC_VECTOR(<int_sig>, <integer_size>);
```

(3) integer 转 unsigned 的函数。

```
<unsigned_sig>=CONV_UNSIGNED(<int_sig>, <integer_size>);
```

(4) signed 转 integer 的函数。

```
<int_sig>=CONV_INTEGER(<signed_sig>);
```

(5) signed 转 std_logic_vector 的函数。

```
<slv_sig>=CONV_STD_LOGIC_VECTOR(<signed_sig>, <integer_size>);
```

(6) signed 转 unsigned 的函数。

```
<unsigned_sig>=CONV_UNSIGNED(<signed_sig>, <integer_size>);
```

(7) std_logic_vector 转 std_logic_vector(符号扩展)的函数。

```
<slv_sxt_sig>=SXT(<slv_sig>, <integer_size>);
```

(8) std_logic_vector 转 std_logic_vector(零位扩展)的函数。

```
<slv_ext_sig>=EXT(<slv_sig>, <integer_size>);
```

(9) std_ulogic 转 signed 的函数。

```
<signed_sig>=CONV_SIGNED(<sul_sig>, <integer_size>);
```

(10) std_ulogic 转 small_int 的函数。

```
<int_sig>=CONV_INTEGER(<sul_sig>);
```

(11) std_ulogic 转 std_logic_vector 的函数。

```
<slv_sig>=CONV_STD_LOGIC_VECTOR(<sul_sig>, <integer_size>);
```

(12) std_ulogic 转 unsigned 的函数。

```
<unsigned_sig>=CONV_UNSIGNED(<sul_sig>, <integer_size>);
```

(13) unsigned 转 integer 的函数。

```
<int_sig>=CONV_INTEGER(<unsigned_sig>);
```

(14) unsigned 转 signed 的函数。

```
<signed_sig>=CONV_SIGNED(<unsigned_sig>, <integer_size>;
```

(15) unsigned 转 std_logic_vector 的函数。

```
<slv_sig>=CONV_STD_LOGIC_VECTOR(<unsigned_sig>, <integer_size>);
```

3) IEEE. std_logic_signed. all 中常用的几种转换函数

std_logic_vector 转 integer 的函数。

```
<int_sig>=CONV_INTEGER(<slv_sig>);
```

4) IEEE. std_logic_unsigned. all 中常用的几种转换函数

std_logic_vector 转 integer 的函数。

```
<int_sig>=CONV_INTEGER(<slv_sig>);
```

【例 3-24】 类型转换函数的应用例子

```
signal u1: unsigned (3 downto 0);
signal s1: signed (7 downto 0);
signal v1, v2: std_logic_vector (3 downto 0);
signal v3, v4: std_logic_vector (7 downto 0);
signal i1, i2: integer;
u1 <="1101";
s1 <="1101";
i1 <=13;
i2 <=-2;
wait for 10 ns;
v1 <=conv_std_logic_vector(u1, 4);    --="1101",
v2 <=conv_std_logic_vector(s1, 4);    --="1101",
v3 <=conv_std_logic_vector(i1, 8);    --="00001101",
v4 <=conv_std_logic_vector(i2, 8);    --="11111110",
```

【例 3-25】 类型转换函数的应用例子

```
signal b: std_logic;
signal u1: unsigned (3 downto 0);
signal s1: signed (3 downto 0);
signal i1, i2: integer;
```

```
u1 <="1001";
s1 <="1001";
b <='X';
wait for 10 ns;
i1 <=conv_integer(u1);  -- 9
i2 <=conv_integer(s1);  -- -7
```

3.5.3 VHDL 中的预定义属性

属性是某一对象的特征表示，是一个内部预定义函数。VHDL 中的预定义属性包括数组支持的预定义属性、对象支持的预定义属性、信号支持的预定义属性和类型支持的预定义属性。

1. 数组支持的预定义属性

数组支持的预定义属性格式为：

```
<array_id>'attribute
```

其中，array_id 为该属性所属的数组的名称，attribute 为数组所支持的属性。数组支持的预定义属性有以下几类：

(1) <array_id>'range(<expr>)：得到数组的范围。
(2) <array_id>'left(<expr>)：得到数组的左限值。
(3) <array_id>'length(<expr>)：得到数组的范围个数。
(4) <array_id>'lower(<expr>)：得到数组的下限值。
(5) <array_id>'ascending(<expr>)：数组索引范围的升序判断。
(6) <array_id>'reverse_range(<expr>)：得到数组的逆向个数。
(7) <array_id>'right(<expr>)：得到数组的右限值。
(8) <array_id>'upper(<expr>)：得到数组的上限值。

【例 3-26】 数组对应的属性值

首先定义数组 x,y,z：

```
signal x: std_logic_vector(7 downto 0);
signal y: std_logic_vector(0 to 8);
type z is array(0 to 5,0 to 8) of std_logic;
```

下面使用数组的属性：

```
x'left=7     y'left=0
x'right=0    y'right=8   z'right(2)=8
x'high=7    y'high=8    z'high(1)=5
x'range=7 downto 0       x'reverse_range=0 to 7
x'lengh=8   y'lengh=9
```

2. 对象支持的预定义属性

对象支持的预定义属性格式为：

```
<object_id>'attribute
```

其中，object_id为该属性所属的对象的名称，attribute为对象所支持的属性。对象支持的预定义属性有以下几类。

(1) <object_id>'simple_value：该属性将取得所指定命名项的名字，如标号名、变量名、信号名、实体名和文件名等。

(2) <object_id>'instance_name：该属性将给出指定项的路径。

(3) <object_id>'path_nam：该属性将给出指定项的路径，但不显示说明的设计单元。

【例3-27】 对象对应的属性值

```
Signal clk:  std_logic;
Type state is(ini,work1,finish);
clk'simple_value --"clk";
work1'simple_value --"work1"
```

【例3-28】 对象对应的属性值

```
full_adder'instance_name --": full_adder(dataflow):"
full_adder'path_name --"full_adder:"
```

3. 信号支持的预定义属性

信号支持的预定义属性格式为：

```
<signal_id>'attribute
```

其中，signal_id为该属性所属的信号的名称，attribute为信号所支持的属性。信号支持的预定义属性有以下几类：

1) <signal_id>'driving

取得当前进程中的信号值。

2) <signal_id>'active

如果在当前一个相当小的时间间隔内，信号发生了改变，那么，函数将返回一个为"真"的布尔量；否则就返回"假"。

3) <signal_id>'delayed(<TIME>)

该属性产生一个延迟的信号，该信号类型与该属性所加的信号相同，即以属性所加的信号为参考信号，经过括号内时间表达式所确定的时间延后的延迟时间。

4) <signal_id>'event

如果在当前一个相当小的时间间隔内，事件发生了，那么，函数将返回一个为"真"的布尔量；否则就返回"假"。

5）<signal_id>'quiet(<TIME>)

该属性建立一个布尔信号，在括号内的时间表达式所说明的时间内，如果参考信号内有发生转换或其他事件，则该属性得到"真"的结果。

6）<signal_id>'stable(<TIME>)

该属性建立一个布尔信号，在括号内的时间表达式所说明的时间内，如果参考信号内有发生事件，则该属性得到"真"的结果。

7）<signal_id>'last_active

该属性返回一个时间值，即从信号前一次改变到现在的时间。

8）<signal_id>'last_event

该属性将返回一个时间值，即从信号前一个事件发生到现在所经过的时间。

9）<signal_id>'transaction

该属性可以建立一个BIT型的信号，当属性所加的信号发生转换或事件时，其值都将发生变化。

10）<signal_id>'last_value

该属性函数将返回一个值，即该值是信号最后一次改变以前的值。

11）<signal_id>'driving_value

该属性函数返回值依信号而定。若为一标量信号，则结果是当前进程中该信号激励的当前值。若为一复合信号，则结果是对于信号的各个元素R的R'driving-value值的集合，若为一空片断，则结果是空片断。

【例3-29】 时钟上升沿的不同描述

```
if(clk='1' and clk'event and clk'last_value='0') then
if((not(clk'stable)and(clk='1') and (clk'last_value='0')) then
```

4. 类型支持的预定义属性

类型支持的预定义属性格式为：

```
<type_id>'attribute
```

其中，type_id为该属性所属的类型的名称，attribute为类型所支持的属性。类型支持的预定义属性有以下几类。

(1) <type_id>'ascending：数据类或子类的索引范围的升序判断。

(2) <type_id>'base：得到数据的类型或子类型。

(3) <type_id>'left：得到数据类或子类区间的最左端的值。

(4) <type_id>'low：得到数据类或子类区间的低端值。

(5) <type_id>'succ(<expr>)：得到输入expr值的下一个值。

(6) <type_id>'pos(<expr>)：得到输入expr值的位置序号。

(7) <type_id>'pred(<expr>)：得到输入expr值的前一个值。

(8) <type_id>'right：得到数据类或子类区间的最右端的值。

(9) <type_id>'image(<expr>)：得到数据类或子类的一个标量值并产生一个串

描述。

(10) <type_id>'high：得到数据类或子类区间的高端值。

(11) <type_id>'val(<expr>)：得到输入位置序号 expr 的值。

(12) <type_id>'value(<string>)：取一个标量的值的串描述并产生其等价值。

(13) <type_id>'leftof(<expr>)：得到邻接输入 expr 值左边的值。

(14) <type_id>'rightof(<expr>)：得到邻接输入 expr 值右边的值。

【例 3-30】 类型对应的属性值

```
type counter is integer range 255 downto 0;
counter'high=255        counter'low=0
counter'left=255        counter'right=0
```

【例 3-31】 类型对应的属性值

```
type color is (red,green,blue,yellow);
color'succ(green)--blue;       color'rightof(green)--blue;
color'pred(green)--red;        color'leftof(green)--red;
color'image(green)--"green"    color'value("green")--green
```

5. 用户自定义属性

用户自定义的属性的书写格式为：

```
attribute <attribute_name>:  <data_subtype_name>;
attribute <attribute_name>of <target_name>: <target_set>is <equation>;
```

其中，attribute_name 为自定义的属性名，data_subtype_name 为数据子类型名，target_name 为目标的名字，target_set 为目标集合，equation 为等式。

【例 3-32】 用户自定义的属性值

```
attribute max_number: real;
attribute max_number of fifo: entity is 150.0
attribute resistance: res;
attribute resistance of clk,reset: signal is 20 mΩ
```

3.6 VHDL 语言的操作符

在 VHDL 语言中共用 5 类操作符：

- 逻辑操作符(Logical Operator)
- 关系操作符(Relational Operator)
- 算术操作符(Arithmetic Operator)
- 并置操作符(Overloading Operator)
- 重载操作符(Overload Operator)

它们可以分别进行逻辑运算(logic)、关系运算(relational)、算术运算(arithmetic)、并置运算(concatenation)和重载操作(overload)。被操作符所操作的对象是操作数,且操作数的类型应该和操作符所要求的类型相一致。需要注意的是,各家EDA综合软件对运算操作符支持程度各不相同,使用时应参考综合工具说明。

1. 逻辑运算符

逻辑运算符号共有6种：and(与操作)、or(或操作)、nand(与非操作)、nor(或非操作)、xor(异或操作)、not(非操作)。操作数类型必须相同。

逻辑运算可操作的数据类型：Bit、bit_vector、std_logic、std_logic_vector、boolean。数组操作数的维数、大小必须相同。当有两个以上的逻辑表达式时,左右没有优先级差别,必须使用括号。

【例3-33】 逻辑运算的描述

```
x<=(a and b)or(not c and d);
```

例外：当逻辑表达式中只有"and"、"or"、"xor"运算符时,可以省略括号。

【例3-34】 逻辑运算的描述

```
a <=b  and  c  and  d  and  e;
a <=b  or   c  or  d  or  e;
a <=b  xor  c  xor  d  xor  e;
```

2. 关系运算符

关系运算符号共有6种：=(等于)、/=(不等于)、<(小于)、<=(小于等于)、>(大于)、>=(大于等于)。用于比较相同类型的两个操作数,返回boolean值。

3. 算术运算符

加操作符"+"、减操作符"-"、乘操作符"*"、除操作符"/"、求模操作符"mod"、求余操作符"rem"、幂运算符"**"。

综合的限制："/"、"mod"、"rem"3种操作符的右操作数必须为2的正整数次幂,即2^n。实际电路用移位实现。

4. 串联(并置)操作符

串联操作符"&"通过连接操作数来建立新的数组。操作数可以是一个数组或数组中的一个元素。

【例3-35】 串联操作符的使用

```
signal a,d:  bit_vector (3 downto 0);
signal b,c,g:  bit_vector (1 downto 0);
signal e:  bit_vector(2 downto 0);
signal  f,  h,  i: bit;
```

```
a <=not b & not c;   -- array & array
d <=not e & not f;   -- array & element
g <=not h & not i;   -- element & element
```

5. 重载操作符

VHDL 是强类型语言,相同类型的操作数才能进行操作。VHDL 自身定义的算术和布尔函数仅对内部数据类型(standard 程序包中的数据类型)有效。即算术运算符+,-,<,>,<=,>=仅对 integer 类型有效。逻辑运算符 AND,OR,NOT 仅对 bit 类型有效。

对已存在的操作符重新定义,使其能进行不同类型操作数之间的运算,称为重载操作符。定义重载操作符的函数称为重载函数。重载操作符由原操作符加双引号表示,如"+"。

重载操作符的定义见 IEEE 库的程序包:std_logic_arith、std_logic_unsigned、std_logic_signed。

【例 3-36】 重载操作的使用

```
variable  a,b,c : integer;
variable  x,y,z : bit;
c :=a +b;
z :=x and y;
```

3.7 VHDL的顺序描述语句

VHDL 语言的语句按照执行的顺序可以分成两大类:顺序描述语句和并发描述语句。在一个构造体内可以有几个进程语句同时存在,各个进程语句是并发执行的。在进程内部的所有语句是顺序描述语句,也就是按照书写的顺序自上到下依次执行。

顺序描述语句的执行顺序与书写顺序一致,与传统软件设计语言的特点相似。顺序语句只能用在进程与子程序中。顺序语句可描述组合逻辑、时序逻辑。

常用的顺序描述语句有以下几大类:变量与信号赋值语句、if 语句、case 语句、loop 语句、next 语句、exit 语句、子程序、return 语句、wait 语句和 null 语句。

3.7.1 对象赋值语句

1. 赋值对象

在赋值语句中,通常对下面的对象进行赋值操作:

(1) 简单名称,如 my_var。

(2) 索引名称,如 my_array_var(3)。

(3) 片断名称,如 my_array_var(3 to 6)。

(4) 记录域名,如 my_record. a_field。

(5) 集合,如(my_var1, my_var2)。

2. 变量赋值与信号赋值

在对象赋值语句中,主要分为对变量或信号的赋值操作,其不同点主要表现在以下两个方面:赋值方式的不同;硬件实现的功能不同。

信号代表电路单元、功能模块间的互联,代表实际的硬件连线;变量代表电路单元内部的操作,代表暂存的临时数据。所有对象均分为:变量和信号对象。

1) 信号与变量赋值有效范围不同

信号的作用范围:程序包、实体、结构体;全局量。而变量的作用范围是:进程、子程序;局部量。

2) 信号与变量赋值行为不同

信号赋值延迟更新数值、时序电路。变量赋值立即更新数值、组合电路。

3. 信号的多次赋值

对一个进程多次赋值时,只有最后一次赋值有效。多个进程的赋值表示:多源驱动、线与、线或、三态。

【例 3-37】 变量和信号赋值的比较

信号赋值:

```
architecture  rtl of sig  is
  signal a,b: std_logic;                    --定义信号
begin
   process(a, b)
     begin
       a <=b ;
       b <=a ;
   end  process ;
end  rtl ;                                  --结果是 a 和 b 的值互换
```

变量赋值:

```
architecture  rtl  of  var  is
  begin
    process
       variable a,b: std_logic;          --定义变量
       begin
         a :=b ;
         b :=a ;
    end process ;
end rtl;                                  --结果是 a 和 b 的值都等于 b 的初值
```

【例 3-38】 变量赋值实现循环语句功能

```
process(indicator, sig)
  variable  temp: std_logic;
begin
 temp :='0';
  for i  in  0  to  3  loop
     temp:=temp xor (sig(i) and indicator(i));
  end  loop ;
 output <=temp;
end  process;
```

以上语句等效为：

```
process(indicator, sig)
     variable  temp: std_logic ;
begin
      temp :='0' ;
      temp :=temp xor (sig(0) and indicator(0));
     temp :=temp xor (sig(1) and indicator(1));
     temp :=temp xor (sig(2) and indicator(2));
     temp :=temp xor (sig(3) and indicator(3));
     output <=temp ;
end process;
```

3.7.2 转向控制语句

转向控制语句通过条件控制开关决定是否执行一条或几条语句，或重复执行一条或几条语句，或跳过一条或几条语句。转向控制语句主要有以下五种：if 语句、case 语句、loop 语句、next 语句及 exit 语句。

1. if 语句

if 语句是转向控制语句中最基本的语句之一。if 语句的描述格式为：

```
if <condition> then
    <statement>
elsif <condition> then
    <statement>
else
   <statement>
end if;
```

其中，condition 为判断条件的描述；statement 为在该判断条件成立的条件下的逻辑行为的描述。

【例 3-39】 if 语句实现二选一电路

```
architecture  rtl  of  mux2  is
  begin
    process(a, b, sel)
     begin
       if (sel='1')  then
         y <=a ;
       else
         y <=b ;
      end  if ;
    end  process ;
end  rtl ;
```

if 语句中隐含了优先级别的判断，最先出现的条件优先级最高，可用于设计具有优先级的电路。典型的电路是 3-8 译码电路。

【例 3-40】 if 语句实现 3-8 译码电路

```
library ieee;
 use ieee.std_logic_1164.all;
 entity coder is
    port(input:  in std_logic_vector(7 downto 0);
    output:  out std_logic_vector(2 downto 0));
 end coder;

architecture art of coder is
 begin
       process(input)
       begin
              if input(7)='0' then         output<="000";
              elsif input(6)='0' then      output<="001";
              elsif input(5)='0' then      output<="010";
              elsif input(4)='0' then      output<="011";
              elsif input(3)='0' then      output<="100";
              elsif  input(2)='0' then     output<="101";
              elsif input(1)='0' then     output<="110";
              else  output<="111";
              end if;
       end process;
end art;
```

2. case 语句

case 语句常用来描述总线或编码、译码行为。可读性比 if 语句强。
格式如下：

```
case  <expression>  is
      when <condition>=><sequential sentence>;
      when <condition>=><sequential sentence>;
      ⋮
      when <condition>=><sequential sentence>;
end case;
```

其中，expression 为判断的条件表达式，condition 为判断条件的一个特定的值，sequential sentence 为在该判断条件的某一特定值成立的情况下通过顺序描述语句所描述的逻辑行为。

在 case 语句中的分支条件可有以下的形式：

(1) when <value>=><sequential sentence>;

(2) when <value> to <value> => <sequential sentence>;

(3) when <value>|<value>|<value>|...|<value> =><sequential sentence>;

(4) when others => <sequential sentence>;

case 语句使用注意：

(1) 分支条件的值必须在表达式的取值范围内。

(2) 两个分支条件不能重叠。

(3) case 语句执行时必须选中，且只能选中一个分支条件。

(4) 如果没有 others 分支条件存在，则分支条件必须覆盖表达式所有可能的值。对 std_logic、std_logic_vector 数据类型要特别注意使用 others 分支条件。

【例 3-41】 用 case 语句描述四选一电路

```
entity multiplexers_2 is
port (a, b, c, d: in std_logic;
    s: in std_logic_vector (1 downto 0);
    o: out std_logic);
end multiplexers_2;
architecture archi of multiplexers_2 is
begin
process (a, b, c, d, s)
begin
  case s is
      when "00"=>o <=a;
      when "01"=>o <=b;
      when "10"=>o <=c;
      when others=>o <=d;
  end case;
end process;
end archi;
```

3. loop 语句

loop 语句与其他高级语言中的循环语句相似。loop 语句有三种格式。

(1) 无限 loop 语句,其格式为:

```
[loop_label]: loop
              --sequential statement
              if <signal_name=<value>then
              exit;
              end if;
              exit loop_label ;
end loop;
```

VHDL 重复执行 loop 循环内的语句,直至遇到 exit 语句所满足的结束条件时退出循环。

【例 3-42】 无限 loop 语句的使用

```
L2: loop
    a:=a+1;
    exit L2  when  a >10;
    end  loop L2;
    ⋮
```

在该例子中,当 a>10 时,退出无限循环条件。

(2) for ... loop 语句。

```
for <variable_name> in <lower_limit> to <upper_limit> loop
  <statement>;
  <statement>;
end loop;
```

其中,variable_name 为循环变量的名字,lower_limit 为变化的下限值,upper_limit 为变化的上限值,statement 为该循环语句中的行为描述。

for_loop 语句具有如下的特点:

(1) 循环变量是 loop 内部自动声明的局部量,仅在 loop 内可见;不需要指定其变化方式。

(2) 离散范围从 lower_limit 到 upper_limit 必须是可计算的整数范围:

```
integer_expression to integer_expression
integer_expression downto integer_expression
```

其中,integer_expression 为整数的表达式,在该式中可以确定出表达式的上限和下限条件。

【例 3-43】 用 for ... loop 语句描述的 8 位奇偶校验电路

```
Library ieee;
use ieee.std_logic_1164.all;
entity parity_check is
  port(a     :   in    std_logic_vector(7 downto 0);
```

```
    y      :   out   std_logic);
end parity_check;
architecture rtl is parity_check is
begin
  process(a)
    variable  tmp  :   std_logic;
  begin
    tmp:='1';
    for I in 0 to 7 loop
       tmp:=tmp xor a(i);
    end loop;
       y<=tmp;
  end process;
end rtl;
```

(3) while...loop 语句

While...loop 语句的格式为：

```
while <condition> loop
    <statement>;
    <statement>;
end loop;
```

其中，condition 为循环成立的条件表达式，statement 为该循环语句中的行为描述。

【例 3-44】 while...loop 语句的使用

```
sum:=0;
i:=0;
aaa:  while (i<10)  loop
        sum:=sum+i;
        i:=i+1;
   end  loop aaa;
```

在使用该语句时，应该注意：循环变量 i 需事先定义、赋初值，并指定其变化方式。一般综合工具不支持 while...loop 语句。

4. next 语句

在 loop 语句中 next 语句用来跳出本次循环。

其格式为：

```
next [标号] [when 条件表达式];
```

该语句的使用可以分成 3 种情况：

1) next;

无条件终止当前的循环，跳回到本次循环 loop 语句开始处，开始下次循环。

2）next [label]；

无条件终止当前的循环，跳转到 lable(指定标号）的 loop 语句开始处，重新开始执行循环操作。

3）next [label] [when condition_expression]；

当 conditon_expression(条件表达式）的值为 true，则执行 next 语句，进入跳转操作，否则继续向下执行。

【例 3-45】 next 语句使用

```
L1:  while  i<10  loop
L2:  while  j<20  loop
          ⋮
  next  L1   when  i=j;
          ⋮
   end  loop L2;
  end  loop L1;
```

5. exit 语句

exit 语句将结束循环状态。

其格式为：

```
exit  [lable]  [when condition_expression];
```

next 语句与 exit 语句的格式与操作功能非常相似，区别是：next 语句是跳向 loop 语句的起始点，而 exit 语句则是跳向 loop 语句的终点。

【例 3-46】 exit 语句的应用

```
process(a)
 variable  int_a:  integer;
begin
  int_a :=a ;
     for  i  in  0  to  max_limit  loop
        if (int_a <=0 )  then
           exit;
        else  int_a :=int_a -1 ;
        end  if ;
     end  loop ;
 end  process ;
```

6. wait 语句

进程在仿真时的两个状态：执行或挂起。

进程状态的变化受 wait 语句或敏感信号量变化的控制。

可设置 4 种不同的条件。

- wait：无限等待。
- wait on：敏感信号量变化。
- wait until：条件满足(可综合)。
- wait for：时间到

1) wait on 语句(不可综合)

格式：

```
wait  on  <signal_name>;
```

【例 3-47】 以下两种描述是完全等价的

```
process(a, b)
begin
   y<=a and b;
end  process;

process
begin
  y<=a and b;
  wait on  a,  b;
end  process;
```

需要注意的是，敏感信号量列表和 wait 语句只能选其一，两者不能同时使用。

2) wait until 语句(可综合)

格式：

```
wait  until  <expresion>
```

其中，expression 为判断的表达式。当表达式的值为“真”时，进程被启动，否则进程被挂起。由以下的描述语句可实现相同的硬件电路结构。

(1) wait until clk = '1';

(2) wait until rising_edge(clk);

(3) wait until clk'event and clk = '1';

(4) wait until not(clk'stable) and clk='1';

【例 3-48】 用 wait until 语句描述时钟沿，实现 D 触发器的 VHDL 语言描述

```
architecture rtl of d is
begin
   process
   begin
      wait until clk'event and clk='1';
      q <=d;
   end process;
```

```
end rtl;
```

3.7.3 断言语句

在仿真中为了能得到更多信息，经常要用到断言语句(assert)。其语法如下：

```
Assert<条件>
Report<消息>
Severity<出错级别>;
```

断言语句能够监测到在VHDL设计中不希望的条件，例如，在generic中的错误的值，常数和产生条件，或者在调用函数时错误的调用参数等。

对于在断言语句中的任何错误条件，综合工具根据错误的级别，产生警告信息，或者拒绝设计和产生错误信息。出错级别共有5种：Note、Warning、Error、Failure、Fatal。

需要注意的是，XST的综合工具对断言语句只支持静态的条件。

【例3-49】 在移位寄存器的设计中使用断言描述语句

```
use ieee.std_logic_1164.all;
entity SINGLE_SRL is
generic (SRL_WIDTH: integer :=16);
port (
    clk: in std_logic;
    inp: in std_logic;
    outp: out std_logic);
end SINGLE_SRL;
architecture beh of SINGLE_SRL is
  signal shift_reg: std_logic_vector (SRL_WIDTH-1 downto 0);
begin
  assert SRL_WIDTH <=17
  report "The size of Shift Register exceeds the size of a single SRL"
  severity FAILURE;
  outp <=shift_reg(SRL_WIDTH-1);
  process (clk)
  begin
      if (clk'event and clk='1') then
        shift_reg <=shift_reg (SRL_WIDTH-1 downto 1) & inp;
      end if;
    end process;
  end beh;

  library ieee;
  use ieee.std_logic_1164.all;
  entity TOP is
    port (
```

```
        clk: in std_logic;
        inp1, inp2: in std_logic;
        outp1, outp2: out std_logic);
end TOP;
architecture beh of TOP is
    component SINGLE_SRL is
      generic (SRL_WIDTH: integer :=16);
      port(
          clk: in std_logic;
          inp: in std_logic;
          outp: out std_logic);
  end component;
begin
inst1:  SINGLE_SRL generic map (SRL_WIDTH=>13)
port map(
        clk=>clk,
        inp=>inp1,
        outp=>outp1);
inst2:  SINGLE_SRL generic map (SRL_WIDTH=>18)
port map(
        clk=>clk,
        inp=>inp2,
        outp=>outp2 );
end beh;
```

使用 XST 综合工具时，显示下面的信息。

```
Analyzing Entity <top> (Architecture <beh>).
Entity <top> analyzed. Unit <top> generated.
Analyzing generic Entity <single_srl> (Architecture <beh>).
SRL_WIDTH=13
Entity <single_srl> analyzed. Unit <single_srl> generated.
Analyzing generic Entity <single_srl> (Architecture <beh>).
SRL_WIDTH=18
ERROR: Xst - assert_1.vhd line 15: FAILURE: The size of Shift Register
exceeds the size of a single SRL
⋮
```

3.8 VHDL的并发描述语句

常用的并发描述语句有下面几类：

- 进程描述语句。
- 并行信号赋值语句。

- 条件信号赋值语句。
- 并行过程调用语句和块语句。

3.8.1 进程描述语句

进程(process)描述语句是 VHDL 语言中最基本的,也是最常用的并发描述语句。多个进程语句可以并发执行,提供了一种用算法描述硬件行为的方法。

进程语句有以下几个方面的特点:

① 进程与进程,或其他并发语句之间可以并发执行。

② 在进程内部的所有语句是按照顺序执行的。

③ 进程的启动由其敏感向量表内的敏感向量或者 wait 语句确定。

④ 进程与进程,或其他并发语句之间通过传递信号量实现通信的。

进程语句的格式为:

```
process (<all_input_signals_seperated_by_commas>)
begin
  <statements>;
end process;
```

其中,process 后面的()部分称为敏感向量表,()里的每个部分称为敏感向量,all_input_signals_seperated_by_commas 表示在敏感向量表()内的敏感信号输入,这些输入信号用“,”隔开。

(1) 同步进程的敏感信号表中只有时钟信号。

【例 3-50】 只有时钟信号的进程

```
process(clk)
begin
   if(clk'event and clk='1')  then
      if  reset='1'  then
          data <="00";
      else
          data <=in_data;
      end  if;
   end  if;
end  process;
```

(2) 异步进程敏感信号表中除时钟信号外,还有其他信号。

【例 3-51】 带有复位和时钟信号的进程

```
process(clk,reset)
 begin
  if   reset='1'  then
       data <="00";
 elsif(clk'event and clk='1') then
```

```
        data <= in_data;
    end  if;
end  process;
```

(3) 如果有 wait 语句,则不允许有敏感信号表,其格式为:

```
PROCESS
 BEGIN
 --sequential statements
 WAIT ON (a,b) ;
END PROCESS;
```

3.8.2 并行信号赋值语句

信号赋值语句可以在进程内部使用,此时它以顺序语句的形式出现,当信号赋值语句在结构体的进程外使用时,信号赋值语句将作为并行语句形式出现。

【例 3-52】 两种等价描述的信号赋值语句

```
architecture behav of a_var is                  --并行信号赋值语句
begin
   output<= (a and b) or c;
end behav;

architecture behav of a_var is                  --进程内部信号赋值语句
begin
 process(a, b,c)
 begin
    output<= (a and b) or c;
 end  process;
end behav;
```

从上面的例子可以看出,一个简单并行信号赋值语句实际上是一个进程的缩写。并行信号赋值语句中的任何一个信号值发生变化时,赋值操作就会立即执行。而在进程内,当敏感向量表中的敏感向量发生变化时,赋值操作才会执行。

3.8.3 条件信号赋值语句

条件信号赋值语句是并发描述语句,它可以根据不同条件将多个不同的表达式中的一个值带入信号量,条件信号赋值语句的描述格式为:

```
<name><=<expression>when <condition>else
        <expression>when <condition>else
          ...
        <expression>;
```

其中,name 表示目标信号,expression 表示对目标信号的赋值过程,condition 表示不同的选择条件。

【例 3-53】 用条件信号赋值语句描述四选一电路

```
entity mux4 is
  port(i0, i1, i2, i3    :    in   std_logic;
                 sel     :    in   std_logic_vector(1 downto 0);
                   q     :    out  std_logic);
end  mux4;
architecture  rtl  of  mux4  is  begin
   q<=i0  when  sel="00"  else
       i1  when  sel="01"  else
       i2  when  sel="10"  else
       i3  when  sel="11";
end  rtl;
```

条件信号赋值语句与进程中的多选择 if 语句等价。

3.8.4 选择信号赋值语句

选择信号赋值语句格式：

```
with <choice_expression> select
     <name> <= <expression> when <choices>,
               <expression> when <choices>,
               <expression> when others;
```

其中，choice_express 为选择条件的表达式，name 为赋值过程的目标信号，expression 为赋值过程的源表达式，choices 为条件表达式的具体条件值。

在应用选择信号赋值语句的时候应注意以下方面：

(1) 不能有重叠的条件分支。

(2) 最后条件可为 others。否则，其他条件必须能包含表达式的所有可能值。

(3) 选择信号赋值语句与进程中的 case 语句等价。

【例 3-54】 用选择信号赋值语句描述四选一电路

```
entity mux4 is
    port(i0, i1, i2, i3    :    in   std_logic;
                   sel     :    in   std_logic_vector(1 downto 0);
                     q     :    out  std_logic);
end  mux4;
architecture  rtl  of  mux4  is
     signal  sel: std_logic_vector (1 downto 0);
begin
     with  sel  select
          q<=i0  when  sel="00",
             i1  when  sel="01",
```

```
            i2   when  sel="10",
            i3   when  sel="11",
            'X'  when  others;
    end  rtl;
```

选择信号赋值语句与进程中的 case 语句等价。

3.8.5 并行过程调用语句

子程序是独立的、有名称的算法。子程序可分为过程(procedure)和函数(function)两类。只要对其声明,在任何地方根据其名称调用子程序。

子过程调用格式:

```
<procedure_name>(<comma_separated_inputs>,<comma_separated_outputs>);
```

其中,procedure_name 为子程序的名字,()里面为用“,”号分割的输入变量和输出的变量的名字。

函数调用格式:

```
<signal_name>=<function_name>(<comma_separated_inputs>);
```

其中,signal_name 为所需要赋值的信号的名字,function_name 为函数的名字,()里面为用“,”号分割的输入变量的名字(没有输出变量)。

用过程名在结构体或块语句中可实现并行过程调用,其作用与一个进程等价。

【例 3-55】 并行过程调用与串行过程调用

```
 ⋮
procedure adder( signal a, b:  in std_logic;
                 signal sum:  out std_logic);
                       ⋮
     adder(a1, b1, sum1);
 ⋮
process(c1, c2)
begin
     adder(c1, c2, s1);
end process;
```

3.8.6 块语句

块语句将一系列并行描述语句进行组合,目的是改善并行语句及其结构的可读性。可使结构体层次鲜明,结构明确。

块语句的语法如下:

```
标记:block [(块保护表达式)]
         {块说明项}
         begin
```

```
        { 并行语句 }
        end   block [ 标记 ];
```

(1) 块语句的使用不影响逻辑功能，以下两种描述结果相同。

【例 3-56】 块语句描述一

```
a1: out1<='1'  after 2 ns;
a2: out2<='1'  after 2 ns;
a3: out3<='1'  after 2 ns;
```

【例 3-57】 块语句描述二

```
a1: out1<='1'  after 2 ns;
blk1: block
   begin
      a2: out2<='1'  after 2 ns;
      a3: out3<='1'  after 2 ns;
   end  block blk1;
```

(2) 嵌套块。

子块声明与父块声明的对象同名时，子块声明将忽略掉父块声明。

【例 3-58】 嵌套块的使用

```
B1: block
  signal   s: bit;
begin
  s<=a and b;
  B2: block
     signal   s: bit;
  begin
  s<=c and d;
     B3: block
     Begin
        z<=s;
    end block B3;
  end block B2;
y<=s;
end block B1;
```

(3) 卫式块。

由保护表达式值的真、假决定块语句的执行与否。综合工具不支持该语句。

【例 3-59】 卫式块的使用

```
Entity eg1 is
 Port(a   :   in   bit;
      z   :   out  bit);
end eg1;
```

```
architecture  rtl of eg1 is
begin
   guarded_block: block(a='1');
   begin
    z<='1' when guard else '0';
   end block;
end rtl;
```

3.9 VHDL元件声明及例化语句

3.9.1 层次化设计

采用层次化设计的优点如下：

- 在一个设计组中，各个设计者可独立地以不同的设计文件设计不同的模块元件。
- 各个模块可以被其他设计者共享，或备以后使用。
- 层次设计可使系统设计模块化，便于移植、复用。
- 层次设计可使系统设计周期更短，更易实现。

3.9.2 元件声明

元件声明是对所调用的较低层次的实体模块（元件）的名称、类属参数、端口类型、数据类型的说明。

元件声明语句的格式为：

```
component <component_name>
generic (
   <generic_name>: <type>:=<value>;
   <other generics> ...
);
port (
   <port_name>: <mode><type>;
   <other ports> ...
);
end component;
```

其中，component_name为所要声明的元件的名字，generic()为元件的类属说明部分，port()为元件的端口说明部分。

元件声明类似实体声明(entity)，可在以下部分声明元件：结构体(architecture)、程序包(package)、块(block)。

被声明元件的来源：VHDL设计实体；其他HDL设计实体；另外一种标准格式的文件，如EDIF或XNF；厂商提供的工艺库中的元件、IP核。

【例3-60】 元件声明语句的使用

```
Component  and2
  Port(i1,i2  :  in  std_logic;
          O1  :  out  std_logic);
end component;
component add
  generic(n: positive);
  port(x,y    :    in    std_logic_vector(n-1 downto 0);
        z     :    out   std_logic_vector(n-1 downto 0);
     carry    :    out   std_logic);
end component;
```

3.9.3 元件例化

元件的例化把低层元件安装(调用)到当前层次设计实体内部的过程,包括类属参数传递、元件端口映射。

元件例化语句的格式为:

```
<instance_name>:<component_name>
generic map (
      <generic_name>=><value>,
      <other generics>...
)
port map (
      <port_name>=><signal_name>,
      <other ports>...
);
```

其中,instance_name 为例化元件的名字,component_name 为引用的元件的名字,generic map()为例化元件的类属映射部分,port map()为例化元件的端口映射部分。

【例 3-61】 元件例化语句的使用

```
u1: ADD  generic  map (N=>4)
         port  map (x,y,z,carry);
```

端口映射方式可以采用名称关联和位置关联的方法。

采用名称关联方式:低层次端口名 =>当前层次端口名、信号名。

【例 3-62】 采用名称关联方式

```
or2 port map(o=>n6,i1=>n3,i2=>n1)
```

采用位置关联方式:(当前层次端口名,当前层次端口名,...)

【例 3-63】 采用位置关联方式

```
or2 port map( n3, n1,n6 )
```

当采用位置关联方式时,例化的端口表达式(信号)必须与元件声明语句中的端口顺序一致。一个低层次设计在被例化前必须有一个元件声明。

【例 3-64】 使用元件声明和例化语句构造半加器的 VHDL 描述，图 3.6 给出了半加器的符号描述

```
entity NAND2 is
port (
     A,B: in BIT;
     Y: out BIT );
end NAND2;
architecture ARCHI of NAND2 is
begin
  Y <=A nand B;
end ARCHI;

entity HALFADDER is
 port (
     X,Y: in BIT;
     C,S: out BIT );
 end HALFADDER;
 architecture ARCHI of HALFADDER is
  component NAND2
  port (
      A,B: in BIT;
      Y: out BIT );
  end component;
  for all: NAND2 use entity work.NAND2(ARCHI);
 signal S1, S2, S3: BIT;
begin
 C <=S3;
  NANDA: NAND2 port map (X,Y,S3);
  NANDB: NAND2 port map (X,S3,S1);
  NANDC: NAND2 port map (S3,Y,S2);
  NANDD: NAND2 port map (S1,S2,S);
 end ARCHI;
```

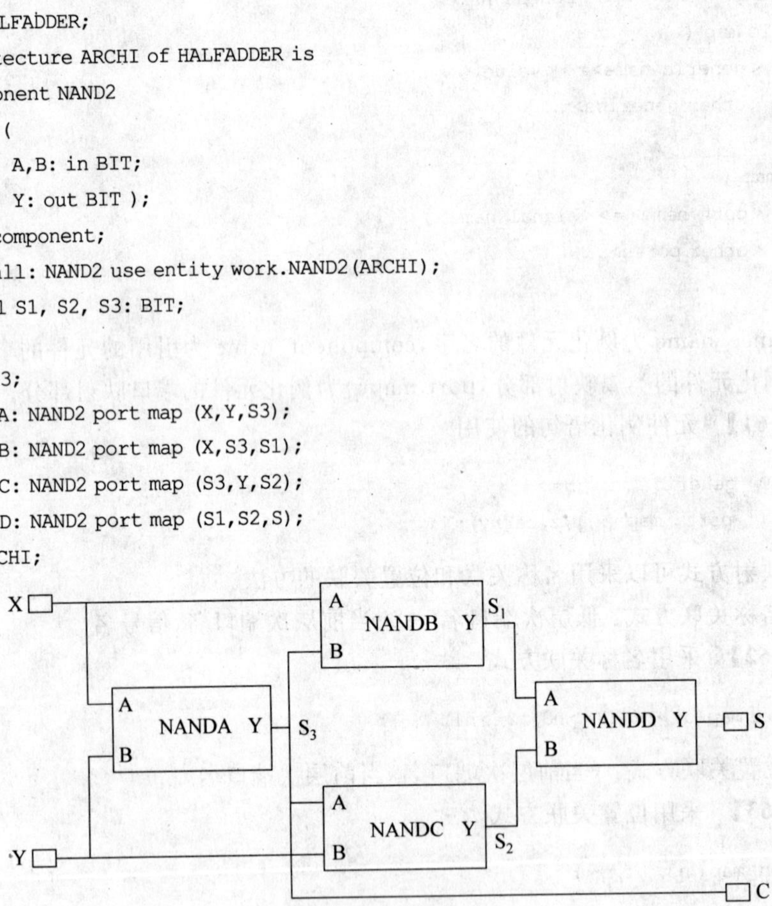

图 3.6 半加器的符号描述

3.9.4 生成语句

生成语句主要用于复制建立 0 个或多个备份。其实质就是一种并行结构。生成语句分为两类：

(1) for ... generate 语句：采用一个离散的范围决定备份的数目。

for...generate 语句的格式为：

```
<LABEL_1>:
  for <name> in <lower_limit> to <upper_limit> generate
    begin
      <statement>;
      <statement>;
  end generate;
```

其中，LABEL_1>为标号，<name>为循环变量的名字，<lower_limit>和<upper_limit>分别为整数表达式的下限和上限，<statement>为并行描述语句。

【例 3-65】 用 for_generate 生成语句创建 8b 加法器

```
entity EXAMPLE is
port (
      A,B: in BIT_VECTOR (0 to 7);
      CIN: in BIT;
      SUM: out BIT_VECTOR (0 to 7);
      COUT: out BIT );
end EXAMPLE;
architecture ARCHI of EXAMPLE is
   signal C: BIT_VECTOR (0 to 8);
begin
  C(0) <=CIN;
  COUT <=C(8);
  LOOP_ADD: for I in 0 to 7 generate
             SUM(I)<=A(I) xor B(I) xor C(I);
             C(I+1) <= (A(I) and B(I)) or (A(I) and C(I)) or (B(I) and C(I));
  end generate;
end ARCHI;
```

(2) if-generate 语句：有条件地生成 0 个或 1 个备份。if-generate 为并行语句。if-generate 没有类似于 if 语句的 else 或 elsif 分支语句。

if-generate 语句的语法格式：

```
<LABEL_1>:
  if <condition> generate
    begin
      <statement>;
  end generate;
```

其中，<LABEL_1>为标号，<condition>为产生语句的运行条件，<statement>为并行描述语句。

【例 3-66】 用 if-generate 语句创建 8b 加法器

```
entity EXAMPLE is
  generic (N: INTEGER := 8);
port (
      A,B: in BIT_VECTOR (N downto 0);
      CIN: in BIT;
      SUM: out BIT_VECTOR (N downto 0);
      COUT: out BIT );
end EXAMPLE;
architecture ARCHI of EXAMPLE is
  signal C: BIT_VECTOR (N+1 downto 0);
begin
  L1:  if (N>=4 and N<=32) generate
      C(0) <=CIN;
      COUT <=C(N+1);
    LOOP_ADD: for I in 0 to N generate
      SUM(I) <=A(I) xor B(I) xor C(I);
      C(I+1) <= (A(I) and B(I)) or (A(I) and C(I)) or (B(I) and C(I));
    end generate;
  end generate;
end ARCHI;
```

3.10 VHDL的文件操作

VHDL语言中提供了一个预先定义的包集合是文本输入输出包集合(TEXTIO),该包集合中包含有对文本文件进行读写操作的过程和函数。这些文本文件是ASCⅡ码文件,其格式由设计人员根据实际情况进行设定。

包集合按行对文件进行处理,一行为一个字符串,并以回车、换行符作为行结束符。TEXTIO包集合提供了读、写一行的过程及检查文件结束的函数。表3.1给出了XILINX的XST所支持的类型及其操作。

表 3.1 XST支持的类型及操作

函数	包
file (type **text** only)	standard
access (type **line** only)	standard
file_open (file, name, open_kind)	standard
file_close (file)	standard
endfile (file)	standard
text	std.textio
line	std.textio
width	std.textio
readline (text, line)	std.textio

续表

函　　数	包
readline (line, bit, boolean)	std. textio
readline (line, bit_vector, boolean)	std. textio
read (line, bit)	std. textio
read (line, bit_vector)	std. textio
read (line, boolean, boolean)	std. textio
read (line, boolean)	std. textio
read (line, character, boolean)	std. textio
read (line, character)	std. textio
read (line, string, boolean)	std. textio
read (line, string)	std. textio
write (file, line)	std. textio
write (line, bit, boolean)	std. textio
write (line, bit)	std. textio
write (line, bit_vector, boolean)	std. textio
write (line, bit_vector)	std. textio
write (line, boolean, boolean)	std. textio
write (line, boolean)	std. textio
write (line, character, boolean)	std. textio
write (line, character)	std. textio
write (line, integer, boolean)	std. textio
write (line, integer)	std. textio
write (line, string, boolean)	std. textio
write (line, string)	std. textio
read (line, std_ulogic, boolean)	ieee. std_logic_textio
read (line, std_ulogic)	ieee. std_logic_textio
read (line, std_ulogic_vector), boolean	ieee. std_logic_textio
read (line, std_ulogic_vector)	ieee. std_logic_textio
read (line, std_logic_vector, boolean)	ieee. std_logic_textio
read (line, std_logic_vector)	ieee. std_logic_textio
write (line, std_ulogic, boolean)	ieee. std_logic_textio
write (line, std_ulogic)	ieee. std_logic_textio
write (line, std_ulogic_vector, boolean)	ieee. std_logic_textio
write (line, std_ulogic_vector)	ieee. std_logic_textio
write (line, std_logic_vector, boolean)	ieee. std_logic_textio
write (line, std_logic_vector)	ieee. std_logic_textio
hread	ieee. std_logic_textio

【例 3-67】 对文件进行写操作的 VHDL 描述

```
library IEEE;
use IEEE.STD_LOGIC_1164.ALL;
use IEEE.STD_LOGIC_arith.ALL;
```

```
use IEEE.STD_LOGIC_UNSIGNED.ALL;
use STD.TEXTIO.all;
use IEEE.STD_LOGIC_TEXTIO.all;
entity file_support_1 is
  generic (data_width:  integer:=4);
  port(clk, sel:  in std_logic;
       din:  in std_logic_vector (data_width -1 downto 0);
       dout:  out std_logic_vector (data_width -1 downto 0));
end file_support_1;
architecture Behavioral of file_support_1 is
  file results: text is out "test.dat";
  constant base_const:  std_logic_vector(data_width -1 downto 0):=conv_std_logic_
vector (3,data_width);
  constant new_const:  std_logic_vector(data_width -1 downto 0):=base_const +"1000";
begin
  process(clk)
    variable txtline: LINE;
  begin
  write(txtline,string'("-------------------"));
  writeline(results, txtline);
  write(txtline,string'("Base Const:  "));
  write(txtline,base_const);
  writeline(results, txtline);
  write(txtline,string'("New Const:  "));
  write(txtline,new_const);
  writeline(results, txtline);
  write(txtline,string'("-------------------"));
  writeline(results, txtline);
    if (clk'event and clk='1') then
      if (sel='1') then
        dout <=new_const;
      else
        dout <=din;
      end if;
    end if;
  end process;
end Behavioral;
```

习 题 3

1. 说明 VHDL 的优点。
2. 说明 VHDL 中最基本的结构及结构中每一部分的作用。
3. 说明 inout、out 和 buffer 有何异同点。

4. VHDL 语言有几种描述风格，请举例说明这几种描述风格。

5. 说明 VHDL 中的库的使用方法。

6. 举例说明 VHDL 中的函数和子程序的区别和使用方法。

7. 举例说明程序包的使用方法。

8. 说明 VHDL 中的标识符的规则。

9. 说明 VHDL 中的 3 种数据对象，详细说明它们的功能特点以及使用方法。

10. 说明 VHDL 中的数据类型的类别，并举例说明。

11. 说明 VHDL 中的预定义属性的类别，并举例说明。

12. 说明 VHDL 中的操作符的类别，并举例说明。

13. 说明 VHDL 中的顺序语句的种类。

14. 举例说明 VHDL 中的转向控制语句。

15. 说明进程语句的特点，并对进程语句的关键点进行说明。

16. 说明简单并行赋值语句与哪类语句等效。

17. 说明条件信号赋值语句、选择信号赋值语句分别与哪类语句等效，有什么不同点。

18. 说明块语句的作用及其特点。

19. 说明元件例化语句的作用、进行元件例化的方法。

20. 说明元件例化时端口映射的方式及其需要的注意事项。

21. 说明生成语句与循环语句的异同点。

22. 举例说明文件操作语句的使用方法。

第4章 数字逻辑单元设计

chapter 4

在复杂数字系统中，其结构总可以用若干基本逻辑单元的组合进行描述。而基本逻辑单元一般分为组合逻辑电路和时序电路两大类。在此基础上，可以更进一步进行组合，本章所介绍的存储器、运算单元和有限自动状态机就是由基本逻辑单元组合而成的。本章首先介绍基本的组合逻辑电路和时序电路设计，然后介绍在数字系统设计中普遍使用的存储器电路、运算单元和有限自动状态机。

4.1 组合逻辑电路设计

组合逻辑电路是指输出状态只决定于同一时刻各个输入状态的组合，而与先前状态无关的逻辑电路称为组合逻辑电路。组合逻辑电路主要包括简单门电路、编码器和译码器、数据选择器、数字比较器、运算单元和三态门等。下面对各种组合逻辑电路的VHDL描述方法进行详细讨论。

4.1.1 基本逻辑门电路设计

对基本逻辑门的操作主要有与、与非、或、或非、异或、异或非和非操作。通过使用VHDL语言中描述基本逻辑门电路操作的关键字：and（与），nand（与非），or（或），nor（或非），xor（异或），xnor（异或非），not（非）来实现对基本逻辑门的操作。复杂的逻辑门操作总可以化简为基本逻辑门操作的组合。

【例4-1】 基本门电路的设计

```
Library ieee;
Use ieee.std_logic_1164.all;
Entity gate is
    Port(a, b,c    :    in   std_logic;
         d         :    out  std_logic);
end gate;
architecture rtl of gate is
 begin
      d<= ((not a) and b) or c;
```

```
end rtl;
```

4.1.2 编码器和译码器设计

在数字系统中，常常会将某一信息用特定的代码进行描述，这称为编码过程。编码过程可以通过编码器电路实现。同时，将某一特定的代码翻译成原始的信息，这称为译码过程。译码过程可以通过译码器电路实现。

1. 编码器设计

将某一信息用一组按一定规律排列的二进制代码描述称为编码。典型的有8421码、BCD码等。在使用VHDL语言设计编码器时，通过使用case和if语句实现对编码器的描述。

下面给出一个使用case语句实现一个8-3线编码器的VHDL描述。

【例4-2】 8-3线编码器的VHDL描述

图4.1给出了8-3线编码器的符号描述。

```
library ieee;
use ieee.std_logic_1164.all;
entity priority_encoder_1 is
    port ( sel: in std_logic_vector (7 downto 0);
        code : out std_logic_vector (2 downto 0));
end priority_encoder_1;
architecture archi of priority_encoder_1 is
  begin
    code <= "000" when sel(0)='1' else
        "001" when sel(1)='1' else
        "010" when sel(2)='1' else
        "011" when sel(3)='1' else
        "100" when sel(4)='1' else
        "101" when sel(5)='1' else
        "110" when sel(6)='1' else
        "111" when sel(7)='1' else
        "ZZZ";
  end archi;
```

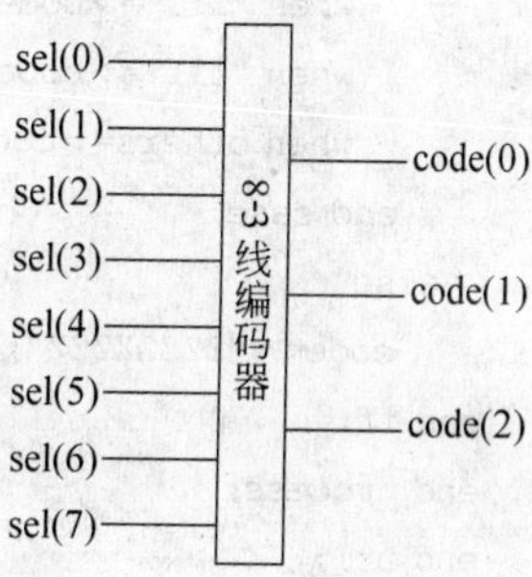

图4.1 8-3线编码器电路

2. 译码器设计

译码的过程实际上就是编码过程的逆过程，即将一组按一定规律排列的二进制数还原为原始的信息。下面以最常用的3-8译码器为例，给出其VHDL语言描述。

【例4-3】 使用case语句实现3-8译码器的VHDL描述

图4.2给出了3-8译码器的符号描述。

```
library ieee;
```

```
use ieee.std_logic_1164.all;
entity encoder_38 is
port (sel: in std_logic_vector (2 downto 0);
      en: in std_logic;
  code: out std_logic_vector (7 downto 0));
end encoder_38;
architecture rtl of encouder_38 is
begin
process(sel,en)
begin
  if(en='1') then
   case sel is
     when "000"=>code<="00000001";
     when "001"=>code<="00000010";
     when "010"=>code<="00000100";
     when "011"=>code<="00001000";
     when "100"=>code<="00010000";
     when "101"=>code<="00100000";
     when "110"=>code<="01000000";
     when "111"=>code<="10000000";
     when others=>code<="00000000";
   end case;
  else
   code<="ZZZZZZZZ";
 end if;
 end process;
 end rtl;
```

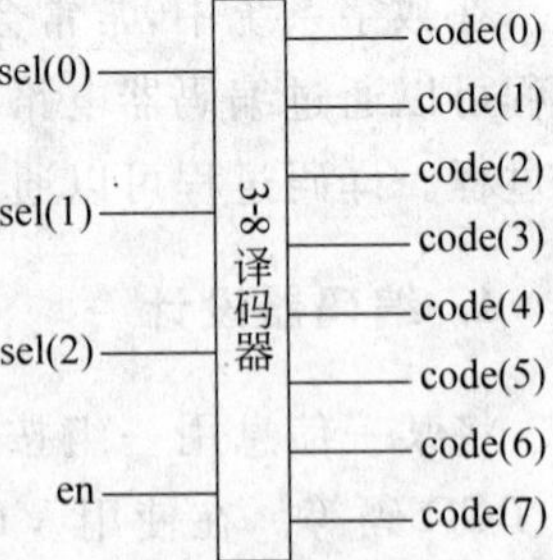

图 4.2　3-8 译码器电路

【例 4-4】 十六进制数的共阳极 7 段数码显示 VHDL 描述

图 4.3 给出了 7 段数码显示的符号描述。

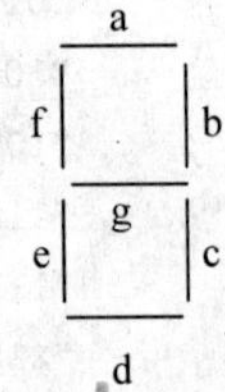

图 4.3　7 段数码显示电路

```
library ieee;
use ieee.std_logic_1164.all;
use ieee.std_logic_unsigned.all;
entity decoder is
    port(hex:   in  std_logic_vector(3 downto 0);
         led: out   std_logic_vector(6downto 0));
end decoder;
architecture rtl of decoder is
begin
  with hex select
    LED<="1111001" when "0001",    --1
         "0100100" when "0010",    --2
         "0110000" when "0011",    --3
         "0011001" when "0100",    --4
```

```
            "0010010" when "0101",    --5
            "0000010" when "0110",    --6
            "1111000" when "0111",    --7
            "0000000" when "1000",    --8
            "0010000" when "1001",    --9
            "0001000" when "1010",    --A
            "0000011" when "1011",    --b
            "1000110" when "1100",    --C
            "0100001" when "1101",    --d
            "0000110" when "1110",    --E
            "0001110" when "1111",    --F
            "1000000" when others;    --0
      end rtl;
```

4.1.3 数据选择器设计

在数字系统中，经常需要把多个不同通道的信号发送到公共的信号通道上，通过数据选择器可以完成这一功能。使用 VHDL 语言描述数据选择器的功能可以有不同方法：case 语句、if-else 语句和三态电路描述语句。

1. case 和 if 语句描述数据缓冲器

在数字系统设计中，常使用 case 和 if 语句描述数据缓冲器。下面给出这两种描述方法。

【例 4-5】 四选一多路选择器的 if 语句 VHDL 描述

图 4.4 给出了四选一多路选择器的符号描述。

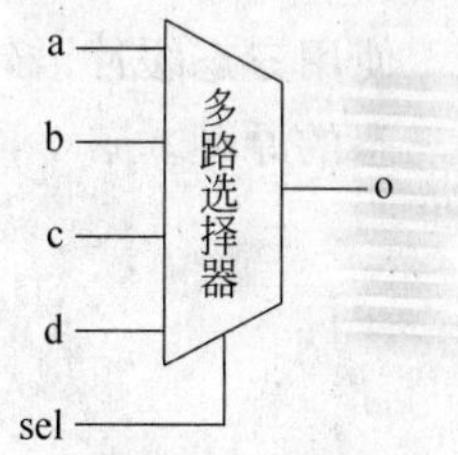

图 4.4 四选一多路选择器

```
library ieee;
use ieee.std_logic_1164.all;
entity multiplexers_1 is
  port (a, b, c, d: in std_logic;
        s: in std_logic_vector (1 downto 0);
        o: out std_logic);
end multiplexers_1;
architecture archi of multiplexers_1 is
begin
  process (a, b, c, d, s)
  begin
    if (s="00") then o <=a;
    elsif (s="01") then o <=b;
    elsif (s="10") then o <=c;
    else o <=d;
    end if;
    end process;
```

```
end archi;
```

【例 4-6】 四选一多路选择器的 case 语句描述

```
library ieee;
use ieee.std_logic_1164.all;
entity multiplexers_2 is
    port (a, b, c, d: in std_logic;
            s: in std_logic_vector (1 downto 0);
            o: out std_logic);
end multiplexers_2;
architecture archi of multiplexers_2 is
begin
    process (a, b, c, d, s)
    begin
      case s is
        when "00"=>o<=a;
        when "01"=>o<=b;
        when "10"=>o<=c;
        when others=>o<=d;
      end case;
    end process;
end archi;
```

2. 三态缓冲描述数据选择器

使用三态缓冲语句也可以描述多路数据选择器。图 4.5 给出了四选一多路选择器的三态的原理。

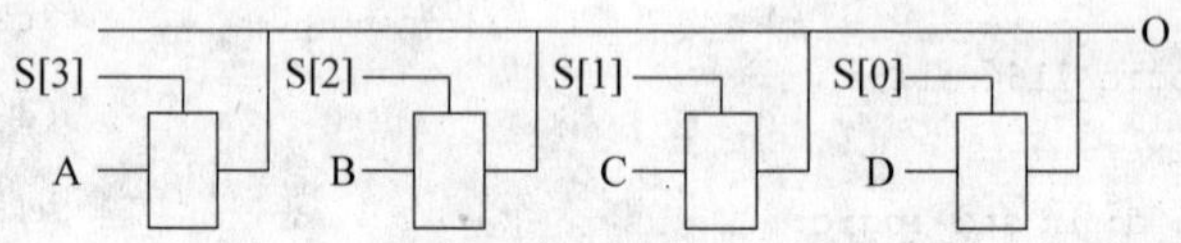

图 4.5 三态缓冲实现四选一多路选择器

【例 4-7】 四选一多路选择器的三态描述

```
library ieee;
use ieee.std_logic_1164.all;
entity multiplexers_3 is
    port (a, b, c, d: in std_logic;
        s: in std_logic_vector (3 downto 0);
        o: out std_logic);
end multiplexers_3;
architecture archi of multiplexers_3 is
begin
```

```
    o<=a when (s(0)='0') else 'Z';
    o<=b when (s(1)='0') else 'Z';
    o<=c when (s(2)='0') else 'Z';
    o<=d when (s(3)='0') else 'Z';
end archi;
```

4.1.4 数字比较器设计

比较器就是对输入数据进行比较，并判断其大小的逻辑电路。在数字系统中，比较器是基本的组合逻辑单元之一，比较器通过使用关系运算符实现。

【例 4-8】 8 位数据比较器的 VHDL 描述

图 4.6 给出了比较器的符号描述。

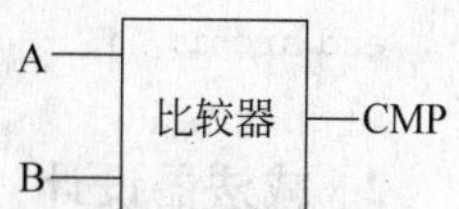

图 4.6 比较器电路

```
library ieee;
use ieee.std_logic_1164.all;
use ieee.std_logic_unsigned.all;
entity comparator_1 is
      port(A,B: in std_logic_vector(7 downto 0);
           CMP: out std_logic);
end comparator_1;
architecture archi of comparator_1 is
begin
  CMP <='1' when A >=B else '0';
end archi;
```

从上面的例子可以看出，使用 VHDL 中的＞、＞＝、＜、＜＝、＝、/＝，这几种关系运算符及这些符号的组合，可以设计出具有复杂比较功能的比较器电路。

4.1.5 数据运算单元设计

数据运算单元主要包含加法器、减法器、乘法器和除法器，由这 4 种运算单元和逻辑运算单元一起，可以完成复杂数学运算。在 VHDL 语言中，支持的几种运算有加(＋)、减(－)、乘(＊)、除(/)、取余(MOD)、幂乘(＊＊)。

1. 加法器设计

在 VHDL 描述加法器时，使用"＋"运算符比门级描述更简单。下面给出带进位输入和输出的无符号的 8b 加法器的 VHDL 描述。

【例 4-9】 带进位输入和输出的无符号的 8b 加法器的 VHDL 描述

图 4.7 给出了 8b 加法器的符号描述。

图 4.7 8b 加法器电路

```
library ieee;
use ieee.std_logic_1164.all;
use ieee.std_logic_arith.all;
```

```
use ieee.std_logic_unsigned.all;
entity adders_4 is
  port(A,B,CI: in std_logic_vector(7 downto 0);
       SUM: out std_logic_vector(7 downto 0);
       CO: out std_logic);
end adders_4;
architecture archi of adders_4 is
  signal tmp:  std_logic_vector(8 downto 0);
begin
  SUM <= tmp(7 downto 0);
  CO <= tmp(8);
tmp <= conv_std_logic_vector((conv_integer(A) + conv_integer(B) + conv_integer(CI)),9);
end archi;
```

2. 减法器设计

减法是加法的反运算,采用 VHDL 语言的"-"符号描述减法器,比用门级描述更简单。下面给出一个无符号 8 位带借位的减法器的 VHDL 描述。

【例 4-10】 无符号 8 位带借位的减法器的 VHDL 描述

图 4.8 给出了 8b 减法器的符号描述。

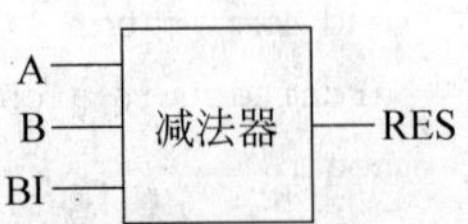

图 4.8 8b 减法器电路

```
library IEEE;
use IEEE.STD_LOGIC_1164.ALL;
use IEEE.STD_LOGIC_UNSIGNED.ALL;
entity adders_8 is
  port(A,B: in std_logic_vector(7 downto 0);
       BI: in std_logic;
       RES: out std_logic_vector(7 downto 0));
end adders_8;
architecture archi of adders_8 is
begin
  RES <= A - B - BI;
end archi;
```

3. 乘法器设计

用 VHDL 语言实现乘法器时,乘积和符号应该为 2 的幂次方。PLD 的优点就是在内部集成了乘法器的硬核,具体在 IP 核的设计中详细讨论。

【例 4-11】 下面给出一个 8 位和 4 位无符号的乘法器的 VHDL 描述

图 4.9 给出了乘法器的符号描述。

图 4.9 乘法器电路

```
library ieee;
```

```
use ieee.std_logic_1164.all;
use ieee.std_logic_unsigned.all;
entity multipliers_1 is
  port(A: in std_logic_vector(7 downto 0);
       B: in std_logic_vector(3 downto 0);
       RES: out std_logic_vector(11 downto 0));
end multipliers_1;
architecture beh of multipliers_1 is
begin
  RES <=A * B;
end beh;
```

4. 除法器设计

除法器可以用 VHDL 语言的"/"符号实现,需要注意的是在使用"/"符号进行除法运算时,除数必须是常数,而且是 2 的整数幂。因为除法器的运行有这样的限制,实际上除法也可以用移位运算实现。下面给出一个除法器的 VHDL 描述。

【例 4-12】 除法器的 VHDL 描述

图 4.10 给出了除法器电路的符号描述。

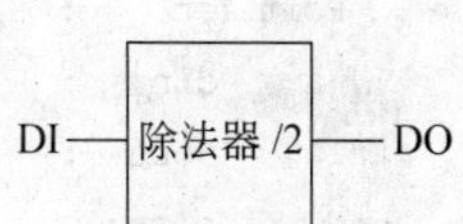

图 4.10 除法器电路

```
library ieee;
use ieee.std_logic_1164.all;
use ieee.numeric_std.all;
entity divider_1 is
  port(DI: in unsigned(7 downto 0);
       DO: out unsigned(7 downto 0));
end divider_1;
architecture archi of divider_1 is
begin
  DO <=DI / 2;
end archi;
```

4.1.6 总线缓冲器设计

VHDL 语言通过指定大写的 Z 值表示高阻状态。

【例 4-13】 三态门的进程 VHDL 描述

图 4.11 给出了三态控制输出电路的符号描述。

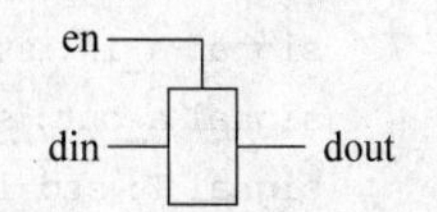

图 4.11 三态控制输出电路

```
Library ieee;
Use ieee.std_logic_1164.all;
Entity tri_gate is
  Port (en    :  in   std_logic;
        din   :  in   std_logic_vector(7 downto 0);
```

```
        dout   :     out  std_logic_vector(7 downto 0));
end tri_gate;
Architecture rtl of tri_gate is
begin
    process(din,en)
      begin
         if(en='1') then
            dout<=din;
         else
            dout<="ZZZZZZZZ";
         end if;
    end process;
end rtl;
```

【例 4-14】 三态门的 when-else 进程的 VADL 描述

```
Library ieee;
Use ieee.std_logic_1164.all;
Entity tri_gate is
  Port (en     :   in    std_logic;
        din    :   in    std_logic_vector(7 downto 0);
        dout   :     out  std_logic_vector(7 downto 0));
end tri_gate;
Architecture rtl of tri_gate is
begin
  dout<=din when en='1' else "ZZZZZZZZ";
end rtl;
```

从上面的两个例子中可以看出，使用条件并行语句描述三态门比使用进程要简单得多。

【例 4-15】 双向总线缓冲器的 VHDL 描述

图 4.12 给出了双向 I/O 的符号描述。

```
Library ieee;
Use ieee.std_logic_1164.all;
Entity bidir is
  Port(a      :   inout std_logic_vector(15 downto 0));
End bidir;
Architecture rtl of bidir is
   signal a_in: std_logic_vector(15 downto 0);
   signal a_out: std_logic_vector(15 downto 0);
   signal T: std_logic;
Begin
a<=a_out  when T='0' else "ZZZZZZZZZZZZZZZZ";
a_out<=a;
end rtl;
```

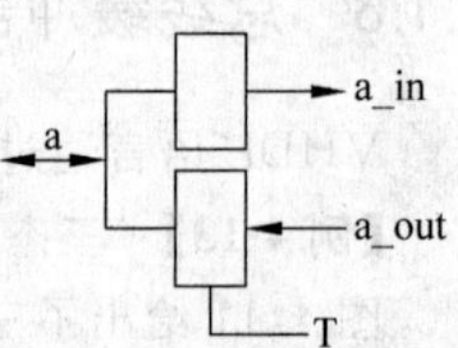

图 4.12 双向 I/O 电路

4.2 时序逻辑电路设计

时序逻辑电路的输出状态不仅与输入变量的状态有关，而且还与系统原先的状态有关。时序电路最重要的特点是存在着记忆单元部分，时序电路主要包括：时钟和复位、基本触发器、计数器、移位寄存器等。

4.2.1 时钟和复位设计

时序电路由时钟驱动，时序电路只有在时钟信号的边沿到来时，其状态才发生改变。在数字系统中，时序电路的时钟驱动部分一般包括时钟信号和系统复位信号。根据时钟和复位的描述不同，时序电路一般分成同步复位电路和异步复位电路两类。

1. 时钟信号描述

在时序电路中，不论采用什么方法描述时钟信号，必须指明时钟的边沿条件(clock edge condition)。时钟沿条件有上升沿和下降沿两种。

时钟的上升沿条件可以用下面的语句描述：

- clock'event and clock = '1'
- rising_edge(clock)

时钟的下降沿条件可以用下面的语句描述：

- clock'event and clock = '0'
- falling_edge(clock)

在时序电路中，对时钟信号的驱动方法有如下几种描述方式。

(1) 进程的敏感信号是时钟信号，在进程内部用 if 语句描述时钟的边沿条件。

【例 4-16】 时钟信号的 if 语句的 VHDL 描述

```
process (clock_signal)
begin
   if (clock_edge_condition)  then
        signal_out <=signal_in ;
                  ⋮
        其他时序语句
                  ⋮
    end  if ;
end   process ;
```

(2) 在进程中用 wait until 语句描述时钟信号，此时进程将没有敏感信号。

【例 4-17】 时钟信号的 wait until 语句的 VHDL 描述

```
process
begin
   wait until (clock_edge_condition);
     signal_out <= signal_in ;
                 ⋮
     其他时序语句
                 ⋮
end   process ;
```

注意：

(1) 在对时钟边沿说明时，一定要注明是上升沿还是下降沿。

(2) 一个进程中只能描述一个时钟信号。

(3) wait until 语句只能放在进程的最前面或最后面。

2. 复位信号描述

前面已经提到，根据复位和时钟信号的关系不同。时序电路分为同步复位电路和异步复位电路两大类。

1) 同步复位描述

同步复位指当复位信号有效，并且在给定的时钟边沿有效时，时序电路才被复位。在同步复位电路中，在只有以时钟为敏感信号的进程中定义。

【例 4-18】 同步复位的 VHDL 描述

```
process (clock_signal)
begin
   if (clock_edge_condition)  then
       if (reset_condition)  then
           signal_out <= reset_value;
       else
           signal_out <= signal_in ;
                  ⋮
       end  if ;
   end  if ;
end   process ;
```

2) 异步复位描述

异步复位指当复位信号有效时，时序电路就被复位。在异步复位电路中，进程的敏感信号表中除时钟信号外，还有复位信号。

【例 4-19】 异步复位的 VHDL 描述

```
process (reset_signal, clock_signal)
          begin
            if (reset_condition)  then
                signal_out <= reset_value;
```

```
            elsif (clock_edge_condition)  then
                signal_out <=signal_in ;
                         ⋮
            end  if ;
   end   process ;
```

4.2.2 触发器设计

触发器是时序逻辑电路的最基本单元,触发器具有“记忆”能力。根据沿触发、复位和置位方式的不同触发器可以有多种实现方式。在 PLD 中经常使用的触发器有 D 触发器、JK 触发器和 T 触发器等。

【例 4-20】 带时钟使能和异步复位/置位的 D 触发器的 VHDL 描述

图 4.13 给出了 D 触发器的符号描述。

D 触发器是数字电路中应用最多的一种时序电路。表 4.1 给出了带时钟使能和异步复位/置位的 D 触发器的真值表。

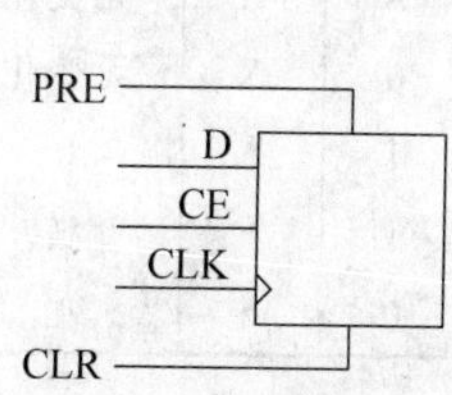

图 4.13 D 触发器电路

表 4.1 D 触发器真值表

输入					输出
CLR	PRE	CE	D	CLK	Q
1	X	X	X	X	0
0	1	X	X	X	1
0	0	0	X	X	无变化
0	0	1	0	↑	0
0	0	1	1	↑	1

下面是 D 触发器的 VHDL 描述:

```
Library ieee;
Use ieee.std_logic_1164.all;
Entity fdd is
   Port(clk,d,clr,pre,ce:  in  std_logic;
       q:  out std_logic);
end fdd;
architecture rtl of dff is
  signal q_tmp:  std_logic;
begin
  q<=q_tmp;
  process(clk,clr,pre,c)
  begin
    if(clr='1') then
       q_tmp<='0';
    elsif(pre='1') then
       q_tmp<='1';
```

```
        elsif rising_edge(clk) then
            if(ce='1') then
                q_tmp<=d;
            else
                q_tmp<=q_tmp;
            end if;
        end if;
    end process;
end rtl;
```

【例 4-21】 带时钟使能和异步复位/置位的 JK 触发器的 VHDL 描述

图 4.14 给出了 JK 触发器的符号描述。

JK 触发器要比 D 触发器复杂一些。表 4.2 给出了 JK 触发器的真值表描述。

表 4.2 JK 触发器真值表

输入						输出
R	S	CE	J	K	CLK	Q
1	X	X	X	X	↑	0
0	1	X	X	X	↑	1
0	0	0	X	X	X	无变化
0	0	1	0	0	X	无变化
0	0	1	0	1	↑	0
0	0	1	1	1	↑	翻转
0	0	1	1	0	↑	1

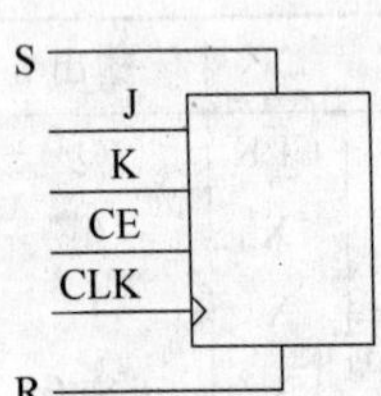

图 4.14 JK 触发器电路

下面是 JK 触发器的 VHDL 描述：

```
Library ieee;
Use ieee.std_logic_1164.all;
Entity fdd is
    Port(s,r,j,k,ce,c:    in   std_logic;
                         q:  out std_logic);
end fdd;
architecture rtl of dff is
signal q_tmp: std_logic;
begin
q<=q_tmp;
  process(s,r,c)
  begin
    if(r='1') then
        q_tmp<='0';
    elsif(s='1') then
        q_tmp<='1';
    elsif rising_edge(clk) then
```

```
        if(ce='0') then
            q_tmp<=q_tmp;
        else
          if(j='0' and k='1') then
            q_tmp<='0';
          elsif(j='1' and k='0') then
            q_tmp<='1';
          elsif(j='1' and k='1') then
            q_tmp<=not q_tmp;
        end if;
      end if;
    end process;
  end rtl;
```

【例 4-22】 RS 触发器的 VHDL 描述

图 4.15 给出了 RS 触发器的符号描述。

RS 触发器也是时序电路中一种最基本的触发单元，表 4.3 给出了 RS 触发器的真值表。

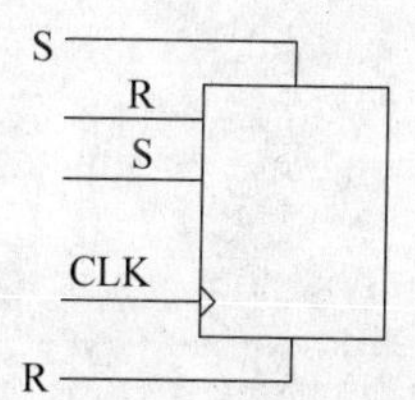

图 4.15 RS 触发器电路

表 4.3 RS 触发器真值表

输入			输出
R	S	CLK	Q
0	0	↑	无变化
0	1	↑	1
1	0	↑	0
1	1	↑	无变化

下面是 RS 触发器的 VHDL 描述：

```
library ieee;
use ieee.std_logic_1164.all;
entity rsff is
  port(r, s, clk: in std_logic;
       q, qn : out std_logic);
end rsff;
architecture rtl of rsff is
 signal q_tmp  :    std_logic;
begin
  q<=q_tmp;
  process(clk)
  begin
    if rising_edge(clk)then
      if (s='1' and r='0') then
         q_tmp<='1';
```

```
        elsif (s='0' and r='1') then
            q_tmp<='0';
        elsif (s='0' and r='0') then
            q_tmp<=q_tmp;
        else  null;
        end if;
      end if;
  end process;
end rtl;
```

4.2.3 锁存器设计

锁存器和触发器不同之处，就在于触发方式的不同，触发器是靠敏感信号的边沿触发，而锁存器是靠敏感信号的电平触发。下面给出锁存器的 VHDL 描述。

【例 4-23】 锁存器的 VHDL 描述

```
Library ieee;
Use ieee.std_logic_1164.all;
Entity latch is
Port(gate,data,set   :    in   std_logic;
                Q    :    out   std_logic);
End latch;
Architecture rtl of latch is
Begin
   process(gate,data,set)
   Begin
      if(set='0') then
        Q<='1';
      elsif(gate='1') then
        Q<=data;
     end if;
   end process;
 end rtl;
```

4.2.4 计数器设计

根据计数器的触发方式不同，计数器可以分为：同步计数器和异步计数器两种。当赋予计数器更多的功能时，计数器的功能就非常复杂了。计数器也是常用的定时器的核心部分，当计数器能输出控制信号时，计数器也就变成了定时器。只要掌握了计数器地设计方法，就可以很容易地设计定时器。本部分中主要介绍同步计数器的设计方法。

同步计数器指在时钟脉冲(计数脉冲)的控制下，计数器做加法或减法的运算。

【例 4-24】 可逆计数器的 VHDL 描述

```
Library ieee;
Use ieee.std_logic_1164.all;
Use ieee.std_logic_unsigned.all;
Entity updowncounter64 is
   Port(clk,clr,dir    :    in   std_logic;
        Q              :    out  std_logic_vector(4 downto 0));
End updowncounter64;
Architecture rtl of updowncounter64 is
  Signal count_tmp:   std_logic_vector(4 downto 0);
Begin
  Q<=count_tmp;
  Process(clr,clk)
  Begin
    If(clr='1') then
      Count_tmp<="000000";
      Elsif rising_edge(clk) then
         If (dir='1') then
            Count_tmp<=count_tmp+1;
         Else
            Count_tmp<=count_tmp-1;
         End if;
      End if;
  End process;
End rtl;
```

【例 4-25】 4b 带有最大计数限制的计数器 VHDL 描述

```
library ieee;
use ieee.std_logic_1164.all;
use ieee.std_logic_arith.all;
entity counters_8 is
   generic (MAX: integer :=16);
   port(C, CLR: in std_logic;
        Q: out integer range 0 to MAX-1);
end counters_8;
architecture archi of counters_8 is
signal cnt: integer range 0 to MAX-1;
begin
Q <=cnt;
process (C, CLR)
begin
  if (CLR='1') then
    cnt <=0;
```

```
elsif (rising_edge(C)) then
    cnt <= (cnt +1) mod MAX ;
  end if;
 end process;
end archi;
```

4.2.5 移位寄存器设计

在 VHDL 语言中，对移位寄存器的描述有如下 4 种方式：

(1) 并置操作符。

```
shreg <= shreg (6 downto 0) & SI;
```

(2) for-loop 语句。

```
for i in 0 to 6 loop
    shreg(i+1) <= shreg(i);
end loop;
shreg(0) <= SI;
```

(3) 预定义的移位操作符 SLL 或 SRL 等。

(4) 元件例化及模块化描述方法。

下面对这几种实现方法进行详细说明。

(1) 预定义的移位操作符实现移位操作运算。

① 算术左移的 VHDL 描述：

```
<signed_sig>/<unsigned_sig> sla <shift_amount_in_integer>
```

② 逻辑左移的 VHDL 描述：

```
<signed_sig>/<unsigned_sig> sll <shift_amount_in_integer>
```

③ 算术右移的 VHDL 描述：

```
<signed_sig>/<unsigned_sig> sra <shift_amount_in_integer>
```

④ 逻辑右移的 VHDL 描述：

```
<signed_sig>/<unsigned_sig> srl <shift_amount_in_integer>
```

【例 4-26】 移位操作符实现逻辑左移的 VHDL 描述

```
library ieee;
use ieee.std_logic_1164.all;
use ieee.numeric_std.all;
entity logical_shifters_2 is
  port(DI: in unsigned(7 downto 0);
       Clock: in stol-logic;
```

```
        SEL: in unsigned(1 downto 0);
        SO: out unsigned(7 downto 0));
end logical_shifters_2;
architecture archi of logical_shifters_2 is
begin
    process(<clock>)
    begin
        if (<clock>'event and <clock>='1') then
            case SEL is
                when "00"=>SO<=DI ;
                when "01"=>SO <=DI sll 1;
                when "10"=>SO<=DI sll 2;
                when "11"=>SO <=DI sll 3;
                when others=>SO<=DI ;
            end case;
        end if;
    end process;
end archi;
```

(2) 通过 VHDL 的元件例化、信号连接和模块化描述实现移位操作运算。

【例 4-27】 元件例化的方法实现 16 位串入串出移位寄存器的 VHDL 描述

```
Library ieee;
Use ieee.std_logic_1164.all;
Entity shift8 is
      Port (a,clk: in  std_logic;
            B: out  std_logic);
End shift8;
Architecture rtl of shift8 is
    Component dff
      Port(d,clk  :  in   std_logic;
           Q      :  out  std_logic);
    End component;
    Signal z:  std_logic_vector(15 downto 0);
Begin
  z(0)<=a;
   G1:  for i in 0 to 15 generate
     Dffx: dff port map(z(i),clk,z(i+1));
   End generate;
  b<=z(15);
end rtl;
```

(3) 通过使用 for-loop 语句实现移位操作运算。

【例 4-28】 for-loop 语句实现 16 位移位寄存器的 VHDL 描述

```
library ieee;
use ieee.std_logic_1164.all;
entity shift_registers_1 is
  port(C, SI: in std_logic;
       SO: out std_logic);
end shift_registers_1;
architecture archi of shift_registers_1 is
  signal tmp:  std_logic_vector(15 downto 0);
begin
    SO <=tmp(7);
process (c)
begin
    if rising_edge(c) then
        for i in 0 to 14 loop
            tmp(i+1) <=tmp(i);
        end loop;
      tmp(0) <=SI;
    end if;
  end process;
end archi;
```

（4）通过使用并置操作实现移位操作运算。

【例 4-29】 并置操作实现 16 位串入并出移位寄存器的 VHDL 描述

```
library ieee;
use ieee.std_logic_1164.all;
entity shift_registers_5 is
  port(C, SI: in std_logic;
       PO: out std_logic_vector(15 downto 0));
  end shift_registers_5;
architecture archi of shift_registers_5 is
  signal tmp:  std_logic_vector(7 downto 0);
begin
  PO <=tmp;
process (C)
begin
    if rising_edge(C) then
      tmp <=tmp(14 downto 0)& SI;
    end if;
end process;
end archi;
```

4.3 存储器设计

存储器按其类型主要分为只读存储器和随机访问存储器两种。虽然存储器从其工艺和原理上各不相同,但有一点是相同的,即存储器是单个存储单元的集合体,并且按照顺序排列。其中的每一个存储单元由 N 位二进制位构成,表示存放的数据的值。

由于这些特点,所以可以用 VHDL 的类型语句进行描述。

(1) 用整数描述:

```
TYPE mem is array(integer range<>) of integer;
```

(2) 用位矢量描述:

```
SUBTYPE wrd IS std_logic_vector(k-1 downto 0);
Type mem is array(0 to 2**w-1) of wrd;
```

需要注意的是,虽然在本节给出了存储器的原理描述和实现方法,但在实际设计中,尤其是在 FPGA 的设计中,Xilinx 公司提供了存储器的 IP 核给设计人员使用,设计人员只需要对这些 IP 核进行配置,就可以生成高性能的存储器模块,无须用 VHDL 语言对存储器进行原理和功能的描述。

4.3.1 ROM 设计

只读存储器的数据被事先保存到了每个存储单元中,在 PLD 中实现数据的保存方法有很多。当对 ROM 进行读操作时,只要在控制信号的控制下,对操作的单元给出读取的数值即可。

【例 4-30】 ROM 的 VHDL 描述

图 4.16 给出了 ROM 的结构图。

图中,EN 为 ROM 的使能信号,ADDR 为 ROM 的地址信号,CLK 为 ROM 的时钟信号,DATA 为数据信号。

下面给出 ROM 的 VHDL 描述:

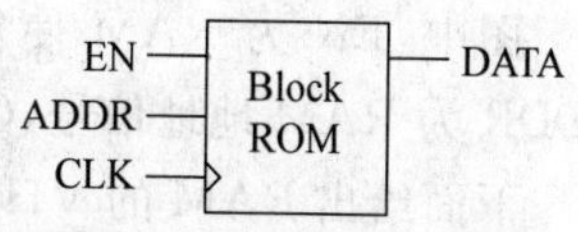

图 4.16 ROM 的结构图

```
library ieee;
use ieee.std_logic_1164.all;
use ieee.std_logic_unsigned.all;
entity rams_21a is
 port (clk: in std_logic;
       en: in std_logic;
       addr: in std_logic_vector(5 downto 0);
       data: out std_logic_vector(19 downto 0));
end rams_21a;
architecture syn of rams_21a is
type rom_type is array (63 downto 0) of std_logic_vector (19 downto 0);
```

```
    signal ROM: rom_type:= (X"0200A", X"00300", X"08101", X"04000", X"08601", X"0233A",
    X"00300", X"08602", X"02310", X"0203B", X"08300", X"04002",X"08201", X"00500",
    X"04001", X"02500", X"00340", X"00241",X"04002", X"08300", X"08201", X"00500",
    X"08101", X"00602",X"04003", X"0241E", X"00301", X"00102", X"02122", X"02021",
    X"00301", X"00102", X"02222", X"04001", X"00342", X"0232B",X"00900", X"00302",
    X"00102", X"04002", X"00900", X"08201",X"02023", X"00303", X"02433", X"00301",
    X"04004", X"00301",X"00102", X"02137",X"02036", X"00301", X"00102", X"02237",
    X"04004",X"00304", X"04040", X"02500", X"02500", X"02500",X"0030D", X"02341",
    X"08201", X"0400D");
begin
process (clk)
begin
  if rising_edge(clk) then
    if (en='1') then
       data <=ROM(conv_integer(addr));
    end if;
  end if;
end process;
end syn;
```

虽然上面给出的是关于ROM原理的描述,但是这种描述方法使用非常广泛。尤其是在涉及到查找表的问题时,经常采用上面的描述方式进行设计。

4.3.2 RAM设计

RAM和ROM重要区别,在于RAM有读写两种操作,而ROM只有读操作。另外,RAM对读写的时序也有着严格的要求。

【例4-31】 一个单端口RAM的VHDL描述

图4.17给出了一个单端口RAM的结构。

图中,EN为RAM使能信号,WE为RAM写信号,DI为RAM数据输入信号,ADDR为RAM地址信号,CLK为RAM时钟信号,DO为RAM数据输出信号。

下面给出RAM的VHDL描述。

```
library ieee;
use ieee.std_logic_1164.all;
use ieee.std_logic_unsigned.all;
entity rams_01 is
port (clk: in std_logic;
      we: in std_logic;
      en: in std_logic;
      addr: in std_logic_vector(5 downto 0);
      di: in std_logic_vector(15 downto 0);
      do: out std_logic_vector(15 downto 0));
end rams_01;
```

```
architecture syn of rams_01 is
 type ram_type is array (63 downto 0) of std_logic_vector (15 downto 0);
 signal RAM:  ram_type;
begin
  process (clk)
  begin
    if clk'event and clk='1' then
       if en='1' then
         if we='1' then
           RAM(conv_integer(addr)) <=di;
         end if;
       do <=RAM(conv_integer(addr)) ;
     end if;
  end if;
end process;
end syn;
```

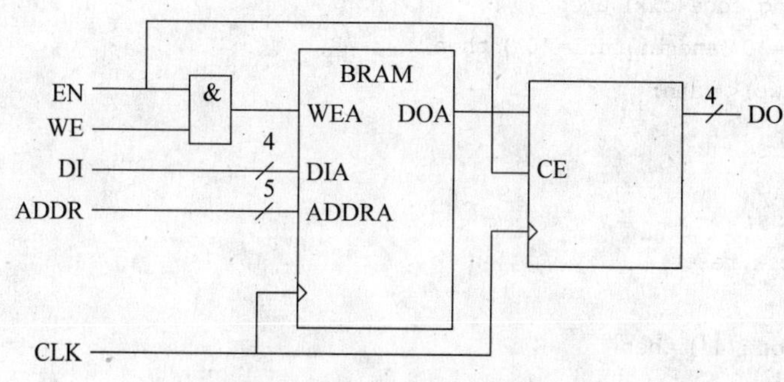

图 4.17　单端口 RAM 的结构

4.3.3 FIFO 设计

先进先出队列(First In First Out,FIFO)在数字系统设计中有着非常重要的应用,它经常用来解决时间不同步情况下的数据操作问题,在这里通过 VHDL 语言对 FIFO 进行了描述。但在实际的 PLD 设计时,尤其在 FPGA 设计时,设计者可以很方便地使用 EDA 厂商提供的 IP 核自动生成 FIFO,而无须用 VHDL 语言进行复杂的原理描述。

FIFO 和 RAM 有很多相同的地方,唯一不同的是,FIFO 的操作没有地址,而只有内部的指针,保证数据在 FIFO 中先入先出顺序的正确性。FIFO 一般有下列单元:存储单元,写指针,读指针,满、空标志和读写控制信号等。

【例 4-32】 8 * 8 的 FIFO 的 VHDL 的描述

```
library ieee;
use ieee.std_logic_1164.all;
entity fifo is
   generic( w: integer :=8;k: integer :=8 );
```

```
    port (clk,reset,wr,rd :in std_logic;
        din :in std_logic_vector( k-1 downto 0);
        dout :out std_logic_vector( k-1 downto 0);
        full,empty :out std_logic);
end fifo;
architecture fifo_arch of fifo is
  type memory is array (0 to w-1) of std_logic_vector( k-1 downto 0);
  signal ram:memory;
  signal wp,rp: integer range 0 to w-1;
  signal in_full,in_empty:std_logic;
begin
full<=in_full;
empty<=in_empty;
dout<=ram(rp) when rd='0' ;
  process(clk)
  begin
    if rising_edge(clk) then
     if (wr='0' and in_full='0') then
       ram(wp)<=din;
     end if;
    end if;
  end process;
  process(clk,reset)
   begin
    if (reset='1') then
      wp<=0;
    elsif rising_edge(clk) then
     if (wr='0' and in_full='0') then
      if(wp=w-1) then
        wp<=0;
      else wp<=wp+1;
        end if;
     end if;
    end if;
  end process;
    process(clk,reset)
    begin
     if (reset='1') then
       rp<=w-1;
     elsif rising_edge(clk) then
    if (rd='0' and in_empty='0') then
      if(rp=w-1) then
        rp<=0;
      else
```

```
            rp<=rp+1;
          end if
        end if;
      end if;
    end process;
   process(clk,reset)
   begin
    if (reset='1') then
      in_empty<='1';
    elsif rising_edge(clk) then
       if ((rp=wp-2 or (rp=w-1 and wp=1) or (rp=w-2 and wp=0)) and (rd='0')and wr='1'))then
        in_empty<='1';
       elsif (in_empty='1' and wr='0') then
        in_empty<='0';
       end if;
     end if;
   end process;
   process(clk,reset)
   begin
    if (reset='1') then
     in_full<='0';
    elsif rising_edge(clk) then
      if (rp=wp and wr='0' and rd='1') then
         in_full<='1';
      elsif (in_full='1' and rd='0') then
        in_full<='0';
      end if;
    end if;
   end process;
   end fifo_arch;
```

4.4 有限自动状态机设计

有限自动状态机(Finate State Machine,FSM)的设计是复杂数字系统中非常重要的一部分,是实现高效率高可靠性逻辑控制的重要途径。大部分数字系统都是由控制单元和数据单元组成的。数据单元负责数据的处理和传输,而控制单元主要是控制数据单元的操作的顺序。而在数字系统中,控制单元往往是通过使用有限状态机实现的,有限状态机接受外部信号以及数据单元产生的状态信息,产生控制信号序列。

4.4.1 有限状态机原理

有限状态机可以由标准数学模型定义。此模型包括一组状态、状态之间的一组转换以及和状态转换有关的一组动作。有限状态机可以表示为：

$$M=(I,O,S,f,h)$$

其中，$S=\{S_i\}$表示一组状态的集合；$I=\{I_j\}$表示一组输入信号；$O=\{O_k\}$表示一组输出信号；$f(S_i,I_j)$：$S\times I\rightarrow S$为状态转移函数；$h(S_i,I_j)$：$S\times I\rightarrow O$为输出函数。

从上面的数学模型可以看出，如果在数字系统中实现有限状态机，则应该包含三部分：状态寄存器、下状态转移逻辑、输出逻辑。

描述有限状态机的关键是状态机的状态集合以及这些状态之间的转移关系。描述这种转换关系除了数学模型外，还可以用状态转移图或状态转移表来实现。

状态转移图由三部分组成：表示不同状态的状态点、连接这些状态点的有向箭头以及标注在这些箭头上的状态转移条件。

状态转移表采用表格的方式描述状态机。状态转移表由三部分组成：当前状态、状态转移事件和下一状态。

通过比较可以发现，采用状态图可以更加直观的反映状态之间的转换关系，因此在EDA设计时对于不是特别复杂的状态变换通常采用状态图的方法进行描述。

4.4.2 有限状态机分类

状态机分类很多，主要分为Moore状态机、Mealy状态机和扩展有限状态机。下面就Moore状态机、Mealy状态机的原理和应用进行详细的介绍。

1. Mealy型状态机

Mealy型状态机的输出由状态机的输入和状态机的状态共同决定，如图4.18所示。

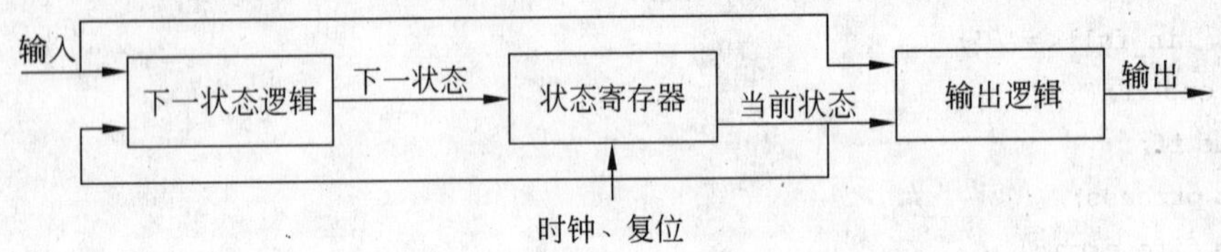

图4.18 Mealy型状态机

【例4-33】 Mealy型状态机的VHDL描述

```
type state_type is (st1_<name_state>, st2_<name_state>, ...); --定义状态
signal state, next_state : state_type;                          --定义当前和下一个状态
signal <output>_i : std_logic;                                   --定义与输出有关的内部信号
process (<reset>,<clock>)                                        --同步处理过程
begin
    if (<reset>='1') then
          state <=st1_<name_state>;
          <output><='0';
    elsif rising_edge(<clock>) then
          state <=next_state;
```

```
        <output><=<output>_i;
     --assign other outputs to internal signals          --定义其他输出信号
   end if;
end process;

process (state, <input1>, <input2>, ...)                 --定义过程,输出和输入及状态有关
begin
   if (state=st3_<name>and <input1>='1') then
     <output>_i <='1';
   else
     <output>_i <='0';
   end if;
end process;

process (state, <input1>, <input2>, ...)                 --定义过程,确定状态的迁移
begin
    next_state <=state;
    case (state) is
      when st1_<name>=>
         if <input_1>='1' then
            next_state <=st2_<name>;
         end if;
      when st2_<name>=>
         if <input_2>='1' then
            next_state <=st3_<name>;
         end if;
      when st3_<name>=>
         next_state <=st1_<name>;
      when others=>
         next_state <=st1_<name>;
   end case;
end process;
```

2. Moore 型状态机

Moore 型状态机与 Mealy 型状态机的区别在于 Moore 型状态机的输出仅与状态机的状态有关,与状态机的输入无关。如图 4.19 所示。

【例 4-34】 Moore 型状态机的 VHDL 描述

```
type state_type is (st1_<name_state>, st2_<name_state>, ...);  --定义状态
signal state, next_state: state_type;                          --定义当前和下一个状态
signal <output>_i: std_logic;  --example output signal         --定义所有输出信号
SYNC_PROC: process (<reset>,<clock>)                           --定义状态的迁移
begin
```

```
    if (<reset>='1') then
        state <=st1_<name_state>;
        <output><='0';
    elsif rising_edge(<clock>) then
      state <=next_state;
      <output><=<output>_i;                                    --定义所有的输出
    end if;
end process;

process (state)
begin
    if (state=st3_<name>then
      <output>_i <='1';
    else
      <output>_i <='0';
    end if;
end process;

process (state, <input1>, <input2>, ...)                     --定义不同状态下的输出
begin
     next_state <=state;
     case (state) is
       when st1_<name>=>
           if <input_1>='1' then
              next_state <=st2_<name>;
           end if;
       when st2_<name>=>
           if <input_2>='1' then
              next_state <=st3_<name>;
           end if;
       when st3_<name>=>
           next_state <=st1_<name>;
       when others=>
           next_state <=st1_<name>;
    end case;
end process;
```

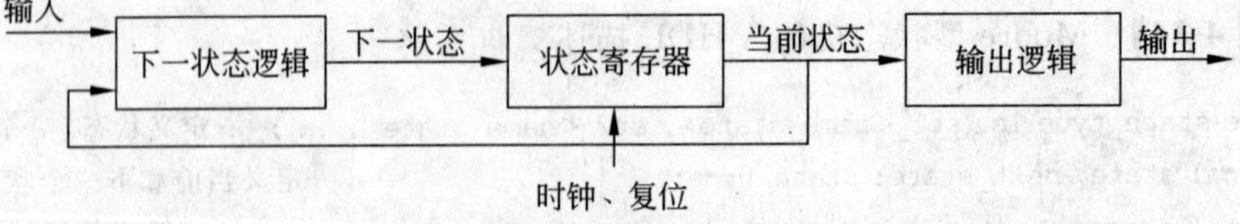

图 4.19　Moore 型状态机

虽然在这里将两种类型的状态机加以区分，但是在实际的状态机的设计中，设计人员根本不需要这些差别，只要满足状态机设计的规则和状态机运行的条件，采用任何一种状态机都可以实现，并且设计人员可以在实际的设计过程中形成规范的FSM设计风格。

4.4.3 有限状态机设计

有限状态机的设计应遵循以下原则：

(1) 分析控制器设计指标，建立系统算法模型图，即状态转移图。

(2) 分析被控对象的时序状态，确定控制器有限状态机的各个状态及输入输出条件。

(3) 使用HDL语言完成状态机的描述。

采用有限状态机描述有以下方面的优点：

(1) 可以采用不同的编码风格，在描述状态机时，设计者常采用的编码有二进制、格雷码、one hot编码，用户可以根据自己的需要在综合时确定，而不需要修改源文件或修改源文件中的编码格式以及状态机的描述。

(2) 可以实现状态的最小化(如果one hot编码，控制信号数量庞大)。

(3) 设计灵活，将控制单元与数据单元分离开。

1. 状态编码

FSM的状态可以采用的状态编码规则有很多，Xilinx给出的状态编码有One_Hot、Gray、Compact、Johnson、Sequential、Speed1、User几种方式。下面对这些状态编码的性能进行简单的介绍。

1) One_Hot状态编码

One_Hot的编码方案对每一个状态采用一个触发器，即4个状态的状态机需4个触发器。同一时间仅一个状态位处于有效电平(如逻辑"1")。在使用One_Hot状态编码时，触发器使用较多，但逻辑简单，速度快。

2) Gray状态编码

Gray码编码每次仅一个状态位的值发生变化。在使用Gray状态编码时，触发器使用较少，速度较慢，不会产生两位同时翻转的情况。采用格雷码进行状态编码时，采用T触发器是最好的实现方式。

3) Compact状态编码

Compact状态编码能够使所使用的状态变量位和触发器的数目变得最少。该编码技术基于超立方体浸润技术。当进行面积优化的时候可以采用Compact状态编码。

4) Johnson状态编码

Johnson状态编码能够使状态机保持一个很长的路径，而不会产生分支。

5) Sequential状态编码

Sequential状态编码采用一个可标示的长路径，并采用了连续的基2编码描述这些路径。下一个状态等式被最小化。

6）Speed1 状态编码

Speed1 状态编码用于速度的优化。状态寄存器中所用的状态的位数取决于特定的有限自动状态及 FSM,但一般情况下它要比 FSM 的状态要多。

2. 状态变量及状态的定义

设计者可以在使用状态机之前应该定义状态变量的枚举类型,定义可以在状态机描述的源文件中,也可以在专门的程序包中。

【例 4-35】 定义状态变量的 VHDL 描述

```
TYPE main_con_state IS (state1,state2);
```

【例 4-36】 定义状态的 VHDL 描述

```
signal current_state : main_con_state;
signal next_state: main_con_state;
```

3. 状态机描述规则

状态机描述方式有 3 种：单进程、双进程、三进程描述方式。

1）单进程状态机的实现方法

如图 4.20 所示的单进程的 mealy 状态机,采用单进程状态机描述时,状态的变化、状态寄存器和输出功能描述用一个进程进行描述。

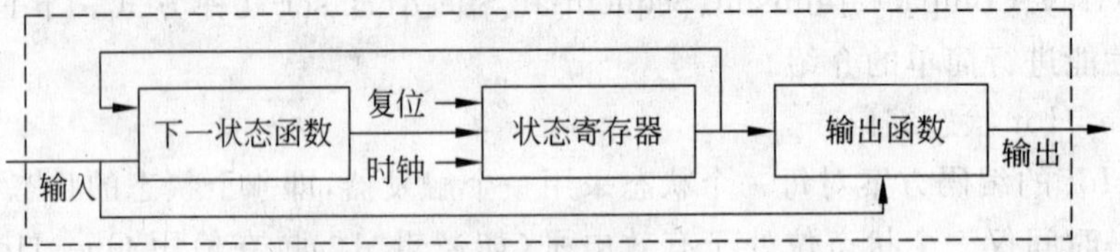

图 4.20 单进程 mealy 状态机模型

【例 4-37】 单进程状态机的 VHDL 描述

```
library IEEE;
use IEEE.std_logic_1164.all;
entity fsm_1 is
port ( clk, reset, x1: IN std_logic;
       outp: OUT std_logic);
end entity;
architecture beh1 of fsm_1 is
 type state_type is (s1,s2,s3,s4);
 signal state:  state_type ;
begin
 process (clk,reset)
```

```
begin
 if (reset='1') then
  state <=s1;
  outp<='1';
elsif rising_edge(clk)  then
 case state is
  when s1=>  if x1='1' then
             state <=s2;
             outp <='1';
             else state <=s3;outp <='0';
             end if;
   when s2=> state <=s4; outp <='0';
   when s3=> state <=s4;outp <='0';
   when s4=> state <=s1; outp <='1';
  end case;
 end if;
end process;
end beh1;
```

2）双进程状态机的实现方法

如图 4.21 所示，与单进程状态机不同的是，采用双进程状态机时，输出函数用一个进程描述，而状态寄存器和下一状态函数用另一个进程描述。

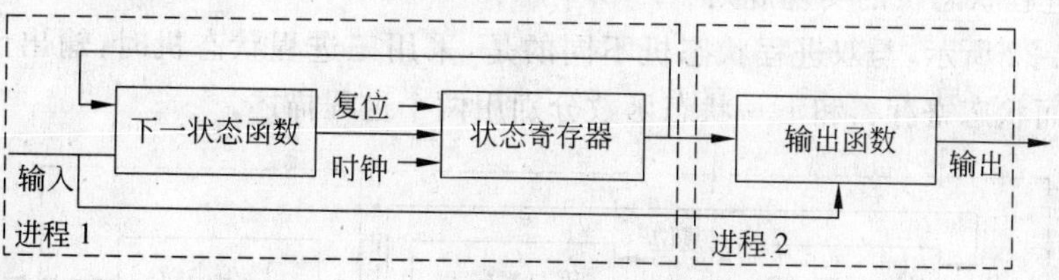

图 4.21　双进程 mealy 状态机模型

【例 4-38】　双进程状态机的 VHDL 描述

```
library IEEE;
use IEEE.std_logic_1164.all;
entity fsm_2 is
port ( clk, reset, x1: IN std_logic;
     outp: OUT std_logic);
end entity;
architecture beh1 of fsm_2 is
 type state_type is (s1,s2,s3,s4);
 signal state:  state_type ;
begin
process (clk,reset)
begin
 if (reset='1') then
```

```
      state <=s1;
    elsif (clk='1' and clk'Event) then
      case state is
        when s1=>if x1='1' then  state <=s2; else state <=s3; end if;
        when s2=>state <=s4;
        when s3=>state <=s4;
        when s4=>state <=s1;
      end case;
    end if;
  end process;

  process (state)
  begin
    case state is
      when s1=>outp <='1';
      when s2=>outp <='1';
      when s3=>outp <='0';
      when s4=>outp <='0';
    end case;
  end process;
end beh1;
```

3）三进程状态机的实现规则

如图 4.22 所示，与双进程状态机不同的是，采用三进程状态机时，输出函数用一个进程描述，而状态寄存器和下一状态函数分别用两个进程描述。

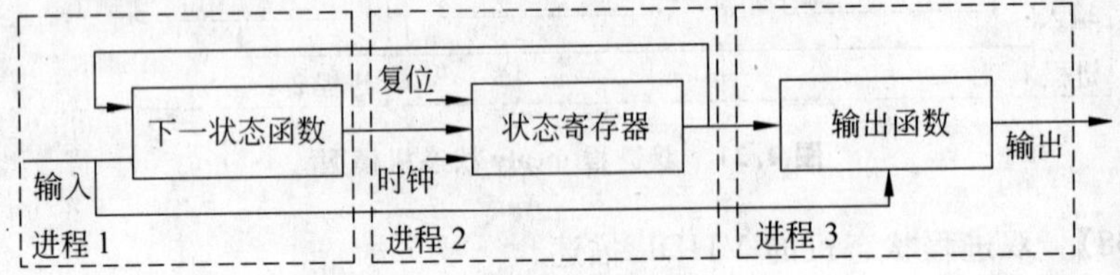

图 4.22　三进程 mealy 状态机模型

【例 4-39】 三进程状态机的 VHDL 描述

```
library IEEE;
use IEEE.std_logic_1164.all;
entity fsm_3 is
  port ( clk, reset, x1: IN std_logic;
         outp: OUT std_logic);
end entity;
architecture beh1 of fsm_3 is
  type state_type is (s1,s2,s3,s4);
  signal state, next_state:  state_type ;
begin
```

```
process (clk,reset)
begin
   if (reset='1') then
      state <=s1;
   elsif rising_edge(clk) then
         state <=next_state;
   end if;
end process;

process (state, x1)
begin
   case state is
      when s1=>if x1='1' then  next_state <=s2; else next_state <=s3;end if;
      when s2=>next_state <=s4;
      when s3=>next_state <=s4;
      when s4=>next_state <=s1;
   end case;
end process ;

process (state)
begin
   case state is
      when s1=>outp <='1';
      when s2=>outp <='1';
      when s3=>outp <='0';
      when s4=>outp <='0';
      end case;
   end process;
end beh1;
```

习　题　4

1. 用 VHDL 语言设计一个 3-8 译码器。

2. 用 VHDL 语言描述 D 触发器和 JK 触发器。

3. 用 VHDL 语言设计一个 16 位的计数器。

4. 设计一个 100 分频的分频器。

5. 使用不同的方法完成一个 32 位的移位寄存器的设计。

6. 比较 RAM 和 FIFO 的特点和区别。

7. 用 VHDL 语言描述一个 512×16(深度 512,数据宽度 16b)的单端口 RAM 存储器。

8. 用 VHDL 语言描述一个 512×16 的先进先出队列 FIFO。

9. 用 VHDL 语言描述一个 y=a＊b+a＊c 的乘法和加法单元的实现。

10. 用 VHDL 语言描述一个 y=(a-b)/16 运算的实现。

11. 说明有限自动状态机的分类及其特点。

12. 说明有限自动状态机的编码方式及其特点。

13. 说明有限自动状态机的描述规则及其特点。

第5章 chapter 5

VHDL高级设计技术

本章首先介绍基于Xilinx芯片的HDL高级设计技术。在高级设计技术中主要对提高HDL性能的一些设计方法进行了比较详细的介绍，其中包括逻辑复制和复用技术、并行和流水技术、系统同步和异步单元、逻辑结构的设计方法和模块的划分原则。

本章也对IP核技术进行了比较详细的说明和介绍，其中包括IP核分类、IP核优化、IP核生成和IP应用技术。

这部分虽然在本书中的篇幅不是很多，但是对读者掌握VHDL高级设计技术非常重要，读者在学习该部分内容时要仔细领会设计方法和技巧。

5.1 VHDL代码风格

VHDL代码风格是指两个方面的内容，一方面是VHDL语言描述规范，即在使用VHDL语言描述逻辑行为时必须遵守VHDL语言的词法和句法规范，该描述风格不依赖于EDA软件工具和可编程逻辑器件PLD类型，仅仅是从VHDL语言出发的代码风格；另一方面则是VHDL语言对于一特定逻辑单元的描述，即用VHDL语言的哪一种描述风格进行逻辑行为描述，才能使电路描述得更准确，布局布线后产生的电路设计最优，该描述风格不仅需要关注EDA软件在语法细节上的差异，还要紧密依赖于固有的硬件结构。

从本质上讲，使用哪种描述风格描述电路的逻辑行为，主要取决于两个关键问题，一个是速度和面积问题，另一个是功耗问题。

首先，先说明速度和面积问题。这里的“面积”主要是指设计所占用的FPGA逻辑资源数目，即所消耗的触发器和查找表数目。“速度”是指在芯片上稳定运行时所能够达到的最高频率。面积和速度这两个指标始终贯穿着PLD的设计，是评价设计性能的最主要标准。面积和速度呈反比关系。如果要提高速度，就需要消耗更多的资源，即需要更大的面积；如果减少了面积，就会使系统的处理速度降低。所以在设计中不可能同时实现既显著提高PLD工作频率，又显著减少所占用PLD的逻辑资源的数目。在实际设计时，需要在速度和面积之间进行权衡，使得设计达到面积和速度的最佳结合点。本章介绍通过采用逻辑复制和复用技术、并行和流水线技术、同步和异步电路处理技术、逻辑结构处理技术等方法，在速度和面积之间进行权衡，达到最佳的性能和资源要求。

其次,说明功耗问题。随着PLD工作频率的显著提高,功耗成为一个引起EDA设计人员密切关注的问题。由于PLD工作频率的提高,逻辑单元的切换频率也相应提高,相应的会引起PLD功耗增大。这样就存在着频率和功耗之间的矛盾,因此必须在逻辑单元的切换速度和功耗之间进行权衡,通过合理的设计,减少逻辑单元不必要的切换,这样可以在一定程度上降低功耗。由于这个问题相对复杂一些,在本章中不进行详细讨论,对这方面感兴趣的读者可以参考相关书籍。

如果想设计一个高性能的数字系统,必须同时考虑模型建立、VHDL代码设计方法和性能提高策略几个方面,使设计的代码在运行时性能更高,资源占用更少,所消耗的功率更低。

5.1.1 逻辑复制和复用技术

1. 逻辑复制技术

逻辑复制是通过增加面积而改善设计时序的优化方法,经常用于调整信号的扇出。扇出是指某一器件的输出驱动与之相连的后续器件的能力。由于PLD资源的限制,一个器件的扇出数受到限制。扇出数目越多,所要求的驱动能力越高。在PLD芯片内,如果一个逻辑单元的扇出数过多的话,其工作速度会降低,并且会对布线造成困难。因此,在PLD逻辑资源允许的情况下,要尽量降低扇出数。如图5.1所示,D触发器需要一个很大的扇出驱动下一级逻辑。

如果逻辑单元有很高的扇出数目,则要在逻辑单元的输出部分相应的添加输出缓存器来增强输出部分的驱动能力,但这会增大输出部分信号传输时延。如图5.2所示,通过逻辑复制后,D触发器的扇出数目大大降低。通过逻辑复制,使用多个相同的信号来分担驱动任务。这样,每路信号的扇出就会变低,就不需要额外的缓冲器来增强驱动,即可减少信号的路径延迟。

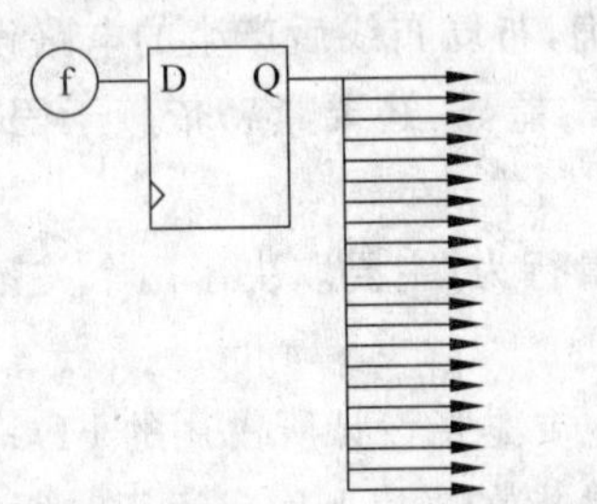

图5.1 未采用逻辑复制的单D触发器扇出

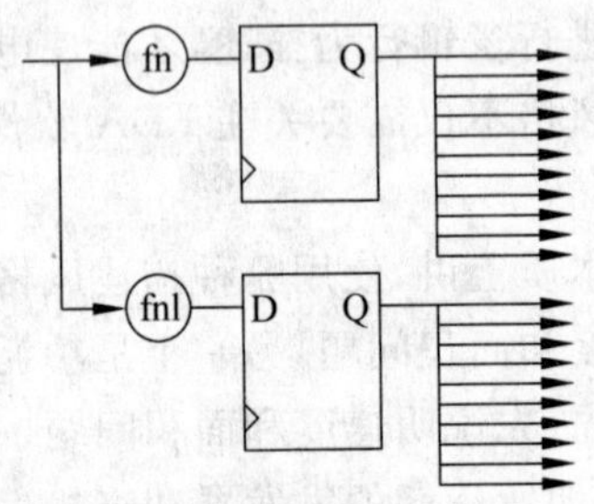

图5.2 采用逻辑复制后的双D触发器扇出

通过逻辑单元复制技术,可以减少逻辑单元的扇出数,因此解决了以下两方面的问题:

(1) 减少网络延迟;

(2) 多个器件分布在不同的区域,这样可以大大降低布线阻塞情况的发生。

在使用逻辑复制技术减少扇出数目时,必须注意,如果涉及到异步单元,必须对该单元进行同步处理。

很多厂商的 EDA 软件，都具有调整逻辑单元扇出的功能，软件可以根据实际情况对逻辑单元的扇出数目进行处理。在简单的数字系统设计时，设计人员可以不需要专门处理这个问题，而由 EDA 软件自动进行处理。

2. 逻辑复用技术

逻辑复用是指在完成相同功能时，减少所使用的逻辑单元数目。通过逻辑复用技术，可以在不影响设计性能的情况下，大大降低对逻辑资源的消耗。下面通过一个乘法器的例子来说明这个问题。

如图 5.3 所示的先乘法后选择的结构，在实现这样一个功能时需要使用两个乘法器和一个选择器，对该结构进行观察可以发现，在该设计中乘数都是 B，只有被乘数是不一样的，因此在不影响该设计所实现的功能的前提下，可以采用图 5.4 的设计结构。从图中可以看出，采用先选择后相乘的实现方法，所使用的乘法器数目由 2 个减少为 1 个。

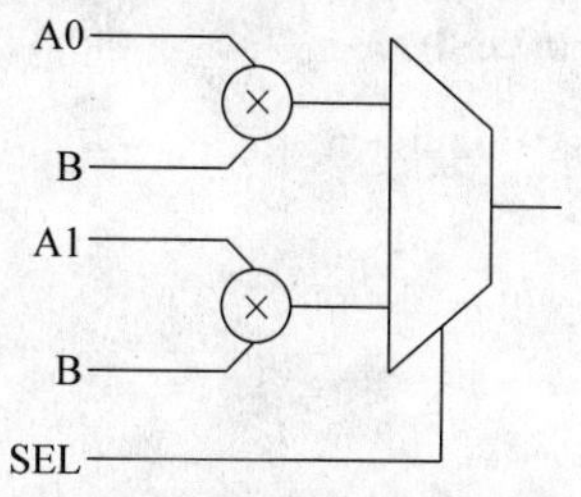

图 5.3 先乘后选择的结构

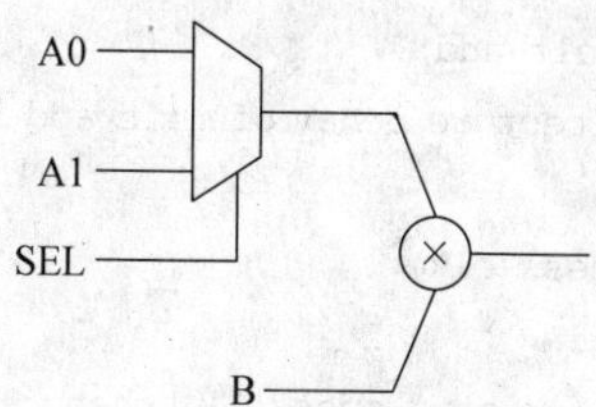

图 5.4 先选择后相乘的结构

从该设计可以看出，在进行设计时，如果对设计进行优化，很多的功能都可以通过逻辑复用技术，提高设计效率和减少逻辑资源消耗量。

5.1.2 并行和流水线技术

在进行数字系统设计中，为了提高 PLD 的运行效率，在完成相同的逻辑功能的情况下，还采用并行和流水线设计技术。

1. 并行设计技术

串行设计是最常见的一种处理数据流的设计方法。当一个功能模块对输入数据的处理是分步骤进行的，而且后一步骤与前一步骤有数据关联时，功能模块的设计就需要采用串行设计的思想。

并行处理就是用多个处理流程同时处理到达的数据流，提高对多数据流的处理能力。并行处理要求这些处理任务之间是不相关的，即这些任务之间没有数据依赖关系。如果数据流之间存在相互依赖，那么用并行处理的方法就很难提高对数据流的处理效率。下面以一个复杂的乘法运算为例，说明并行处理技术的应用。

首先给出该运算的数学表达式 $y=a_0\times b_0+a_1\times b_1+a_2\times b_2+a_3\times b_3$，图 5.5 给出了实现该功能的并行结构(该结构由 XST 综合工具给出)。通过使用多个乘法器，使得 4 个乘法运算可以同时进行。需要注意的问题是，这种速度的提高是以牺牲面积为代价的。

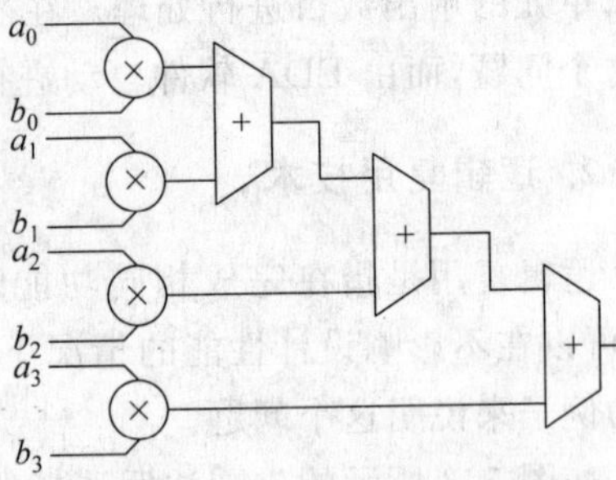

图 5.5 并行乘法的实现结构图

【例 5-1】 乘法加法运算实现的 VHDL 语言描述

```
Library ieee;
Use ieee.std_logic_1164.all;
Use ieee.std_logic_unsigned.all;
Use ieee.std_logic_arith.all;
Entity mult_add is
    Port(clk          :  in  std_logic;
        a0,a1,a2,a3   :  in  std_logic_vector(7 downto 0);
        b0,b1,b2,b3   :  in  std_logic_vector(7 downto 0);
        y             :  out  std_logic_vector(15 downto 0));
end mult_add;
architecture behav of mult_add is
begin
 process(clk)
  begin
    if rising_edge(clk) then
      y<= ((a0 * b0)+ (a1 * b1)+ (a2 * b2)+ (a3 * b3));
    end if;
 end process;
end behav;
```

2. 流水线设计技术

流水线设计类似于生产流水线，即生产线上的工人按照一定的顺序在规定的时间内完成相应的工作任务。采用流水线设计方法，从宏观上来看每一个事件的平均处理时间为一个基本时间单位。流水线的设计要求事件所分成的 n 个处理步骤在处理时间上具有同样的数量级，这样的处理规则是为了保证流水线不会因处理时间的差异而发生阻塞。图 5.6 给出了流水线处理的结构图。

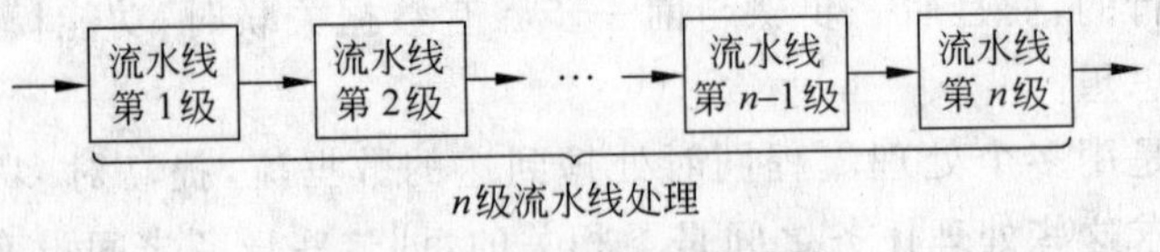

图 5.6 流水线处理结构图

采用流水线设计可以在不提高系统运行频率的情况下，获得更好的处理性能。如果假设在串行设计中系统处理性能与系统运行频率成正比关系，那么对于流水线设计，在不提高系统运行频率的情况下，n 级流水线的处理性能可以用式(5.1)描述。

$$处理效能=系统运行频率\times流水线级数 \tag{5.1}$$

由此可见，在不提高系统运行频率的情况下，提高流水线的级数将成倍地提高系统处理的性能。流水线的设计需要遵循下面的规则：

(1) 只有对那些能分成 n 个步骤完成，并且对每个步骤都使用固定相同处理时间的操作来说才能采用流水线设计。

(2) 由于硬件资源是有限的，因此流水线的级数也是有限的。

(3) 对于存在处理分支预测流水线设计，流水线处理效能还要取决于分支预测算法的设计。

流水线能动态地提升器件性能，它的基本思想是对经过多级逻辑的长数据通路进行重新构造，把原来必须在一个时钟周期内完成的操作分成在多个周期内完成。这种方法允许更高的工作频率，因而提高了数据吞吐量。由于PLD的寄存器资源非常丰富，所以对PLD设计而言，流水线是一种先进的而又不耗费过多器件资源的结构。但是采用流水线后，数据通道将会变成多时钟周期，所以要特别考虑设计的其余部分，解决增加通路带来的延迟。

流水线的基本结构是将适当划分的 N 个操作步骤串连起来。流水线操作的最大特点是数据流在各个步骤的处理，从时间上看是连续的；其操作的关键在于时序设计的合理安排、前后级接口间数据的匹配。如果前级操作的时间等于后级操作的时间，直接输入即可；如果前级操作时间小于后级操作时间，则需要对前级数据进行缓存，才能输入到后级；如果前级操作时间大于后者，则需要串并转换等方法进行数据分流，然后再输入到下一级。下面以流水线乘法器的实现为例。

【例 5-2】 流水线乘法器的 VHDL 描述

首先给出流水线乘法器的结构图。从图 5.7 中可以看出，该流水线乘法器，在每个时钟节拍下，均可以得到一个乘法结果的输出，乘法器的效率大大增加。

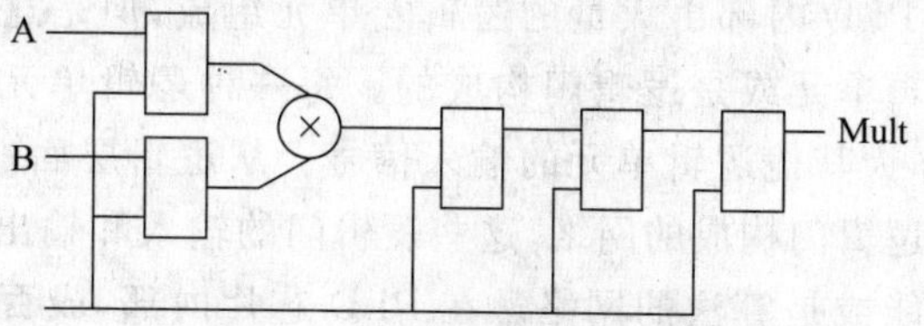

图 5.7 流水线乘法器的结构图

```
library ieee;
use ieee.std_logic_1164.all;
use ieee.numeric_std.all;
entity multipliers_2 is
  generic(A_port_size : integer :=18;
      B_port_size : integer :=18);
  port(clk : in std_logic;
    A : in unsigned (A_port_size-1 downto 0);
    B : in unsigned (B_port_size-1 downto 0);
```

```
    MULT : out unsigned ( (A_port_size+B_port_size-1) downto 0));
end multipliers_2;
architecture beh of multipliers_2 is
  signal a_in, b_in : unsigned (A_port_size-1 downto 0);
  signal mult_res : unsigned ( (A_port_size+B_port_size-1) downto 0);
  signal pipe_1,pipe_2,pipe_3 : unsigned ((A_port_size+B_port_size-1) downto 0);
begin
  mult_res<=a_in*b_in;
process (clk)
begin
    if (clk'event and clk='1') then
        a_in<=A;
        b_in<=B;
        pipe_1<=mult_res;
        pipe_2<=pipe_1;
        pipe_3<=pipe_2;
        MULT<=pipe_3;
    end if;
  end process;
end beh;
```

5.1.3 同步和异步单元处理技术

1. 同步单元处理技术

在复杂数字系统中,PLD器件通常完成一些复杂的计算工作,如复杂的数字信号处理和逻辑行为。虽然PLD内部由大量的逻辑宏单元组成,但是这些宏单元基本上是由有限的几种不同的逻辑单元或是逻辑门构成的。每一种逻辑单元包含输入信号以及输出信号,输出信号又作为其他逻辑单元的输入信号。从逻辑层面的抽象来看,一个PLD器件看成数量众多的逻辑门构成的网络,这些逻辑门的输入和输出通过金属导线相连构成了完成特定逻辑功能或是算法的网络。在PLD芯片内部,成百上千万的逻辑门之间的信号传递决定了逻辑门的时延以及系统最后的运行速度。集成电路系统中有些信号的传递可以同时进行,但是有的信号的传递必须遵循严格的先后关系,这样才能保证系统运行结果的正确性(也就是说系统运行的结果是可以被重复的,系统在确定条件下运行的结果是确定的,而不是随机的)。这就需要同步来保证电路的各个部分的逻辑处理按照特定的顺序进行。

同步电路和异步电路的区别在于电路触发是否与驱动时钟同步,从行为上讲,就是所有电路是否在同一时钟沿的触发下同步地处理数据。

同步复位和异步复位电路是同步电路和异步电路中两个典型的逻辑单元。在同步复位的VHDL进程描述代码中,敏感向量表中有一个时钟作为敏感输入信号;而在异步复位的VHDL进程描述代码中,敏感向量表中有复位和时钟两个敏感输入信号。在同步复位电路中,当复位信号有效时,必须要等到时钟的沿有效时,才能处理复位信号相关逻辑行为;而在异步复位电路中,当复位信号有效时,立即处理复位信号相关逻辑行为。

在实际数字系统中,常存在多时钟源驱动多逻辑单元的情况。因此实际的数字系统应该是一个异步的系统。对于这样的系统可以采用先局部同步处理,然后对全局异步单元加入异步单元同步化处理机制来实现。

通常情况下,同步电路采用的都是全同步,图 5.8(a)给出了同步系统的状态机模型,该模型的第一部分称为组合逻辑部分,它由若干的组合逻辑电路构成;第二部分称为时钟驱动存储单元,简单地说就是寄存器,用于存储组合逻辑的输出结果;第三部分是时钟分配网络,这一时钟分配网络不参与任何实际的逻辑行为,而是产生并分配参考时钟,这一单元的任务是产生控制整个同步电路的时钟并将时钟正确地分配到每一个寄存器。

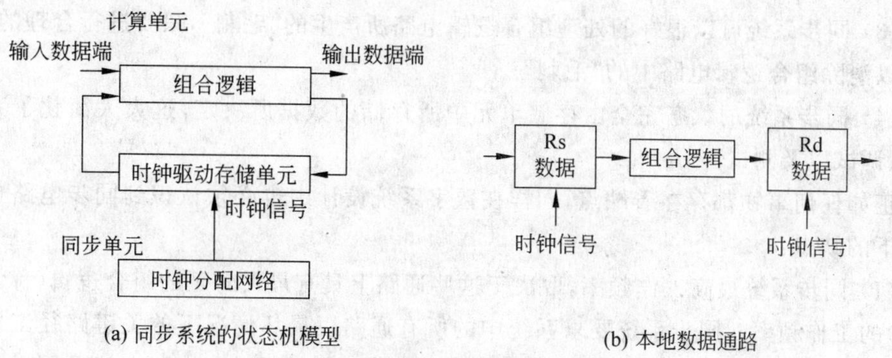

图 5.8 同步系统的结构原理

同步系统中包括由组合逻辑部分完成的逻辑运算以及由存储单元对于逻辑运算结果的存储。实际的存储过程由时钟信号控制,并发生在信号从逻辑门的输出端输出稳定后。该模型中在每个时钟周期的开始时,输入信号以及存储单元存储的数据输入组合逻辑,经过一定逻辑门以及传输的时延后,组合逻辑产生结果输出并保持稳定,在这个时钟周期的末尾将输出组合逻辑的结果并存入存储单元,并在下一个时钟周期重新参加组合逻辑的操作。

数字系统可以看成是由一系列同时执行的由组合逻辑构成的计算单元组成的。图 5.8(b)给出的本地数据通路就是对模型的抽象。从图中可以看出,组合逻辑的时延被限制在一个时钟周期内。在此本地数据通路的始端,前端寄存器 Rs 是存储单元,用于在时钟周期开始的时候给组合逻辑提供部分或是全部的输入信号,同时在本地数据通路的末端,组合逻辑的结果在时钟周期的末尾被正确地锁存于末端寄存器 Rd 中。在本地数据通路中,每一个寄存器既是组合逻辑的输入端——数据的提供源,也是组合逻辑的输出端——输出数据的接收端。由于它们在电路中所处的位置不同,因此同样的寄存器,其功能也不尽相同。

为了使同步系统具有良好的可控性,系统时钟提供了一种时间窗的机制保证可有足够的时间让信号在逻辑门以及逻辑门之间的连线上传播,并最后成功锁存于寄存器,实际上这个时间窗就是数据信息的建立和保持时间。

在设计数字系统和选择时钟工作频率时，要满足以下两个方面的要求：

(1) 系统的时钟频率尽可能的高，这样在固定的时间内逻辑电路可以完成更多的运算。

(2) 有足够的时间窗，以保证组合逻辑的输出信号都能在当前时钟周期结束前以及下一个时钟周期开始前到达目标寄存器。

综合上述，同步电路具有以下几个方面的优点：

(1) 同步系统易于理解和描述，并且同步系统中的各个参数以及变量定义都十分的明确。

(2) 同步系统可以减少非确定因素诸如组合逻辑的时延对系统的影响，这就保证了系统按照确定的行为运行，并且保证系统正确执行了设计的算法。

(3) 同步系统可以很好的处理组合逻辑电路所产生的"毛刺"，只要进行合理的采样，就可以消除组合逻辑电路中的"毛刺"。

(4) 同步系统的状态完全由存储单元中所存储的数据所决定，这大大简化了系统的设计、调试以及测试。

正如任何事物都存在着缺点，同样在数字系统设计中也必须认识到同步电路也存在着以下的缺点：

(1) 同步系统最高工作频率，取决于这些通路上具有最大时延的组合逻辑(称为关键路径)的工作频率。同步系统要求系统中的所有通路以最坏情况下的关键路径工作频率来工作。在基于PLD的设计中，绝大多数的路径都具有很小的时延，也就是可以采用更小的时钟周期，而那些极少数的具有最大时延的路径限制了系统的最高工作频率。

(2)同步系统中，时钟信号需要被分配到数以万计的分布于系统各个地方的存储寄存器中，因此系统中很大一部分的面积以及耗散的电能都被用于时钟分配网络。

(3) 同步系统的可靠性依赖于对于系统时延要求的正确评估(这种评估可以通过EDA软件中的时序分析工具计算得到)，当系统的时延大于系统的工作周期时，同步系统将变得不稳定甚至不可用。

经过上面的分析，在数字系统中同步电路的设计应遵循以下准则：

(1) 尽量在设计中使用单时钟，且走全局时钟网络。在单时钟设计中，很容易就将整个设计同步于驱动时钟，使设计得到简化。全局时钟网络的时钟是性能最优，最便于预测的时钟，具有最强的驱动能力，不仅能保证驱动每个寄存器，且时钟漂移可以忽略。在多时钟应用中，要做到局部时钟同步。在设计中，应将时钟信号通过FPGA芯片的专用全局时钟引脚送入，以获得低抖动的时钟信号。

(2) 尽量避免使用混合时钟沿来采样数据或驱动电路。使用混合时钟沿将会使静态时序分析复杂，并导致电路工作频率降低。

(3) 避免使用门控时钟。如果一个时钟节点由组合逻辑驱动，那么就形成了门控时钟。门控时钟常用来减少功耗，但其相关的逻辑不是同步电路，即可能带有毛刺，而任何的一点点小毛刺都可以造成D触发器误翻转；此外，门控逻辑会降低时钟的质量，产生毛刺，并降低偏移和抖动等性能指标。所以应尽可能避免使用门控时钟。

(4) 尽量不要在模块内部使用计数器分频产生所需时钟。各个模块内部各自分频会导致时钟管理混乱，不仅使得时序分析变得复杂，产生较大的时钟漂移，浪费了宝贵的时序裕量，降低了设计可靠性；并且其功能可以通过时钟使能电路实现。当然在一些时钟频率不高的设计中，仍然可以通过使用计数的方法实现分频的功能。

2. 异步单元处理技术

在实际的设计过程中，不可避免地要接触到异步单元，比如在设计模块与外围芯片的通信中，跨时钟域的情况经常不可避免。

异步时序单元指的是在设计中有两个或两个以上的时钟，且时钟之间是不同频率或同频不同相的关系。而异步时序设计的关键就是把数据或控制信号正确地进行跨时钟域传输，也就是在异步单元之间引入局部同步化的处理机制。

在异步电路的处理中，主要是数据的建立(setup)和保持(hold)时间参数的处理。在PLD器件内的每一个触发器都有给定的建立和保持时间参数。在这个时间参数内，数据信息不允许进行变化。如果违反这个规则，那么将出现数据的亚稳定状态。

如图5.9所示，一个信号在过渡到另一个时钟域时，如果仅仅用一个触发器将其锁存，那么用b_clk进行采样的结果将可能是亚稳态。这也是信号在跨时钟域时应该注意的问题。

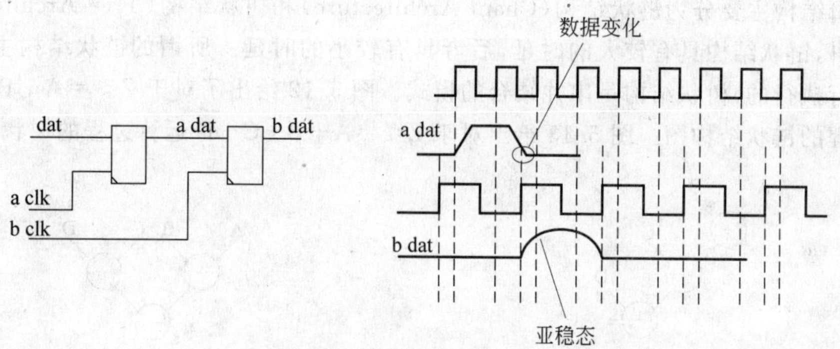

图5.9 单锁存器法产生的问题

为了避免亚稳态问题，通常采用的方法是双锁存器法，如图5.10所示，即在一个信号进入另一个时钟域之前，将该信号用两个锁存器连续锁存两次，最后得到的采样结果就可以消除亚稳态问题。

在异步电路中，最常使用的另一种方法是使用异步FIFO对跨越不同时间域的数据信息进行处理。图5.11给出了该处理方法的结构图。

其中的输入数据以clk1为基准，而输出数据以clk2为基准，当使用异步FIFO单元时，只要合理的控制数据输入和数据输出的流量(常用的方法使用FIFO的满、空标志)，那么就可以使得跨越不同时间域的数据能以不同的数据率在系统内完成对信息的处理和数据交换任务。

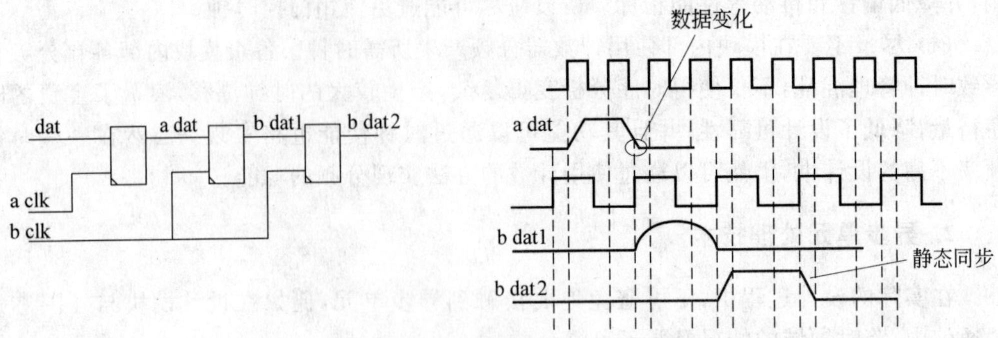

图 5.10 双锁存器法解决亚稳态问题

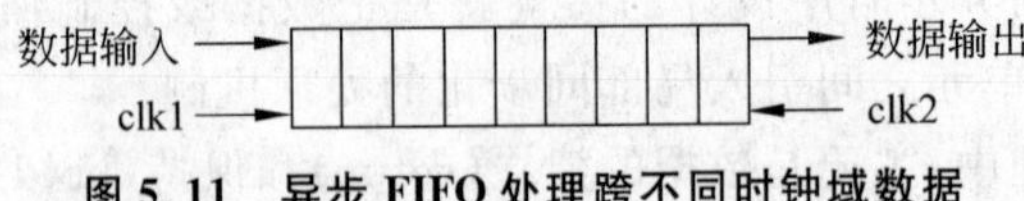

图 5.11 异步 FIFO 处理跨不同时钟域数据

5.1.4 逻辑处理技术

1. 逻辑结构设计方法

逻辑结构主要分为链状结构(Chain Architecture)和树状结构(Tree Architecture)。一般来讲,链状结构具有较大的时延,后者具有较小的时延。所谓的链状结构主要指程序是串行执行的,树状结构是串并结合的模式。图 5.12 给出了对于 Z<=A+B+C+D 运算过程的链状结构图。图 5.13 给出对于 Z<=A+B+C+D 运算过程的树状结构图。

图 5.12 链状结构图

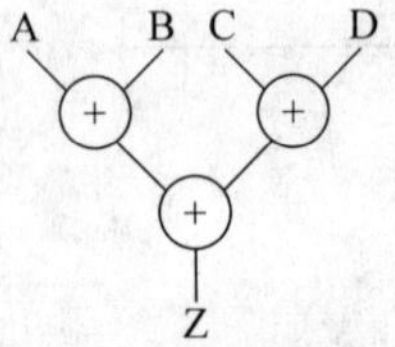

图 5.13 树状结构图

从上例可以明显看出树状结构的优势,它能够在同等资源的情况下,缩减运算时延,从而提高电路吞吐量以节省面积。在使用 VHDL 语言描述逻辑功能时,要尽量采用树状结构进行描述,以减少时间延迟。

2. 关键路径处理方法

在数字系统设计中,会遇到信号传输路径过长或信号到达较慢的情况,当出现这些情况时,就会出现输入数据不能满足对数据建立时间的要求。这种在系统中信号传输的最长路径就称为信号的关键路径。在复杂数字系统设计中必须有效地处理关键路径,尽量减少其时延,提高电路的工作频率。

1）简单组合电路关键路径的处理方法

简单组合电路的关键路径提取方法就是拆分逻辑，将复杂逻辑变成多个简单组合电路的进一步组合，缩减关键信号的逻辑级数。

【例 5-3】 简单组合逻辑电路关键路径的处理。

下面给出一个组合逻辑的描述：

```
y<=a and b and c or d and b;
```

从中可以看出，信号 b 为关键信号。现将其简单路径计算，再经过关键路径逻辑。

```
temp<=a and b and c or d;
y=b and temp;
```

通过关键路径提取，将信号 b 的路径由 2 级变成 1 级。拆分逻辑的方法就是布尔逻辑扩展，也被称为香农扩展，其原理由式(5.2)所示。

$$F(x,y,z)=xF(1,Y,Z)+\bar{x}F(0,y,z) \tag{5.2}$$

可以看出，拆分逻辑可通过复制逻辑，缩短那些组合路径长的关键信号的路径延迟，从而提高工作频率。

2）复杂触发块中关键路径的提取方法

对于触发模块中对时间要求较高的信号，需要通过分步提取方法，让关键路径先行，保证改写后的描述与原逻辑描述等效。

【例 5-4】 关键路径的提取和优化实例

```
process(a,b,c,d,e,f)
Begin
  if(a='0') then
    if(b and (not(c and d))) then
        out<=e;
    else
        out<=f;
    end if;
  elsif(c='1' and d='1') then
    out<=e;
  else
    out<='0';
  end if;
end process;
```

对上面例子进行分析，c、d 都是关键信号，因此通过优先首先计算关键路径，改写为：

【例 5-5】 关键路径的提取和优化实例

```
temp=c and d;
  process(a,b,c,d,e,f)
  Begin
    if(temp='0') then
```

```
        if(b='1' and a='0') then
            out<=e;
        else
            out<=f;
        End if;
      elsif(temp='1') then
        out<=e;
      else
        out<='0';
    end process;
```

3. if 和 case 语句使用方法

1）if 和 case 语句特点

if 语句指定了一个有优先级的编码逻辑，而 case 语句生成的逻辑是并行的，不具有优先级。if 语句可以包含一系列不同的表达式，而 case 语句比较的是一个公共的控制表达式。

if-else 结构速度较慢，但占用的面积小，如果对速度没有特殊要求而对面积有较高要求，则可用 if-else 语句完成编解码。case 结构速度较快，但占用面积较大，所以用 case 语句实现对速度要求较高的编解码电路。

嵌套的 if 语句如果使用不当，就会导致设计的更大延时，为了避免较大的路径延时，最好不要使用特别长的嵌套 if 结构。当使用 if 语句来实现那些对延时要求苛刻的路径时，应将最高优先级给最迟到达的关键信号。在实际的数字系统中根据速度和面积的要求，常常在设计中同时使用 case 和 if 语句。

2）避免出现锁存器

锁存器是电平触发的存储器，触发器是边沿触发的存储器，在同步电路设计中要尽量避免出现锁存器。在 VHDL 设计中，很容易由于条件判断语句表述的不完整，而造成设计中会出现锁存器。锁存器和 D 触发器的逻辑功能是基本相同的，都可存储数据，且锁存器的资源更少，具备更高的集成度。但锁存器对毛刺敏感，不能异步复位，因此在上电后处于不确定的状态。

此外，锁存器还会使静态时序分析变得非常复杂，不具备可重用性。在 FPGA 芯片中，基本的单元是由查找表和触发器组成的，若生成锁存器反而需要更多的资源。因此，在设计中需要避免产生锁存器。这一事件具体可分为两种情况：

其一是在 if 语句中，另一种是在 case 语句中。下面将对 if 和 case 语句造成的锁存器分别进行分析。

(1) 由 if 语句造成的意外的锁存器

【例 5-6】 给出使用 if 语句，但缺乏 else 分支而造成锁存器的情况

```
Process(a,data_in)
Begin
    if(a='1') then
      data_out<=data_in;
```

```
    end if;
End process;
```

【例 5-7】 给出了使用 if 语句，不缺少 else 分支而不会造成锁存器的情况

```
Process(a,data_in)
Begin
  if(a='1') then
      data_out<=data_in;
  else
    data_out<='0';
  end if;
End process;
```

其经过 Xilinx 公司的 XST 工具综合后，得到的 RTL 图分别如图 5.14(a)以及(b)所示。

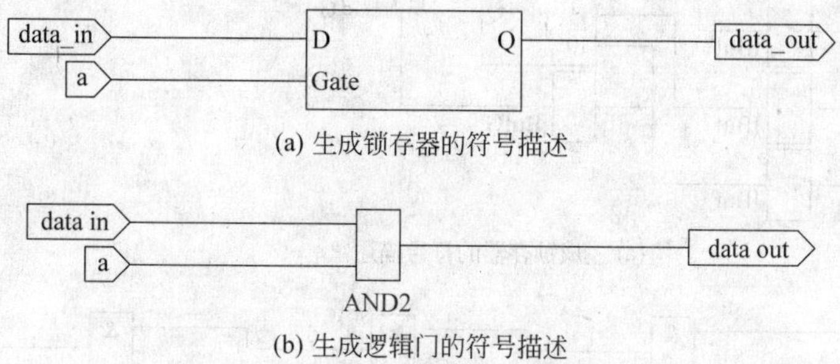

(a) 生成锁存器的符号描述

(b) 生成逻辑门的符号描述

图 5.14 if 语句不同描述生成的符号

可以看出，例 5-6 只有在 a 的值为 1 的情况下，data_in 的值才能传递给 data_out，但没有指定在 a 的值为 0 的情况下 data_out 的取值。这样在 process 语句块中，如果没有改变变量的赋值，变量值将保持不变，生成锁存器。在例 5-7 在 a=0 时，data_out 值为 0，说明使用 else 分支就不会生成锁存器。

(2) 由 case 语句造成的锁存器。

【例 5-8】 给出了在 process 块中使用 case 语句，由于缺乏 others 分支的 VHDL 描述

```
Process(a,data_in1,data_in2)
begin
    case a is
      when "00"=>data_out<=data_in1;
      when "01"=>data_out<=data_in2;
      when others=>
    end case;
end process;
```

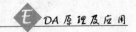

【例 5-9】 给出了在 process 块中使用 case 语句，加入 others 分支的 VHDL 描述

```
Process(a,data_in1,data_in2)
begin
    case a is
      when "00"=>data_out<=data_in1;
      when "01"=>data_out<=data_in2;
      when others=>data_out<='0';
    end case;
end process;
```

其经过 Xilinx 公司的 XST 工具综合后，得到 RTL 图分别如图 5.15(a)和图 5.15(b)所示。

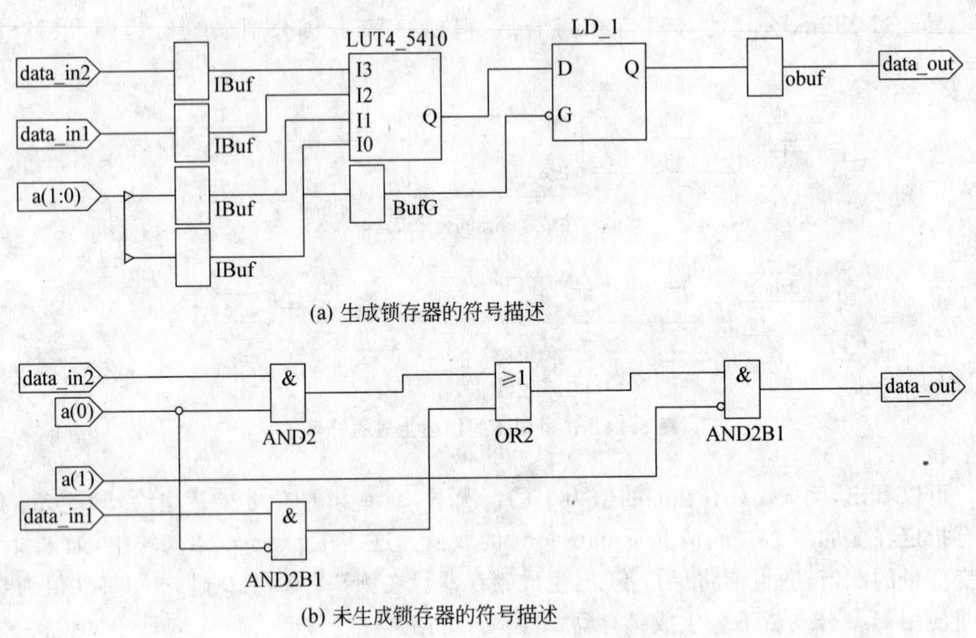

(a) 生成锁存器的符号描述

(b) 未生成锁存器的符号描述

图 5.15 case 语句不同描述生成的符号

例 5-8 中，当 a[1:0]的值为 00、01 时，分别将 data_in1 或 data_in2 赋给 data_out，在 a 为其余值的时候就生成了锁存器，data_out 保持上一次的赋值保持不变；例 5-9 比较明确，在 a 的值不等于 00，01 时，data_out 的值为 0，不会生成锁存器。

以上几个例子给出了如何避免生成意外锁存器。因此，如果用到 if 语句，最好有 else 分支；如果用到 else 语句，最好有 others 语句。即使需要锁存器，也通过 else 分支或 others 分支来显示说明。按照上面的建议，可以避免意想不到的错误，提高程序的稳健性和可读性。

5.1.5 模块划分的设计原则

自顶向下的层次化设计方法中最关键的工作就是模块划分，将一个很大的设计合理地划分为一系列功能独立的模块，且这些模块之间具备良好的协同设计能力，以便快速地实现整个设计。此外，模块划分直接影响到所需的逻辑资源、时序要求以及实现性能。模块划分的基本原则如下。

1. 信息隐蔽、抽象原则

上一层模块只负责为下一层模块的工作提供原则和依据，并不规定下层模块的具体行为，以保证各个模块的相对独立性和内部结构的合理性，使得模块之间层次分明，易于理解、实施和维护。

2. 明确性原则

每个模块必须功能明确，接口明确消除多重功能和无用接口，整个设计过程中应具有统一的命名规范。

3. 模块时钟域区分原则

在设计中，经常采用多时钟设计，必然存在亚稳态，如果处理不当，将会给设计的可靠性带来极大的隐患。这里需要通过异步 FIFO 以及双口 RAM 来建立接口，尽量避免让信号直接跨越不同时钟域。此外，由于时钟频率不同，其时序约束需求也不同，可以将低频率时钟域划分到同一模块，如多时钟路径等，则可以让综合器尽量节约面积。

4. 资源复用原则

在 HDL 设计中，要将可以复用的逻辑或者相关逻辑尽量放在同一模块，不仅可以节省硬件资源，还有利于优化关键路径。但在实际中，不能为了资源复用而将存储器逻辑混用。因为 FPGA 芯片生产商提供了各类存储器的硬件原语，使设计所需资源最小化。从概念上讲，模块越大越利于资源共享和复用，但庞大的模块在仿真验证时需要较长的时间和较高的 PC 配置，不利于修改，无法使用增量设计模式。

5. 同步时序模块的寄存器划分原则

即在设计时，尽量将模块中的同步时序逻辑输出信号以寄存器的形式送出，便于综合工具区分时序和组合逻辑；并且时序输出寄存器符合流水线设计思想，能工作在更高的频率，极大地提高模块吞吐量。

5.2 IP 核设计技术

5.2.1 IP 核分类

现在的 FPGA 设计，规模巨大而且功能复杂，设计人员不可能从头开始进行设计。现在采用的方式是，在设计中尽可能使用现有的功能模块，当没有现成的模块可以使用时，设计人员才需要自己花时间和精力设计新的模块。

EDA设计人员把这些现成的模块通常称为(Intellectual Property,IP)核。IP核来源主要有三个方面：(1)前一个设计创建的模块；(2)FPGA生产厂商的提供；(3)第三方IP厂商的提供。

IP核是具有知识产权核的集成电路芯核总称，是经过反复验证过的、具有特定功能的宏模块，与芯片制造工艺无关，可以移植到不同的半导体工艺中。到了SOC阶段，IP核设计已成为ASIC电路设计公司和FPGA供应商非常重要的任务，所能提供的IP核的资源数目，也体现着厂商的实力。对于FPGA开发软件，其提供的IP核越丰富，用户的设计就越方便，其市场占用率就越高。目前，IP核已经成为系统设计的基本单元，并作为独立设计成果被交换、转让和销售。

从IP核的提供方式上，通常将其分为软核、硬核和固核这3类。从完成IP核所花费的成本来讲，硬核代价最大；从使用灵活性来讲，软核的可复用使用性最高。

1. 软核

软核在EDA设计领域指的是综合之前的寄存器传输级(RTL)模型；具体在FPGA设计中指的是对电路的硬件语言描述，包括逻辑描述、网表和帮助文档等。软核只经过功能仿真，需要经过综合以及布局布线才能使用。其优点是灵活性高，可移植性强，允许用户自配置；缺点是对模块的预测性较低，在后续设计中存在发生错误的可能性，有一定的设计风险。软核是IP核应用最广泛的形式。

2. 固核

固核在EDA设计领域指的是带有平面规划信息的网表；具体在FPGA设计中可以看做带有布局规划的软核，通常以RTL代码和对应具体工艺网表的混合形式提供。将RTL描述结合具体标准单元库进行综合优化设计，形成门级网表，再通过布局布线工具即可使用。和软核相比，固核的设计灵活性稍差，但在可靠性上有较大提高。目前，固核也是IP核的主流形式之一。

3. 硬核

硬核在EDA设计领域指经过验证的设计版图；具体在FPGA设计中指布局和工艺固定、经过前端和后端验证的设计，设计人员不能对其修改。不能修改的原因有两个：首先是系统设计对各个模块的时序要求很严格，不允许打乱已有的物理版图；其次是保护知识产权的要求，不允许设计人员对其有任何改动。IP硬核的不许修改特点使其复用有一定的困难，因此只能用于某些特定应用，使用范围较窄。

5.2.2 IP核优化

常见的情况就是IP核的厂商从RTL级开始对IP进行人工的优化。EDA的设计用户可以通过下面的几种途径购买和使用IP模块。(1)IP模块的RTL代码；(2)未布局布线的网表级IP核；(3)布局布线后的网表级IP核。

1. 未加密的 RTL 级 IP

在很少的情况下，EDA 设计人员可以购买未加密的源代码 RTL 级的 IP 模块，然后将这些 IP 模块集成到设计的 RTL 级代码中。这些 IP 核已经经过了仿真、综合和验证。但一般情况下，EDA 设计人员很难得到复杂的 IP 核 RTL 级的描述，如果 EDA 人员想这样做的话，必须和 IP 核的提供厂商签订一个叫 NDA(nondisclosure agreements)的协议。

在这一级上的 IP 核，EDA 人员很容易的根据自己的需要修改代码，满足自己的设计要求。但是与后面优化后的网表 IP 相比，资源需求和性能方面的效率会比较低。

2. 加密的 RTL 级 IP

Altera 和 Xilinx 这样的公司开发了自己的加密算法和工具，这样只有自己的 FPGA 厂商的工具加密后的 RTL 代码只能由自己的综合工具进行处理。

3. 未布局布线的网表 IP

对于 EDA 设计人员最普遍的方式就是使用未经加密布局布线的 LUT/CLB 网表 IP。这种网表进行了加密处理，以 EDIF 格式或者 PLD 厂商自己的专用格式。厂商已经对 IP 进行了人工的优化，使得在资源利用和性能方面达到最优。但是 EDA 设计人员不能根据自己设计要求对核进行适当的裁减，并且 IP 模块同某一特定的 PLD 厂商和具体的器件联系。

4. 布局布线后的网表级 IP

在一些情况下，EDA 人员可能需要购买和使用布局布线后和加密的 LUT/CLB 网表级 IP。布局布线后的网表级 IP 可以达到最佳的性能。在一些情况下，LUT、CLB 和其他构成 IP 核的部分，它们内部的位置时相对固定的，但是它作为一个整体可以放在 PLD 的任意部分，并且它们有 I/O 引脚的位置限制。在这种情况下，用户只能对其进行调用，不得对其进行任何的修改。

5.2.3 IP 核生成

很多 FPGA 厂商提供了一个专门的 IP 核生成工具，有时候 EDA 厂商、IP 厂商和一些独立的设计小组也提供了 IP 核生成工具。这些核生成软件是参数化的，由用户指定总线和功能单元的宽度和深度等参数。

当使用 IP 核生成器时，从 IP 模块/核列表中选择自己需要的一个 IP 核，然后设置相应的参数。然后，对一些 IP 核，生成器要求用户从功能列表中选择是否包含某些功能。比如，FIFO 模块，需要用户选择是否进行满空的计数。通过这种设置方式，IP 核生成器可以生成在资源需求和性能方面效率最高的 IP 核/模块。

根据生成器软件的代码源和 NDA 的要求不同，核生成器输出可能是加密或未加密的 RTL 级源代码，也可能是未经布局布线的网表或布局布线的网表文件。

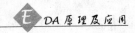

5.2.4 IP核应用

1. 数字时钟模块DCM的IP核

数字时钟管理模块(Digital Clock Manager,DCM)是基于Xilinx的高端FPGA产品中内嵌的IP模块。在时钟的管理与控制方面,DCM比其他时钟管理模块,功能更强大,使用更灵活。DCM的功能包括消除时钟的延时、频率的合成、时钟相位的调整等系统方面的需求。

DCM的主要优点如下:

(1) 实现零时钟偏移,消除时钟分配延迟,并实现时钟闭环控制。

(2) 时钟可以映射到PCB上用于同步外部芯片,这样就减少了对外部芯片的要求,将芯片内外的时钟控制一体化,以利于系统设计。

对于DCM模块来说,其用户需要配置的参数包括输入时钟频率范围、输出时钟频率范围、输入/输出时钟允许抖动范围等。

DCM共由4部分组成,其中包括DLL(Delay Lock Loop)模块、数字频率合成器DFS(Digital Frequency Synthesizer)、数字移相器DPS(Digital Phase Shifter)和数字频谱扩展器DSS(Digital Spread Spectrum)。下面将介绍各个模块的功能。

1) DLL模块

如图5.16所示,DLL主要由一个延时线和控制逻辑组成。延时线对时钟输入端CLKIN产生一个延时,时钟分布网线将该时钟分配到器件内的各个寄存器和时钟反馈端CLKFB;控制逻辑在反馈时钟到达时采样输入时钟以调整二者之间的偏差,实现输入和输出的0延时。

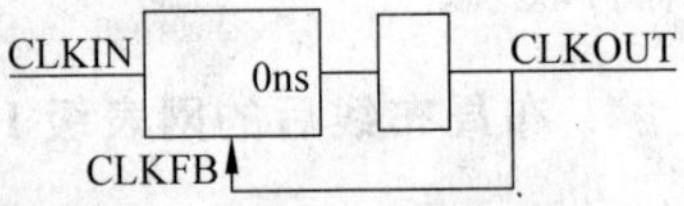

CLKIN　0ns　CLKOUT
CLKFB

图5.16　Xilinx DLL的典型模型示意图

具体工作原理是:控制逻辑在比较输入时钟和反馈时钟的偏差后,调整延时线参数,在输入时钟后不停地插入延时,直到输入时钟和反馈时钟的上升沿同步,锁定环路进入"锁定"状态,只要输入时钟不发生变化,输入时钟和反馈时钟就保持同步。DLL可以被用来实现一些电路以完善和简化系统级设计,如提供0传播延迟,低时钟相位差和高级时钟区域控制等。

在Xilinx芯片中,典型的DLL标准原型如图5.16所示,其管脚分别说明如下。

- CLKIN(源时钟输入):DLL输入时钟信号,通常来自IBUFG或BUFG。
- CLKFB(反馈时钟输入):DLL时钟反馈信号,该反馈信号必须源自CLK0 CLK2X,并通过IBUFG或BUFG相连。
- RST(复位):控制DLL的初始化,在DLL正常工作前,必须要复位。
- CLK0(同频信号输出):与CLKIN无相位偏移;CLK90与CLKIN有90°相位偏移;CLK180与CLKIN有180度相位偏移;CLK270与CLKIN有270°相位偏移。
- CLKDV(分频输出):DLL输出时钟信号,是CLKIN的分频时钟信号。DLL支持的分频系数为1.5,2,2.5,3,4,5,8和16。
- CLK2X(两倍信号输出):CLKIN的2倍频时钟信号。

• LOCKED(输出锁存)：为了完成锁存，DLL 可能要检测上千个时钟周期。当 DLL 完成锁存之后，LOCKED 有效。

在 FPGA 设计中，消除时钟的传输延迟，实现高扇出最简单的方法就是用 DLL，把 CLK0 与 CLKFB 相连即可。如图 5.16 所示，利用一个 DLL 可以实现 2 倍频输出。如图 5.17 所示，利用两个 DLL 就可以实现 4 倍频输出。

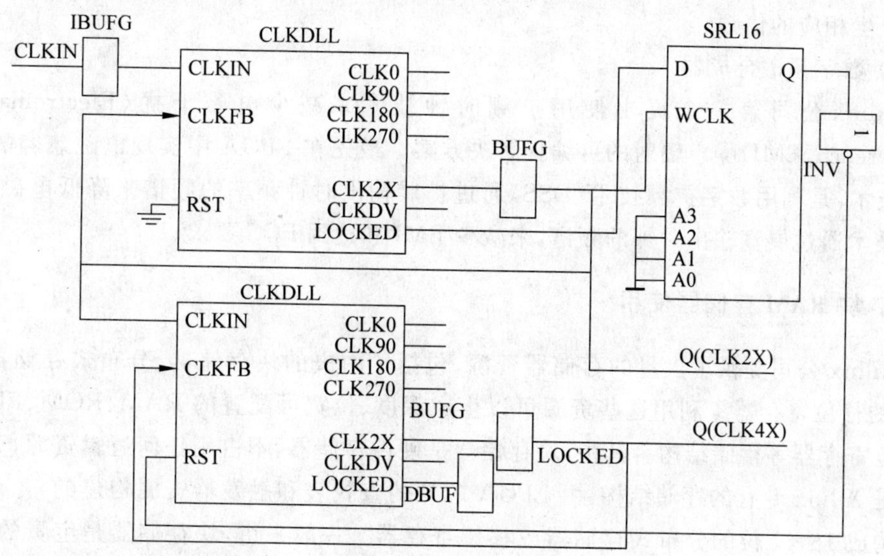

图 5.17 Xilinx DLL 4 倍频典型模型示意图

2) 数字频率合成器

DFS 可以为系统产生丰富的频率合成时钟信号，输出信号为 CLKFB 和 CLKFX180，可提供输入时钟频率分数倍或整数倍的时钟输出频率方案，输出频率范围为 1.5～320MHz(不同芯片的输出频率范围是不同的)。这些频率基于用户自定义的两个整数比值，一个是乘因子(CLKFX_ MULTIPLY)，另外一个是除因子(CLKFX_ DIVIDE)，输入频率和输出频率之间的关系为：

$$F_{\text{CLKFX}} = F_{\text{CLKIN}} \times \frac{\text{CLKFX\_MULTIPLY}}{\text{CLKFX\_DIVIDE}} \tag{5.3}$$

如取 CLKFX_ MULTIPLY = 4，CLKFX_ DIVIDE = 1，DLL 的输入时钟源为 50MHz，通过 DCM 的 4 倍频后，就能驱动时钟频率在 200MHz 的 FPGA，并且可以驱动 FPGA 芯片的外围器件，从而减少了 PCB 板上的时钟路径，简化 PCB 板上的时钟及其分配网络的设计，提供更好的信号完整性。

3) 数字移相器

DCM 具有移动时钟信号相位的能力，因此能够调整 I/O 信号的建立和保持时间，能支持对其输出时钟进行 0°、90°、180°、270°的相移粗调和相移细调。其中，相移细调对相位的控制可以达到 1%输入时钟周期的精度(或者 50ps)，并且具有补偿电压和温度漂移的动态相位调节能力。对 DCM 输出时钟的相位调整需要通过属性控制 PHASE_ SHIFT 来设置。PS 设置范围为－255 到＋255，比如输入时钟为 200MHz，需要将输出时钟调整+0.9ns的话,PS=(0.9ns/5ns)×256=46。如果PHASE_ SHIFT值是一个负数,则表示时钟输出应该相对于CLKIN向后进行相位移动;如果PHASE_SHIFT是一个正值,则表示时钟输出应该相对于CLKIN向前进行相位移动。

移相用法的原理图与倍频用法的原理图很类似,只用把CLK2X输出端的输出缓存移到CLK90、CLK180或者CLK270端即可。利用原时钟和移相时钟与计数器相配合也可以产生相应的倍频。

4) 数字频谱合成器

Xilinx公司第一个提出使用扩频时钟技术来减少电磁干扰(Electromagnetic Interference,EMI)噪声辐射的可编程解决方案。最先在FPGA中实现电磁兼容的EMI控制技术,是利用数字扩频技术(DSS)通过扩展输出时钟频率的频谱来降低电磁干扰。DSS技术通过展宽输出时钟的频谱,来减少EMI和达到FCC要求。

2. 块RAM存储器使用

Xilinx公司提供了大量的存储器资源,包括了内嵌的块存储器、分布式存储器以及16位的移位寄存器。利用这些资源可以生成深度、位宽可配置的RAM、ROM、FIFO以及移位寄存器等存储结构。其中,块存储器是硬件存储器,不占用任何逻辑资源,其余两类都是Xilinx专有的存储结构,由FPGA芯片的查找表和触发器资源构建的,每个查找表可构成16×1位的分布式存储器或移位寄存器。一般来讲,块存储器是宝贵的资源,通常用于大数据量的应用场合,而其余两类用于小数据量环境。

在Xilinx FPGA中,块RAM是按照列来排列的,这样保证了每个CLB单元周围都有比较接近的块RAM用于存储和交换数据。与块RAM接近的是硬核乘加单元,这样不仅有利于提高乘法的运算速度,还能形成微处理器的雏形,在数字信号处理领域非常实用。例如,在Spartan 3E系列芯片中,块RAM分布于整个芯片的边缘,其外部一般有两列CLB,如图5.18所示,可直接对输入数据进行大规模缓存以及数据同步操作,便于实现各种逻辑操作。

块RAM是FPGA器件中除了逻辑资源之外用得最多的功能块,Xilinx的主流FPGA芯片内部都集成了数量不等的块RAM硬核资源,速度可以达到数百兆赫兹,不会占用额外的CLB资源,而且可以在ISE环境的IP核生成器中灵活地对RAM进行配置。如图5.19所示,块RAM资源可以构成单端口RAM、简单双口RAM、真正双口RAM、ROM(在RAM中存入初值)和FIFO等应用模式。同时,还可以将多个块RAM通过同步端口连接起来构成容量更大的块RAM。

1) 单端口RAM模式

单端口RAM的模型如图5.20所示,只有一个时钟源CLK,WE为写使能信号,EN为单口RAM使能信号,SSR为清零信号,ADDR为地址信号,DI和DO分别为写和读出数据信号。

单端口RAM模式支持非同时的读写操作。同时每个块RAM可以被分为两部分,分别实现两个独立的单端口RAM。需要注意的是,当要实现两个独立的单端口RAM模块

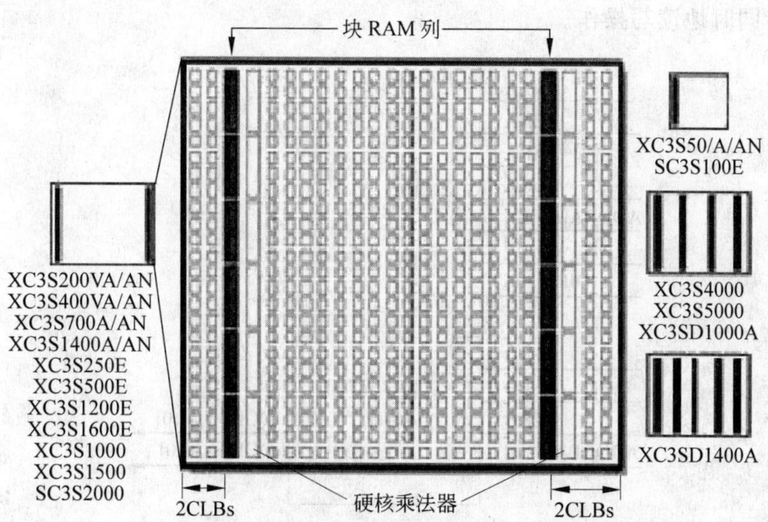

图 5.18 Spartan3E 系统芯片中块 RAM 的分布图

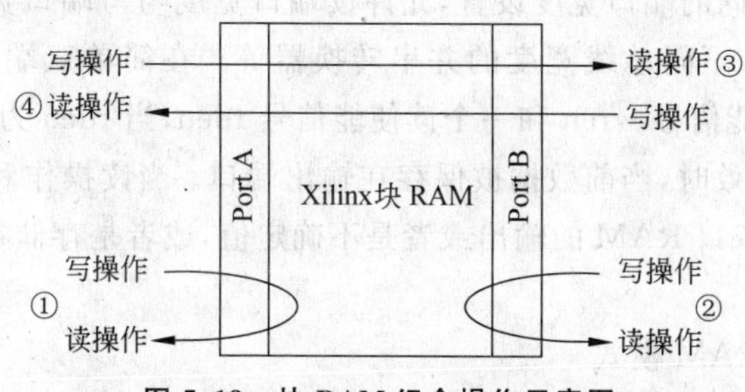

图 5.19 块 RAM 组合操作示意图

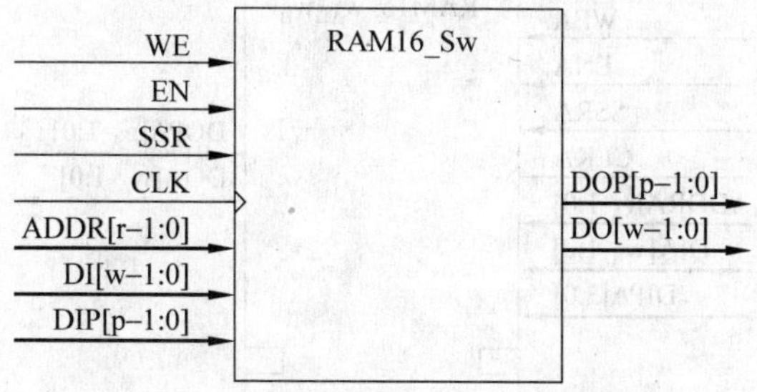

图 5.20 Xilinx 单端口块 RAM 的示意图

时，首先要保证每个模块所占用的存储空间小于块 RAM 存储空间的 1/2。在单端口 RAM 配置中，输出只在 read-during-write 模式有效，即只有在写操作有效时，写入到 RAM 的数据才能被读出。当输出寄存器被旁路时，新数据在其被写入时的时钟上升沿有效。

2）简单的双端口 RAM

简单双端口 RAM 模型如图 5.21 所示，图中上边的端口只写，下边的端口只读，因此这种 RAM 也被称为伪双端口 RAM(Pseudo Dual Port RAM)。这种简单双端口 RAM

模式也支持同时地读写操作。

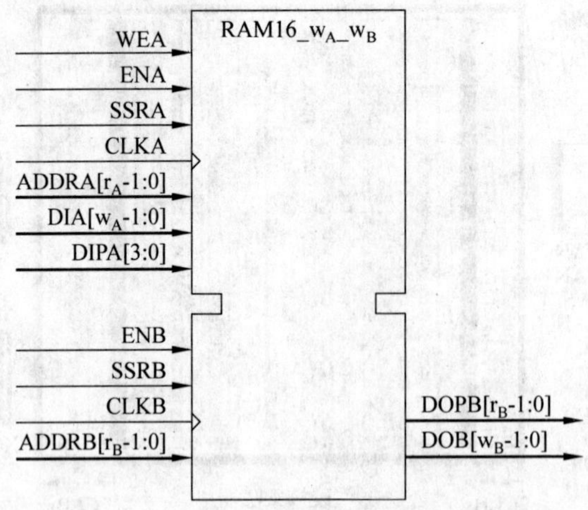

图 5.21 Xilinx 简单双端口块 RAM 的示意图

块 RAM 支持不同的端口宽度设置,允许读端口宽度与写端口宽度不同。这一特性有着广泛应用,例如,不同总线宽度的并串转换器等。在简单双端口 RAM 模式中,块 RAM 具有一个写使能信号 wren 和一个读使能信号 rden,当 rden 为高电平时,读操作有效。当读使能信号无效时,当前数据被保存在输出端口。当读操作和写操作同时对同一个地址单元时,简单双口 RAM 的输出或者是不确定值,或者是存储在此地址单元的原来的数据。

3) 真正双端口 RAM 模式

真正双端口 RAM 模型如图 5.22 所示,图中上边的端口 A 和下边的端口 B 都支持

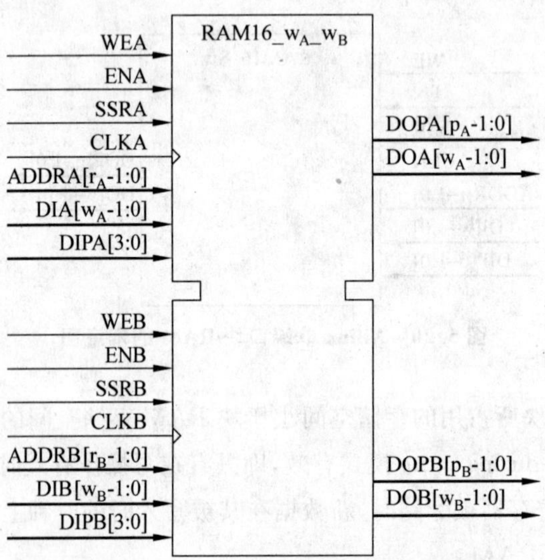

图 5.22 Xilinx 真正双端口块 RAM 的示意模型

读写操作，WEA、WEB信号为高时进行写操作，低为读操作。同时它支持两个端口读写操作的任何组合：两个同时读操作、两个端口同时写操作或者在两个不同的时钟下一个端口执行写操作，另一个端口执行读操作。

真正双端口RAM模式在很多应用中可以增加存储带宽。例如，在包含嵌入式处理器MiroBlaze和DMA控制器系统中，采用真正双端口RAM模式会很方便；相反，如果在这样的一个系统中，采用简单双端口RAM模式，当处理器和DMA控制器同时访问RAM时，就会出现问题。真正双端口RAM模式支持处理器和DMA控制器同时访问，这个特性避免了采用仲裁的麻烦，同时极大地提高了系统的带宽。

一般来讲，在单个块RAM实现的真正双端口RAM模式中，能达到的最宽数据位为36b×512，但可以采用级联多个块RAM的方式实现更宽数据位的双端口RAM。当两个端口同时向同一个地址单元写入数据时，写冲突将会发生，这样存入该地址单元的信息将是未知的。要实现有效地向同一个地址单元写入数据，A端口和B端口时钟上升沿的到来之间必须满足一个最小写周期时间间隔。因为在写时钟的下降沿，数据被写入块RAM中，所以A端口时钟的上升沿要比B端口时钟的上升沿晚到来1/2个最小写时钟周期，如果不满足这个时间要求，则存入此地址单元的数据无效。

4) ROM模式

块RAM还可以配置成ROM，可以使用存储器初始化文件(.coe)对ROM进行初始化，在上电后使其内部的内容保持不变，即实现了ROM功能。

5) FIFO模式

如图5.23所示，FIFO先入先出队列模型。在FIFO具体实现时，数据存储的部分是采用简单双端口模式操作的，一个端口只写数据而另一个端口只读数据，另外在RAM(块RAM和分布式RAM)周围加一些控制电路来输出指示信息。FIFO最重要的特征是具备“满(FULL)”和“空(EMPTY)”的指示信号，当FULL信号有效时(一般为高电平)，就不能再往FIFO中写入数据，否则会造成数据丢失；当EMPTY信号有效时(一般为高电平)，就不能再从FIFO中读取数据，此时输出端口处于高阻态。

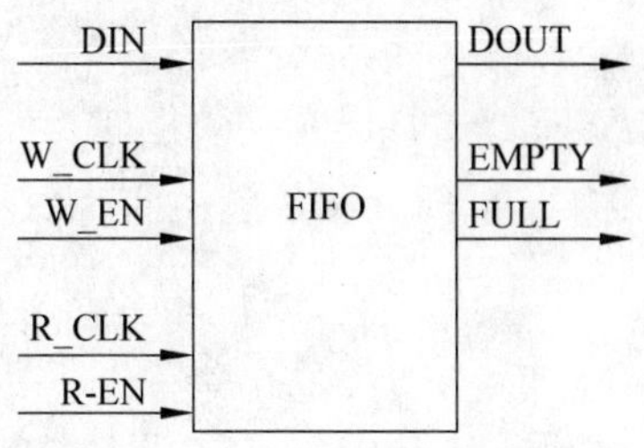

图5.23 Xilinx FIFO模块的示意模型

习 题 5

1. 说明逻辑复制和复用技术的原理和应用方法。
2. 说明并行和流水线的概念，并举例说明其应用。
3. 说明同步单元和异步单元的概念。
4. 说明同步单元的优点、缺点及设计规则。
5. 说明异步单元的处理方法。

6. 说明 if 和 case 语句的区别和应用。
7. 说明在使用 if 和 case 语句中防止产生锁存器的方法。
8. 说明关键路径的概念,并举例说明处理关键路径的方法。
9. 说明 IP 核的分类和优化的技术。
10. 举例说明 IP 核的生成过程。
11. 举例说明 IP 核的应用。

第6章 chapter 6

基于 HDL 的设计输入

本章主要是通过一个设计实例介绍基于 HDL 的设计流程。通过这个设计实例，读者可以掌握基于 HDL 语言的基本设计流程。本章所完成的设计基于 HDL 语言和 IP 核。

本章是 HDL 基本设计流程的第一部分，当设计输入完成后，依次完成行为仿真、设计实现（翻译、映射和布局布线）、时序仿真、下载和配置的基本设计流程。本书的所有设计实例都是基于 VHDL 语言完成的。

本书所介绍的设计流程是在 Xilinx 的 ISE9.2 软件工具上完成的。通过使用 ISE 软件工具的强大设计功能，完成整个设计流程。通过 ISE 的图形交互界面，EDA 设计人员可以访问所有的设计功能和实现工具。

6.1 软件环境

图 6.1 给出了 ISE 的主界面窗口。ISE 的主界面可以分为 4 个子窗口。

左上角的窗口是源文件窗口，设计工程所包括的文件以分层的形式列出。在该子窗口的下面是处理窗口，该窗口描述的是对于选定的设计文件可以使用的处理流程。在 ISE 主界面最下面的是脚本窗口，在该窗口中显示了消息、错误和警告的状态。同时还有 Tcl 脚本的交互和文件中查找的功能。在 ISE 的右上角是多文档的窗口，在该窗口可以查看 html 的报告，ASCII 码文件、原理图和仿真波形。通过选择菜单 View→Restore Default Layout 可以恢复界面的原始设置。

1. 源文件（source）子窗口

这个窗口有 3 个标签：源（source）、快照（snapshots）、库（library）。

源标签内显示的是工程名、指定的芯片和设计有关的文档。在设计视图中的每一个文件都有一个相关的图标，这个图标显示的是文件的类型（HDL 文件、原理图、IP 核和文本文件）。“＋”表示该设计文件包含了更低层次的设计模块。

快照标签内显示的是目前所打开文件的快照。一个快照是在该工程里所有文件的一个副本。通过该标签可以查看报告、用户文档和源文件。在该标签下所有的信息都是只读的。

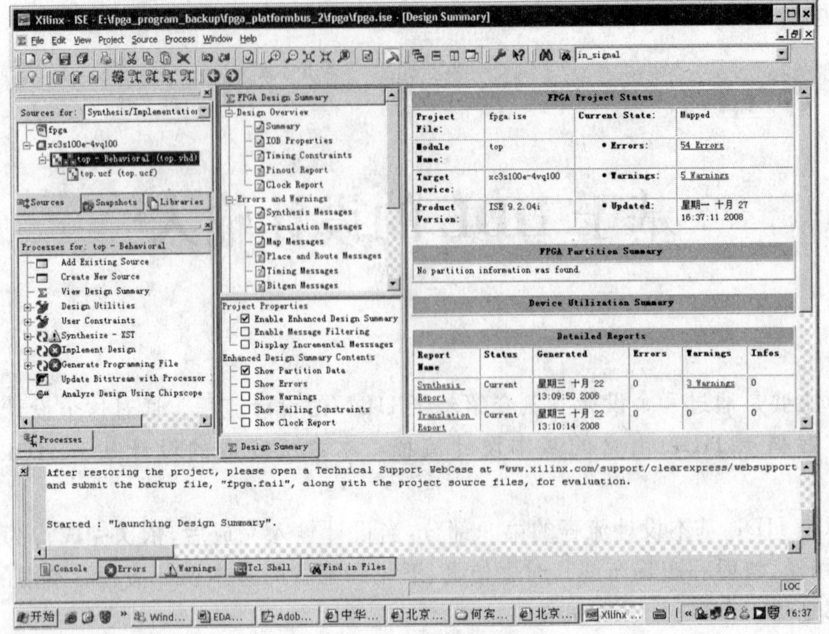

图 6.1　ISE 的主界面

库标签内显示的是与当前打开工程相关的库。

2. 处理(process)子窗口

在该窗口只有一个处理标签。该标签有下列功能：

- 增加已有文件。
- 创建新文件。
- 查看设计总结(访问符号产生工具,例化模板,查看命令行历史和仿真库编辑)。
- 用户约束文件(访问和编辑位置和时序约束)。
- 综合(检查语法、综合、查看 RTL 和综合报告)。
- 设计实现(访问实现工具,设计流程报告和其他一些工具)。
- 产生可编程文件(访问配置工具和产生比特流文件)。

3. 脚本(transcript)子窗口

脚本子窗口有 5 个默认的标签：Console,Error,Warnings,Tcl shell,Find in file。

- Console 标签显示错误、警告的信息。X 表示错误,"!"表示警告。
- Warning 标签只显示警告消息。
- Error 标签只显示错误消息。
- Tcl shell 标签是与设计人员的交互控制台。除了显示错误、警告和信息外,还允许设计人员输入 ISE 特定命令。
- Find in file 标签显示的是选择菜单 Edit→Find in File 操作后的查询结果。

4. 工作区(Workspace)子窗口

工作区子窗口提供了设计总结、文本编辑器、ISE仿真器/波形编辑器、原理图编辑器功能。

设计总结提供了关于该设计工程的更高级信息,包括信息概况、芯片资源利用报告、与布局布线相关性能数据、约束信息和总结信息等。

源文件和其他文本文件可以通过设计人员指定的编辑工具打开。编辑工具的选择由菜单Edit→Preference属性决定,默认的是ISE的文本编辑器,通过该编辑器可以编辑源文件和用户文档,也可以访问语言模板。

通过ISE仿真器和波形编辑器创建和仿真测试平台。波形编辑器提供了图形化的激励源和期望响应输出,然后产生使用VHDL/Verilog语言描述的测试平台。

原理图编辑器集成在ISE软件中,原理图编辑器是通过采用图形的方式创建和查看逻辑设计。

6.2 综合工具介绍

EDA设计人员可以使用不同EDA厂商提供的综合工具对设计进行综合。下面将介绍ISE软件支持的综合工具及这些综合工具的特点。

1. 精确的综合工具

这种综合工具不属于ISE软件包的一部分,如需使用必须单独购买。两个通常使用的属性是优化目标和优化级别。通过选择这两种属性来控制综合结果:面积或速度以及综合器运行时间。这种综合工具对HDL和原理图设计流程均可使用。

2. Synplify/Synplify pro 工具

这种综合工具不属于ISE的一部分,如需使用必须单独购买。这种综合工具只能用于基于HDL语言的设计流程,而不能用于基于原理图的设计流程。

3. XST 综合工具

这种综合工具是ISE软件包的一部分,是Xilinx公司自己的综合工具(Xilinx Synthesis Tools,XST)。这种综合工具对基于HDL语言和原理图的设计流程均可使用。

6.3 工程建立

该设计完成一个比赛用的秒表计时器(设计文件通过 http://china.xilinx.com/support/techsup/tutorials/tutorials9.htm 资源下载或者在ISE 9.2软件提供的程序中查找)。

(1) 在桌面上，双击 ISE9.2 的图标或者选择开始菜单→所有程序→XilinxISE9.1→Project Navigator。在 ISE 主界面中选择 File→New Project。桌面出现如图 6.2 所示的界面。

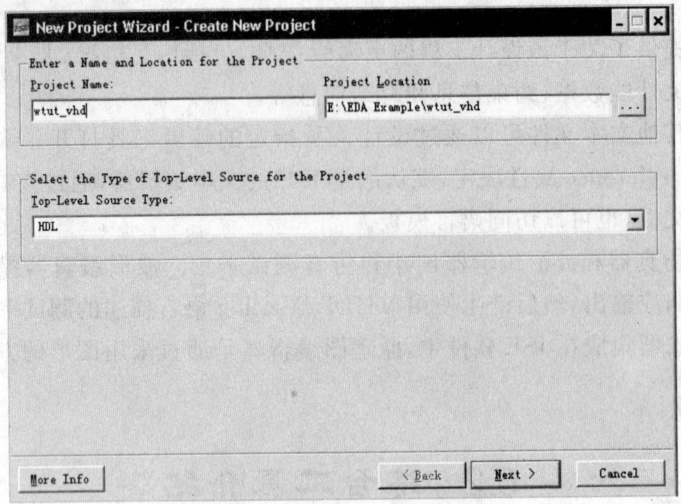

图 6.2 创建新工程的界面

(2) 在 Project Location 域内，给出保存工程的路径。

(3) 在 Project Name 域内，给出工程名 wtut_vhd。

(4) 在 Top-Level Source Type 域内，选择 HDL，单击 Next 按钮，出现图 6.3 所示的图形界面。

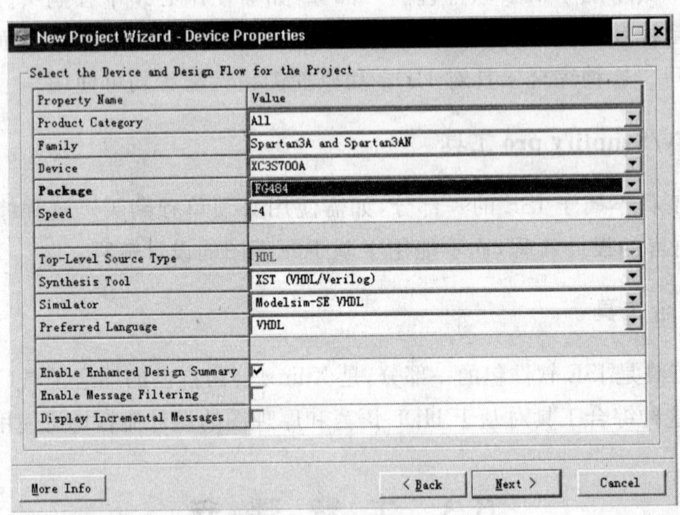

图 6.3 芯片属性界面

(5) 在 Device Properties 界面中，选择合适的产品范围(Product Category)、芯片的系列(family)、具体的芯片型号(device)、封装类型(package)、速度信息(speed)，此外，在该界面中还要选择综合工具(Synthesis Tool)、仿真工具(Simulator)和设计语言

(Preferred Language)。图6.3给出了示例中的参数配置。

(6) 连续两次单击Next按钮,出现图6.4所示的添加源文件的界面。

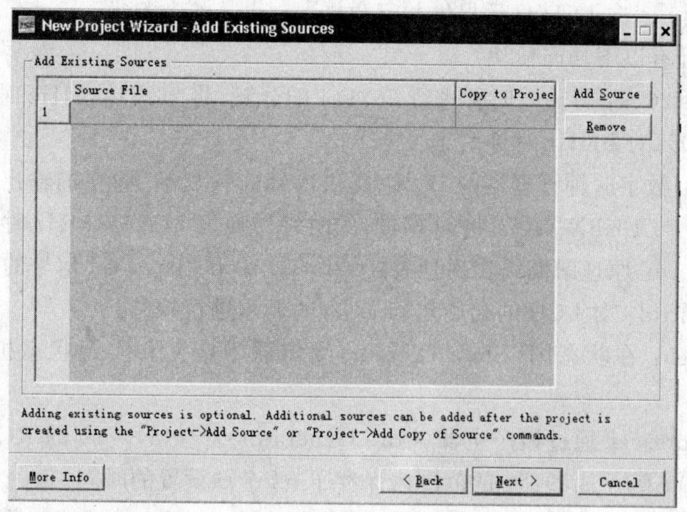

图6.4 添加源文件的界面

在该界面中,单击Add Source按钮。添加下列文件:clk_div_262k,lcd_control,statmach,stopwatch,并单击Open按钮。

(7) 单击Next按钮,然后完成新工程的建立。

(8) 在确认所有的设计文件和Synthesis/Imp+Simulation关联后,单击OK按钮。

6.4 设计描述

在该设计中,采用了层次化的、基于VHDL语言的设计流程。表明该设计的顶层文件由VHDL语言生成,而顶层文件以下的其他模块可以用VHDL、原理图或IP核生成。本章将要对一个还没有设计完成的工程进一步处理,直到最终完成这个设计。通过这个设计流程,读者可以完成并且产生其他模块。当设计完成后,就可以通过仿真验证设计的正确性。

(1) 该设计有下面的输入信号。

- strtstop:启动和停止秒表。
- reset:复位秒表00:00:00状态,且秒表在时钟模式下。
- clk:外部输入时钟信号。
- mode:控制时钟和秒表模式。只有当时钟或定时器处于未计数状态时,该信号才起作用。
- lap_load:这个信号有两个功能。在时钟模式下,显示当前的时钟值。在定时器模式下,当定时器没有计数时,从ROM中加载预设的值并显示。

(2) 该设计有下面的输出信号。

- lcd_e,lcd_rs,lcd_rw：这些控制信号用于控制 LCD 的显示。
- sf_d[7:0]：向 LCD 显示提供并行数据。

(3) 该设计有以下功能模块。

- clk_div_262k：将输入时钟进行 262144 的分频，将 26.2144MHz 时钟转换成占空比为 50%的 100Hz 时钟信号。
- DCM1：数字时钟管理器的 IP 核，提供内部时钟反馈、频率的输出控制和占空比的修正。CLKFX_OUT 将 50MHz 的时钟转换为 26.2144MHz 时钟输出。
- Debounce：原理图模块实现秒表的 strstop、mode、lap_load 信号的去抖动。
- lcd_control：对 LCD 的初始化和 LCD 的显示进行控制。
- statmach：在状态图(State Digram)编辑器中定义和实现状态机模块，并控制秒表。
- timer_preset：通过核产生器(Core Generator)产生 64×20 的 ROM，这个 ROM 在 00:00:00～9:59:59 的范围内保存了 64 个预设置的时间。
- time_cnt：在 0:00:00～09:59:59 的范围内以 up/down 模式工作的计数器。这个模块有 5 个 4b 的输出，用来描述当前秒表的输出数字。

6.5 添加设计和检查

在这个例子的完成过程中，将对 HDL 文件进行检查，修改语法错误，并建立一个 VHDL 模块，添加 IP 核和时钟模块，通过使用混合设计方法完成所有设计输入流程。所有后面的设计流程都基于这个设计示例完成。图 6.5 显示的是上面的工程建立完成后，在 ISE 主界面的 source 子窗口的界面。从该图可以看到在设计工程中虽然已经例化了 timer_cnt 模块，但没有该模块的 HDL 描述(文件旁有"?"标识)。为了添加该文件并进行检查，按照下面的步骤将完成添加该文件并进行语法检查。

(1) 如图 6.5 所示，选择 project→Add Source，选择并打开 time_cnt.vhd 文件，确保该模块与 Synthesis/Imp+Simulation 选项关联，并单击 OK 按钮。

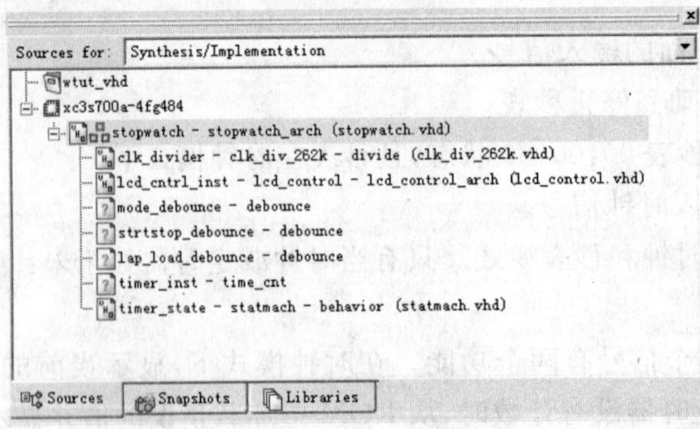

图 6.5 新建工程的源文件窗口

(2) 对该设计文件进行语法检查。在 source 子窗口，选择 time_cnt.vhd 文件。在 process 子窗口单击“+”，展开 Design Utility，并双击 Check Syntax。

(3) 在检查语法的过程中，在 Transcript 子窗口中出现 4 个错误信息的提示。根据错误的提示信息修改文件，并保存，然后再次进行检查，直到没有语法错误为止，并保存文件。读者应学会根据错误提示修改设计的方法。

6.6 创建基于HDL的模块

本节将介绍使用 ISE 的文本编辑器 VHDL 语言创建模块。使用 VHDL 语言创建的模块用于该秒表的去抖动功能。

(1) 选择 Project→New Source，弹出图 6.6 所示的窗口，新文件建立的导向窗口。在窗口左边选择 VHDL Module，其他选项分别完成调试文件建立、IP 核建立、用户约束文件建立、原理图建立、状态图建立、HDL 文件建立、HDL 测试文件建立、HDL 库建立和 HDL 测试波形文件建立。在 File name 下面的输入框输入 debounce 文件名，然后单击 Next 按钮，出现新文件向导对话框，如图 6.7 所示，此时可以进行下列选择，可以通过该向导输入端口的名字和方向，选择是否为总线，如果是总线，还需要指明宽度。读者也可以在 HDL 文件中自己输入，当使用在 VHDL 中手工添加这种方式的时候，直接单击 Next 按钮即可；否则需要在该界面内指定端口参数。最后，单击 Finish 按钮生成新文件。

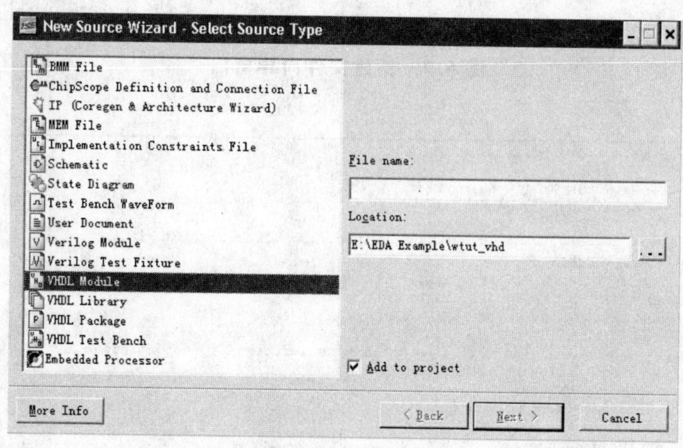

图 6.6 新建文件窗口

(2) 如图 6.8 所示，在 ISE 的工作区空间，给出使用 ISE 文件编辑器打开的 debounce.vhd 文件。可以看出，Xilinx 的 ISE 工具生成了 VHDL 基本结构框架，这也是 ISE 具有强大设计功能的体现。

下面需要 EDA 设计人员将结构体空缺的代码添加到结构体中间。

```
architecture debounce_arch of debounce is
signal int1, int2, int3 : std_logic;
```

```
begin
  sig_out<=sig_in or int1 or int2 or int3;
  process (clk) is
  begin
    if rising_edge(clk) then
       int1<=sig_in;
       int2<=int1;
       int3<=int2;
    end if;
  end process;
end debounce_arch;
```

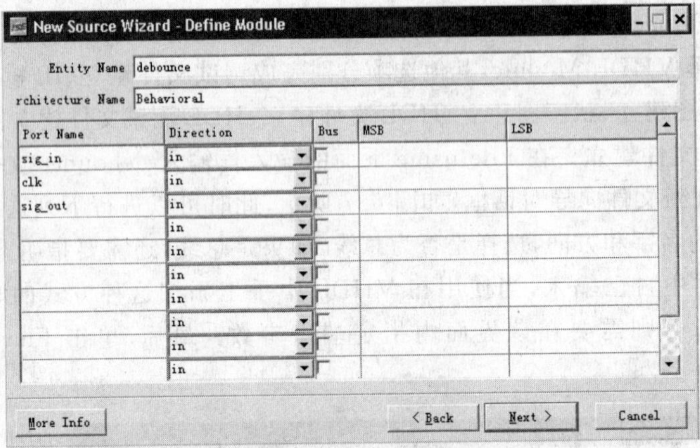

图 6.7 新建文件向导窗口

```
--
-- Revision:
-- Revision 0.01 - File Created
-- Additional Comments:
--
----------------------------------------------------------------------------------
library IEEE;
use IEEE.STD_LOGIC_1164.ALL;
use IEEE.STD_LOGIC_ARITH.ALL;
use IEEE.STD_LOGIC_UNSIGNED.ALL;

---- Uncomment the following library declaration if instantiating
---- any Xilinx primitives in this code.
--library UNISIM;
--use UNISIM.VComponents.all;

entity debounce is
    Port ( sig_in : in  STD_LOGIC;
           clk : in  STD_LOGIC;
           sig_out : out  STD_LOGIC);
end debounce;

architecture Behavioral of debounce is

begin

```

图 6.8 ISE 的文件编辑器界面

输入完毕并保存文件，并对该设计文件按照前面的方法进行语法规则检查，直到综合完成为止，在综合过程如果出现错误，则需要对输入的设计文件进行语法规则检查。

6.7 IP核产生和例化

IP核生成器(IP Core Generator)是一个用户图形交互界面工具，通过核产生器可以产生高层次设计模块，如存储器、数学函数、通信和I/O接口的IP核。设计人员可以定制和优化这些IP核，这些IP核充分利用Xilinx的FPGA结构特征，如快速进位逻辑、SRL16S和分布式块RAM等。

6.7.1 IP核的生成

1. timer_preset模块的生成

在本节中，通过IP核产生器生成timer_preset模块。该模块存储了64个值，这些值将来加载到定时器中。

(1) 在ISE主界面中选择Project→New Source，弹出New Source Wizard窗口，在该窗口中选择IP(Coregen & Architecture Wizard)，在File Name Field中输入timer_preset文件名，单击Next按钮。

(2) 在弹出的New Source Wizard Select IP窗口，选择Memory & Storage Elements。如图6.9所示，在该界面中选择RAMs & ROMs，在展开项中选择Distributed Memory Generator，点击Next和Finish按钮。

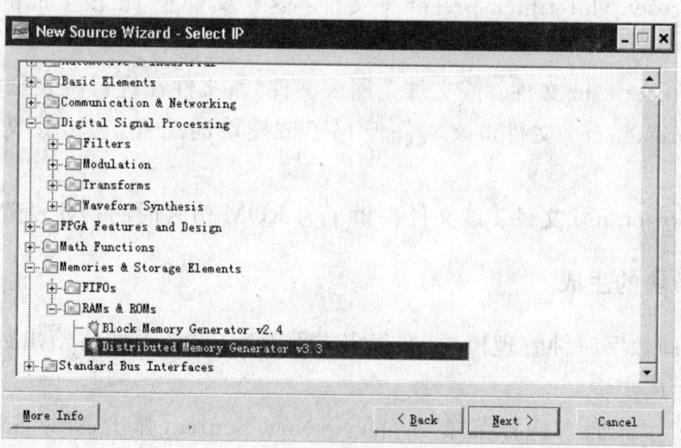

图6.9 IP选择界面

(3) 弹出图6.10所示的界面，在该界面中选择ROM的Depth，将其设置为64，然后选择DataWidth，将其设置为20，然后将存储器的类型Memory Type设置为ROM，单击Next按钮。

(4) 将Input options和Output options设置为Non Registered表示输入和输出不需要通过锁存器进行锁存，可以看到在该界面窗口的左面的a[5:0]和spo[19:0]呈黑色显示，其余引脚呈灰色显示(黑色表示引脚在该次设计中有效，灰色表示引脚在该次设计

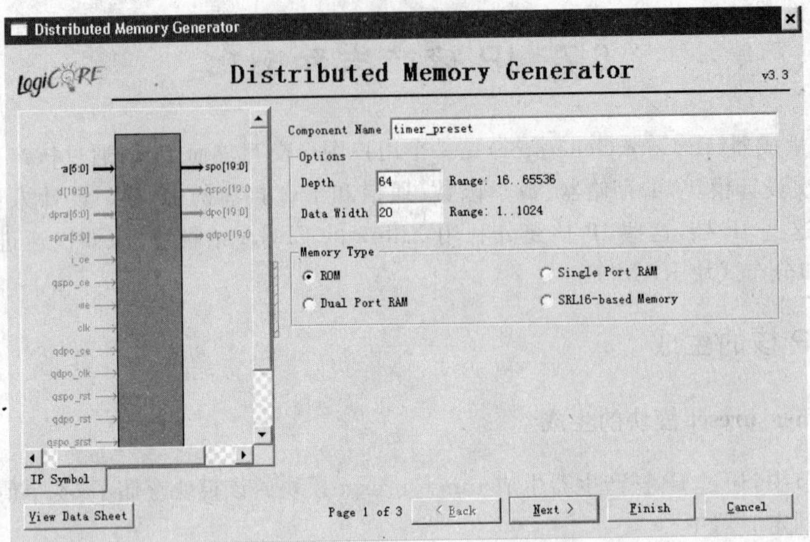

图 6.10 分布式 IP 核产生器设置界面

中无效)；单击 Finish 按钮。在 IP 核产生器生成 IP 核后，产生如下的文件类型，下面对这些文件类型进行说明。

- timer_preset. vho/timer_preset. veo 文件：这些文件是该 IP 核的例化模板，通过这个例化模板就可以将 IP 核添加到该设计中。
- timer_preset. vhd/timer_preset. v 文件：这些文件是 IP 核生成的包装文件只用来仿真。
- timer_preset. edn 文件：该文件是网表文件，该文件在进行网表翻译过程中使用。
- timer_preset. xco 文件：该文件保存了该模块的配置信息，该文件作为源文件使用。
- timer_preset. mif 文件：该文件提供了为 ROM 仿真时的初始设置。

2. DCM 模块的生成

DCM 模块即数字时钟管理模块，在很多方面都有应用，下面将给出数字时钟管理器 DCM 的 IP 核生成步骤：

(1) 在 ISE 主界面中选择菜单 Project→New Source，弹出 New Source Wizard 窗口，在该窗口中选择 IP(Coregen & Architecture Wizard)选项，在 File Name 下面输入 DCM1 文件名，单击 Next 按钮。

(2) 在该界面中选择 FPGA Features and Design，在展开项 Spartan-3E，Spantan-3A 的子项中选择 Single DCM SP v9. 1i，单击 Next 和 Finish 按钮。

(3) 弹出 Xilinx Clock Wizard-General Setup 界面，在该界面进行下面的设置，输入时钟为 50MHz，输入时钟 clkin Source 选择 External，相位移动 Phase Shift 选择 NONE，反馈源 Feed back Source 选择 Internal。然后单击 Next 按钮，直到出现最后一个窗口，单击 Finish 按钮，生成 DCM 的 IP 核。

通过上面步骤，生成一个 DCM 的 IP 核。

6.7.2 IP 核的例化

在生成 IP 核后，需要在设计文件中调用这些 IP 核。下面将对前面生成的 IP 核进行例化操作。

1. timer_preset 模块的例化

当 IP 核生成后，下面将在设计中调用生成的 IP 核。

(1) 在工程管理窗口，双击 stopwatch. vhd 文件，将其打开。

(2) 将光标移动到--Insert Core Generator ROM component declaration here。

(3) 在 ISE 中选择菜单 File→open 选项，选择 timer_preset. vho，并打开。

(4) 将 VHDL 的声明部分代码复制粘贴到光标所指的那一行下面。

```
component timer_preset
 port (
      a: IN std_logic_VECTOR(5 downto 0);
      spo: OUT std_logic_VECTOR(19 downto 0));
end component;
--Synplicity black box declaration
attribute syn_black_box : boolean;
attribute syn_black_box of timer_preset: component is true;
```

(5) 将该文件的例化部分的代码复制。

```
your_instance_name : timer_preset
    port map (
    a=>a,
    spo=>spo);
```

(6) 然后，粘贴到设计的顶层文件的例化部分，再通过端口映射将该模块和设计相连。

```
t_preset : timer_preset
  port map (a(5 downto 0)=>address(5 downto 0),
            spo(19 downto 0)=>preset_time(19 downto 0));
```

通过上面的步骤，该 IP 核模块就添加到该设计文件中了。

2. DCM1 模块的例化

(1) 在工程文件管理窗口，选择 Source 标签，选择 Dcm1. xaw 文件。然后在处理子窗口选择 View HDL Instantiation Template，并单击鼠标左键。

(2) 在 workspace 子窗口打开 dcm1. vhi 文件，将下面的代码添加到设计文件 stopwatch. vhd--Insert DCM1 component declaration here 的下面。

```
COMPONENT dcm1
PORT(
    CLKIN_IN : IN std_logic;
    RST_IN : IN std_logic;
    CLKIN_IBUFG_OUT : OUT std_logic;
    CLK0_OUT : OUT std_logic;
    LOCKED_OUT : OUT std_logic
    );
END COMPONENT;
```

(3) 然后将下面的代码粘贴到 stopwatch. vhd 的例化部分,即--Insert DCM1 instantiation here 的下面,并和相应的端口连接。

```
dcm_inst : dcm1
  port map (CLKIN_IN=>clk,
            RST_IN=>reset,
            CLKFX_OUT=>clk_26214k,
            CLKIN_IBUFG_OUT=>open,
            CLK0_OUT=>open,
            LOCKED_OUT=>locked);
```

通过上面的步骤,DCM1 模块就添加到设计文件中了。

习　题　6

1. 说明基于 HDL 语言的设计输入方法。
2. 说明 ISE 软件平台的特点及其功能。
3. 举例说明 IP 核的生成方法和例化方法。
4. 在 ISE 软件中完成一个基于 VHDL 输入的模块设计。

第 7 章

基于原理图的设计输入

VHDL 语言的出现使得许多 PLD 设计都是基于 VHDL 的设计流程,但是基于原理图的设计也有着重要应用。例如,对于一个简单数字系统设计而言,顶层文件使用原理图设计,这样做设计比较直观,容易理解,要比使用 HDL 例化语句描述简单,所以有必要介绍基于原理图的设计流程。本章还是通过秒表的设计示例介绍基于原理图的设计流程。

在这里需要说明的是,一个有经验的 EDA 设计人员,会使用基于 HDL 语言、原理图和 IP 核的混合设计方法完成设计,这些设计方法可能使用在设计的各个模块中,而不会只局限在顶层模块中。因此掌握混合的设计方法,对于一个 EDA 设计人员来说十分重要。

7.1 工程建立

该设计完成一个比赛用的秒表计时器(设计文件通过 http://china. xilinx. com/support/techsup/tutorials/tutorials9. htm 资源下载,也可以从 ISE 软件中的 ISEExamples 目录下找到该工程)。下面给出基于原理图设计流程的工程建立步骤。

(1) 在桌面上双击 ISE9. 2 的图标,或者在开始菜单→所有程序→XilinxISE9. 1→Project Navigator。在 ISE 主界面中选择 File→New Project。桌面出现如图 7.1 所示的

图 7.1 创建新工程的界面

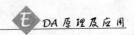

界面。

(2) 在 Project Location 域内,由设计人员给出保存工程的路径。

(3) 在 Project Name 域内,由设计人员给出工程名 wtut_sc。

(4) 在 Top-Level Source Type 域内,选择原理图 Schematic,单击 Next 按钮。

桌面出现如图 7.2 所示的界面。

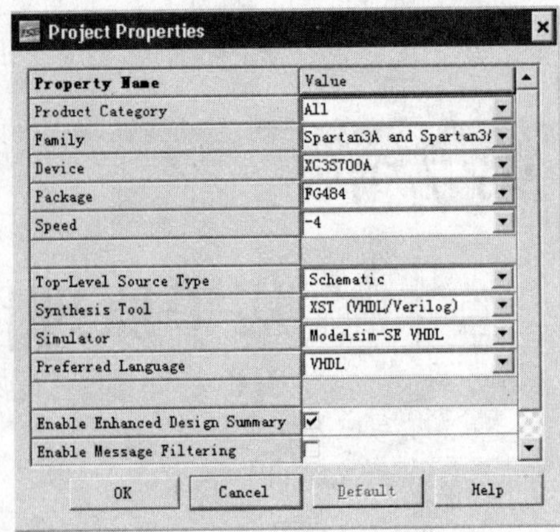

图 7.2 芯片属性界面

(5) 在 Device Properties 界面中,选择合适的产品范围(Product Category)、芯片的系列(Family)、具体的芯片型号(Device)、封装类型(Package)、速度信息(Speed),此外,在该界面中还要选择综合工具(Synthesis Tool)、仿真工具(Simulator)和设计语言(Preferred Language)。图 7.2 给出了示例中的参数配置。

(6) 连续两次单击 Next 按钮,出现如图 7.3 所示的添加源文件的界面。在该界面中,单击 Add Source 按钮。添加下列文件: cd4rled. sch、ch4rled. sch、clk_div_262k. vhd、lcd_control. vhd、stopwatch. sch 和 statmach. dia 文件,并单击 open 按钮,单击 Next 按钮,然后完成新工程的建立。

(7) 在确认所有设计文件和 Synthesis/Imp+Simulation 选项关联后,单击 OK 按钮。

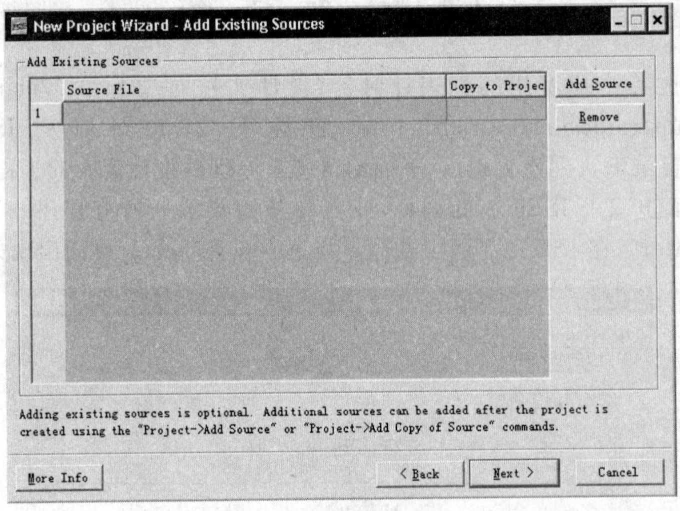

图 7.3 添加源的界面

7.2 设计描述

在该设计中,采用了层次化的、基于原理图的设计方法。该设计的顶层文件是由原理图生成,而顶层文件下面的其他模块可以用 VHDL 语言、原理图或 IP 核生成。该设计就是完成一个还未完成的工程。通过这个设计流程，读者可以完成和产生其他的模块。当设计完成后，可以通过仿真验证设计的正确性。图 7.4 给出了该设计的顶层原理图描述。该例子的输入、输出信号和功能模块与前一章的例子完全一样。

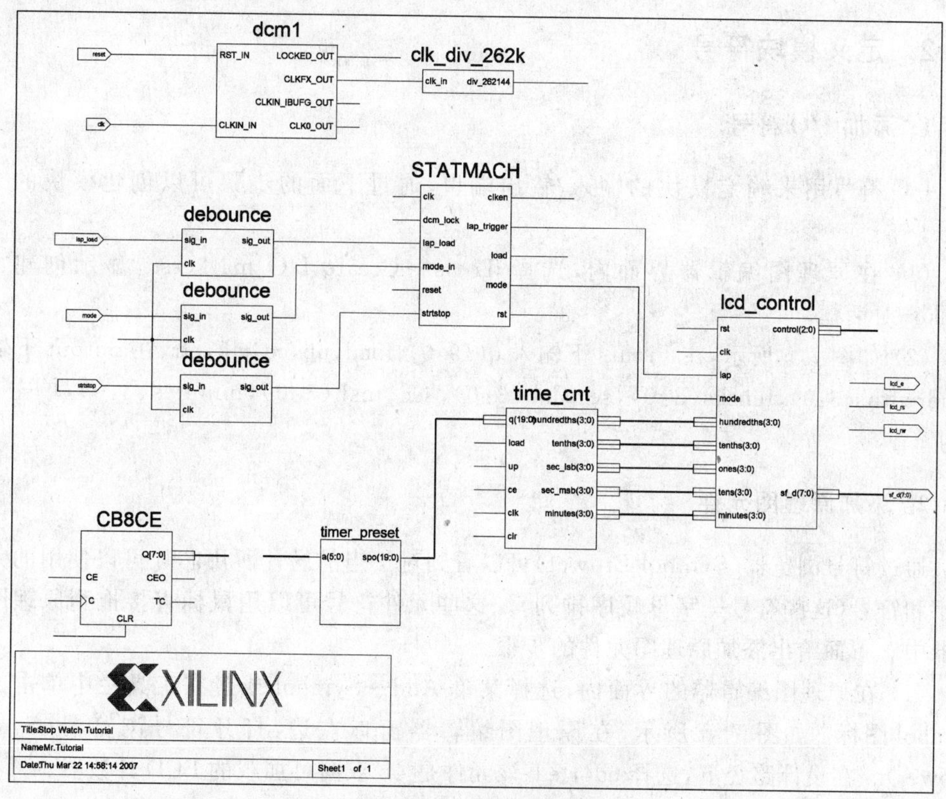

图 7.4　完整的顶层原理图的界面

在这个基于分层的设计中，读者可以建立各种类型的模块，其中包括基于原理图输入模块、基于 HDL 输入模块、基于状态图输入模块和基于 IP 核输入模块。通过该示例，EDA 设计人员可以详细学习建立每一种模块的方法，并且学习如何将这些模块连接在一起构成一个完整的设计。

7.3　创建原理图模块

7.3.1　原理图编辑器操作

原理图模块由模块符号和符号的连接组成。下面的步骤将通过 ISE 的原理图编辑器(Schematic Editor)介绍建立基于原理图设计 time_cnt 模块的过程。

(1) 在 ISE 主界面下，选择 Project→New Source，出现图 7.5 所示的 New Source 对话框界面。在该界面左边选择 Schematic 选项，在 File Name 中输入 time_cnt，单击 Next 按钮，然后单击 Finish 按钮，建立新原理图模块。

(2) 在 ISE 工作区子窗口,出现原理图编辑窗口,单击鼠标右键,然后选择 Object Properties,将图纸尺寸(Size)改成 D=34×22。单击 OK 按钮。

通过上面步骤,建立一个 time_cnt 原理图输入界面。

7.3.2 定义模块符号

1. 添加 I/O 符号

I/O 符号用来确定模块的输入/输出端口,通过下面的步骤可以创建模块的 I/O 符号。

(1) 在原理图编辑器界面内,选择 Tools→Create I/O markers.,显示创建 I/O marker 对话框。

(2) 如图 7.5 所示,在 Inputs 下输入 q(19:0),load,up,ce,clk,clr,在 output 下输入 hundredths(3:0),tenths(3:0),sec_lsb(3:0),sec_msb(3:0),minutes(3:0),单击 OK 按钮。

2. 添加原理图元件

通过符号浏览器(Symbol Brower)可以看到对于当前设计所用芯片可以使用的元件名字和符号(这些符号按字母顺序排列)。这些元件符号可以用鼠标直接拖到原理图编辑器中。下面给出添加原理图元件的步骤。

(1) 在原理图编辑器的界面内,选择菜单 Add→Symbol 或者在工具栏中单击 Add Symbol 图标。如图 7.6 所示,在原理图编辑器窗口左边,打开符号浏览器(Symbol Brower)。在设计路径下,选择 cd4rled,该元件是 4b 双向可加载的 BCD 计数器。

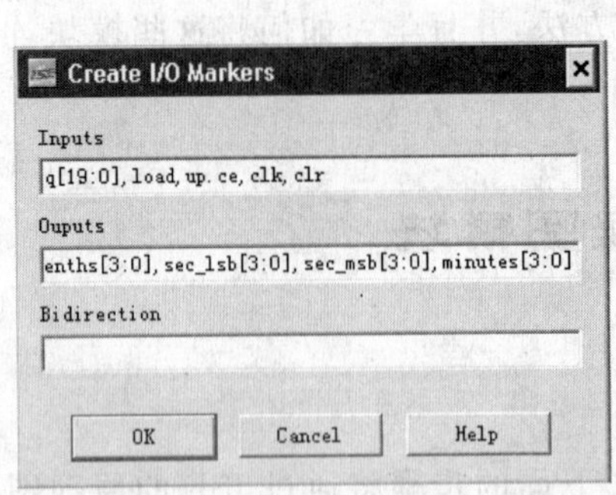

图 7.5 I/O Markers 建立界面

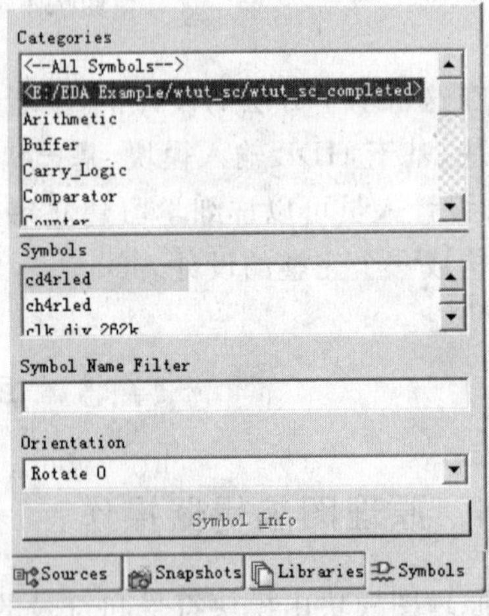

图 7.6 元件符号浏览器界面

(2) 选择 cd4rled 元件,用鼠标将其拖入编辑器窗口内。如图 7.7 所示,再添加 3 个这样的元件到编辑界面中,同时添加 AND2b1、ch4rled 和 AND5 元件到编辑器窗口内。

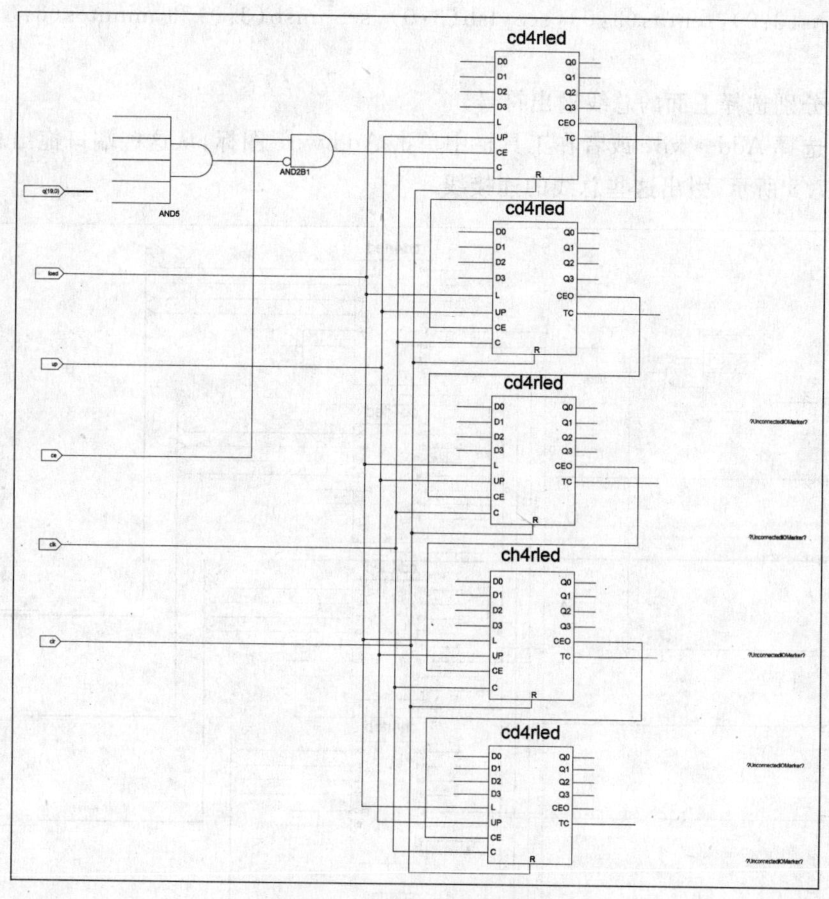

图 7.7 元件编辑窗口界面

3. 添加连线

(1) 在元件编辑器界面内，选择菜单 Add→wire 或者在工具栏中单击 Add wire 图标。

(2) 单击 AND2B1 的输出，拖动连线到 cd4rled 元件的 CE 引脚。此时在两个引脚之间建立连线。

(3) 单击 AND5 元件输出，拖动连线到 AND2b1 反向输入引脚。此时在两个引脚之间建立连线。

(4) 分别将 load，up，clk 和 clr 输入和 5 个计数器模块的 L，UP，C，R 引脚连接，将前一个计数器 CE0 和下一个计数器 CE 连接。

通过以上 4 个步骤就可以完成元件之间的线连接，下面将介绍通过总线连接元件的方法。

4. 添加总线和符号

添加总线包括添加总线符号和与总线连接的比特位的连接。下面给出建立总线

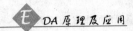

hundredths(3:0),tenths(3:0),sec_lsb(3:0),sec_msb(3:0)和 minutes(3:0)连接的步骤。

(1) 分别选择上面的总线输出符号。

(2) 选择 Add→wire 或者在工具栏中单击 Add wire 图标,从这些端口拖出总线连接线,按图 7.8 所示,引出这些总线的连接线。

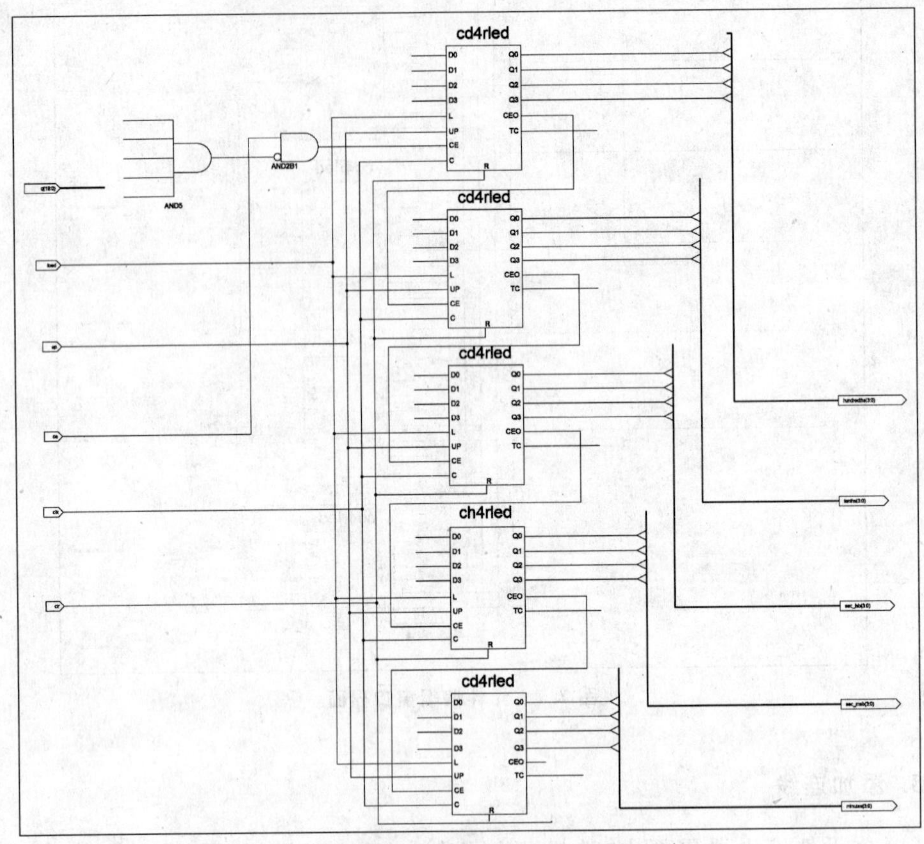

图 7.8 完整的总线连接界面

(3) 当添加操作结束时,按 Esc 键放弃总线连接操作。

(4) 下面将要把比特端口和总线连接,选择 Add→Bus Tap 或者在工具栏中单击 Add BusTap 图标。

(5) 从原理图编辑器左边的 Option 标签中选择--<Right 选项,这样做是为了将元件和总线很好地连接。

(6) 单击 hundreths(3:0),将 bus Tap 标记放在总线上,下面要进行 selected bus name 和 Net name 的操作。将 5 个计数器对应的 Bus Tap 标记分别放在总线相应的位置上。如图 7.8 所示,需要在 5 条总线上放 4 个 Bus Tap 标记。

(7) 选择 Add→wire 或者在工具栏中单击 Add wire 图标,分别从 5 个计数器的 Q0～Q3 分别引出 4 个连接线,注意不要和 Bus Tap 连接。

(8) 在工具条中,选择 Add Net Name 图标,在原理图编辑器的 Option 标签内,选择

Name the branch's net 选项，并输入需要连接的比特端口名字，形式为：总线名字(索引号)。然后将光标移动到相对应比特端口的连接线上，此时名字就添加在连线上。

(9) 完成上述总线命名后，将这些比特端口连接线和 Bus Tap 标记连接。经过上面的步骤后完成比特端口和总线的连接。

(10) 按照上面几节的描述步骤，完成所有输入和输出端口和元件的连接，最后选择 tools→Check Schematic，对设计的原理图进行检查，修改错误，当没有错误后，将该原理图保存。

(11) 关闭原理图输入程序，返回到 ISE 的主界面。

7.3.3 创建模块符号

当设计完成后，可以创建该原理图的 RTL 符号描述。这个 RTL 符号是该原理图的例化描述。当创建完 RTL 符号后，就可以将该符号添加到顶层的原理图设计文件中。下面给出创建模块符号的步骤：

(1) 在工程管理窗口(Source window)，选择 time_cnt. sch 文件。

(2) 在处理窗口(Process window)，选择 Design Utilties 并将其展开，下面工具将以分层列表的方式显示。

(3) 双击 Create Schematic Symbol 选项。

通过以上步骤，产生该模块的 RTL 符号描述。

7.4 创建状态图模块

使用状态图编辑器(State Diagram Editor)，可以通过状态图编辑器建立有限自动状态机(FSM)，该状态机中包括状态、输入/输出和状态的迁移条件。状态图编辑器以 VHDL、Verilog 和 ABEL 的形式输出设计文件。作为结果的 HDL 代码被综合建立网表文件，同时创建 RTL 的符号描述用于顶层原理图的调用。在该部分将一个尚未完成的状态图设计完成。

如图 7.9 所示，使用前面的方法，通过状态图编辑器打开 statmach. dia 文件。该文件中的圆圈代表不同的状态；黑色描述的表达式是状态迁移的条件；输出表达式。这些表达式的书写有规定的语法，最终以 VHDL、Verilog 和 ABEL 语言输出描述。

7.4.1 添加状态

通过下面的步骤，将一个 clear 状态添加到状态机中：

(1) 在状态图编辑器的界面中，单击图标。

(2) 如图 7.10 所示，将光标移到图的左边，单击鼠标将其放在给定的位置。

(3) 单击该图标，将状态名字改为 clear，选择 OK 按钮。

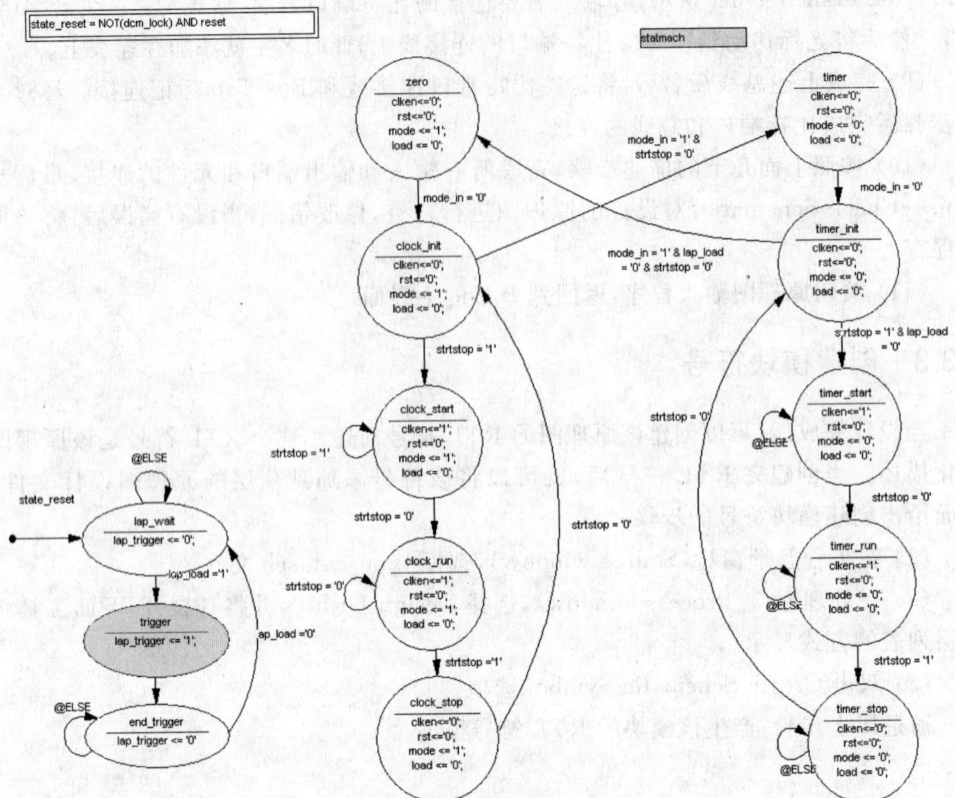

图 7.9　未完成的状态图

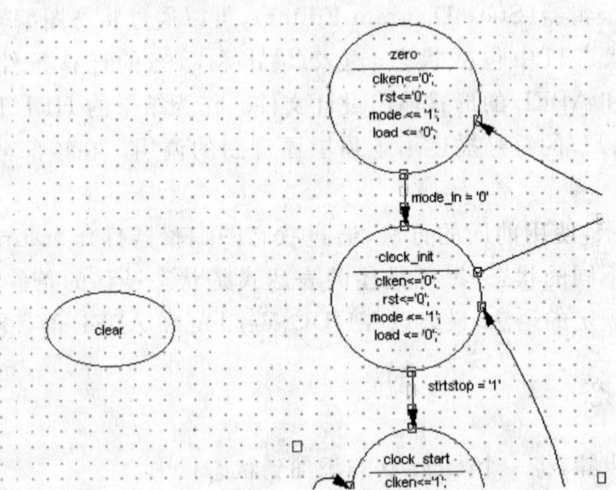

图 7.10　添加 clear 状态

7.4.2 添加迁移

状态迁移定义了状态机之间的状态变化。状态图中的状态变化用箭头描述。该状态的迁移是无条件的，因此不需要迁移的条件。通过下面的步骤，在 clear 和 zero 状态之间添加迁移。

(1) 在状态图编辑器的界面中，单击⊟图标。

(2) 如图 7.11 所示，单击 clear 状态图标，然后再单击 zero 状态图标。可以看到在两个状态之间产生了由 clear 指向 zero 的箭头。

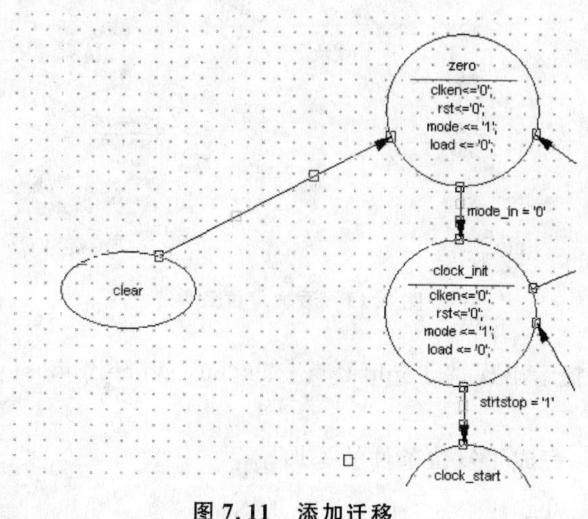

图 7.11 添加迁移

(3) 在状态图编辑器的界面中，单击↖图标，放弃继续添加迁移。

通过上面的步骤就完成了状态的添加过程。

7.4.3 添加行为

状态行为描述的是在该状态下的输出的情况，通过下面的步骤将在 clear 状态中，驱动 rst 的输出为“1”。

(1) 双击 clear 状态，弹出图 7.12 所示的状态对话框。在输出的对话框中输入 rst='1'的条件，当然也可以通过 output Wizard 生成。

(2) 如果通过 output Wizard 的工具，则在 Logic Wizard 中输入下面的值：dout = rst，constant ='1'。

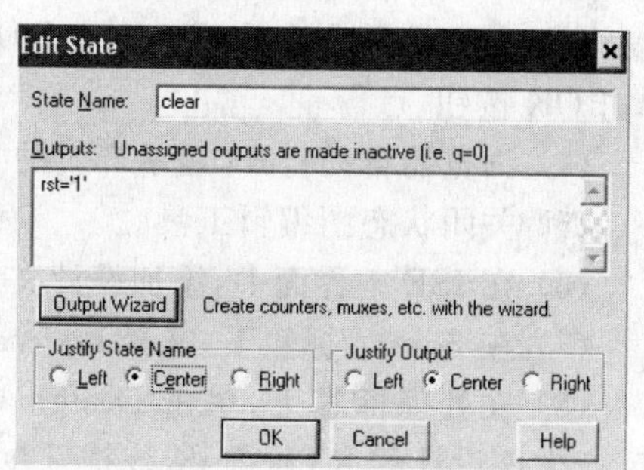

图 7.12 状态对话框

7.4.4 添加复位条件

使用状态复位的特征，为状态机指定复位条件。状态机初始化这个特定的状态，并且当复位条件满足时,进入到下一个给定的状态。当RST或者DCM的lock信号满足条件时,状态机将进入到clear状态。下面的步骤将添加rst信号到状态机中。

(1) 在状态图编辑器的界面中,单击→图标。

(2) 在clear状态单击鼠标,然后移动到clear状态的圆圈上,单击鼠标,如图7.13所示,这时产生一个状态复位的信号指示箭头。

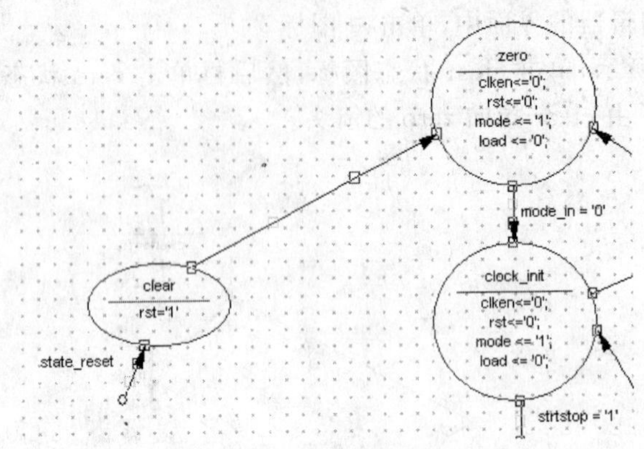

图7.13 添加复位条件

(3) 此时有一个提示出现,"should this reset be asynchronous(yes) or synchronous (no)?",回答"yes"。

通过上面的步骤,完成了复位条件的添加。

7.4.5 设计输出和添加

当状态图全部完成后,剩下的就是输出HDL语言描述的文件。下面给出产生HDL输出文件的步骤:

(1) 选择Options→Configuration。在Language Section中选择VHDL语言。

(2) 在Language Vendor Section中选择Xilinx XST,单击OK按钮。

(3) 在工具条中选择Generate HDL图标。然后在Resoult窗口中显示编译的状态,单击OK按钮。

(4) 浏览器自动打开,显示产生的VHDL代码。查看代码然后关闭该窗口。

(5) 关闭状态图编辑工具。

(6) 在ISE主界面中,添加设计文件,打开statmach.vhd文件。

(7) 在Source标签下,选择statmach.vhd文件。

(8) 在处理标签下,单击Design Utilities选项。双击Create Schematic Symbol图标,产生该设计的RTL符号,该符号在最后将由顶层文件调用。

7.5 设计完成

在该设计中,还涉及到DCM1模块的建立、ROM模块的建立、Debounce模块的建立,这些模块的建立过程和前面是一样的,在此就不进行详细的说明了。这些模块建立完成后，必须通过 Create Schematic Symbol 工具生成 RTL 的符号，这样才能完成顶层原理图的设计。顶层模块的生成过程和前面原理图的建立过程是一样的，只要遵循前面的步骤即可。

习 题 7

1. 说明基于原理图的设计输入方法及步骤。
2. 举例说明基于状态图的设计方法。
3. 建立一个基于原理图设计的工程文件。

第8章 chapter 8

设计综合和行为仿真

本章详细介绍设计综合和行为仿真的流程和方法。在设计综合部分，介绍综合的概念、综合属性配置方法和综合实现，以及RTL原理图查看。在行为仿真部分，介绍测试向量的生成、行为仿真工具、基于Modelsim软件的行为仿真和基于ISE仿真器的行为仿真的实现，同时还介绍使用波形和VHDL语言建立测试向量的方法。

8.1 设计综合

8.1.1 行为综合描述

在集成电路设计领域，综合是指设计人员使用高级设计语言对系统逻辑功能的描述，在一个包含众多结构、功能、性能均已知的逻辑元件的逻辑单元库的支持下，将其转换成使用这些基本的逻辑单元组成的逻辑网络结构实现。这个过程一方面是在保证系统逻辑功能的情况下进行高级设计语言到逻辑网表的转换，另一方面是根据约束条件对逻辑网表进行时序和面积的优化。

行为级综合可以自动将系统直接从行为级描述综合为寄存器传输级描述。行为级综合的输入为系统的行为级描述，输出为寄存器传输级描述的数据通路。行为级综合工具可以让设计者从更加接近系统概念模型的角度来设计系统。同时，行为级综合工具能让设计者对于最终设计电路的面积、性能、功耗以及可测性进行很方便地优化。行为级综合所需要完成的任务从广义上来说可以分为分配、调度以及绑定。

分配包括决定系统实现所需要的各个功能组件的个数以及种类。这些组件以及资源来自采用寄存器传输级描述的元件库，包括诸如运算逻辑单元、加法器、乘法器和多路复用器等。分配同时也决定了系统中总线的数量、宽度以及类型。

调度为行为级描述中的每个操作指派时间间隙，这也成为控制执行步骤。数据流从一级寄存器流向下一级寄存器并按调度所指定的执行步骤在功能单元上执行。每一个执行步骤的时间长度通常为一个时钟周期，并且在这一个执行步骤中的操作被绑定到特定寄存器传输级描述的组件上。上述这些操作都完成后，系统所完成的功能将被分配到各个功能单元模块，变量被存储在各个存储单元，并且不同功能单元之间的互连关系也建立起来了。

在实际的PLD设计流程中，逻辑综合将使用硬件逻辑描述语言如Verilog、VHDL等描述的寄存器传输级(RTL)描述，转换成使用逻辑单元库中基本逻辑单元描述的门级网表电路。

8.1.2 基于XST的综合概述

当所有的设计完成，并且进行完语法检查后，就可以使用Xilinx的XST工具或Synplify工具进行综合了，综合工具使用HDL代码，生成支持的网表格式EDIF或NGC，然后Xilinx的实现工具将使用这些网表文件完成随后的处理过程。

综合工具在对设计的综合过程中，主要执行以下3个步骤：

(1) 语法检查过程，检查设计文件语法是否有错误。

(2) 编译过程，翻译和优化HDL代码，将其转换为综合工具可以识别的元件序列。

(3) 映射过程，将这些可识别的元件序列转换为可识别的目标技术的基本元件。

在ISE的主界面的处理子窗口的synthesis的工具可以完成下面的任务：查看综合报告(view Synthesis Report)、查看RTL原理图(View RTL schematic)、查看技术原理图(View Technology Schematic)、检查语法(Check Syntax)和产生综合后仿真模型(Generate Post-Synthesis Simulation Model)。

8.1.3 约束及设计综合的实现

XST支持用户约束文件格式(User Constraint File，UCF)，该文件主要是用于综合和时序的约束。这种文件格式叫Xilinx的约束文件(Xilinx Constraint File，XCF)。下面介绍该设计中所用到的用户文件的生成和插入设计的步骤。

(1) 在ISE主界面，选择Project→Add source，选择stopwatch. xcf文件，并打开。

(2) stopwatch. xcf文件作为用户文档添加到用户的设计文件中。

(3) 打开该文件，下面是对于该设计的约束描述：

```
NET "CLK" TNM_NET="CLK_GROUP";
TIMESPEC "TS_CLK"=PERIOD "CLK_GROUP" 20ns;          //时序约束
BEGIN MODEL stopwatch                               //以下是管脚约束
NET "clk" LOC="E12";
NET "sf_d<7>" LOC="Y15";
NET "sf_d<6>" LOC="AB16";
NET "sf_d<5>" LOC="Y16";
NET "sf_d<4>" LOC="AA12";
NET "sf_d<3>" LOC="AB12";
NET "sf_d<2>" LOC="AB17";
NET "sf_d<1>" LOC="AB18";
NET "sf_d<0>" LOC="Y13";
END;
```

(4) 关闭该文件。

(5) 在工程管理窗口,选择 stopwatch. vhd 文件。在处理子窗口,选择 Synthesis,单击鼠标右键并选择 Property。

(6) 在 Synthesis Options 标签下,单击 Synthesis Constraints File 属性域,输入 stopwatch. xcf。

(7) 选中写时序检查(Write Timing Contraints)选项,单击 OK 按钮。

(8) 选中 stopwatch. vhd 文件,并在处理子窗口用鼠标双击 Synthesize 选项。

通过上面的步骤,完成对约束文件的配置过程。

8.1.4 RTL 符号的查看

在综合完成后,XST 将产生 RTL 的原理图(RTL Schematic)。可以通过 RTL 原理图查看工具,看到综合后的逻辑连接关系。

RTL 原理图是优化前的 HDL 代码的逻辑;技术原理图(Technology Schematic)是 HDL 综合完成后的设计和目标技术的映射。通过下面的步骤,查看 RTL 原理图对 HDL 设计的描述过程:

(1) 在处理子窗口,单击 Synthesize-XST 选项,将其下面的功能分层展开。

(2) 双击 View RTL Schematic 或 View Technology Schematic 选择。如图 8.1 所示,RTL 的查看工具将显示出 HDL 的顶层设计的符号描述。双击图标,可以更进一步看到底层模块的连接关系。

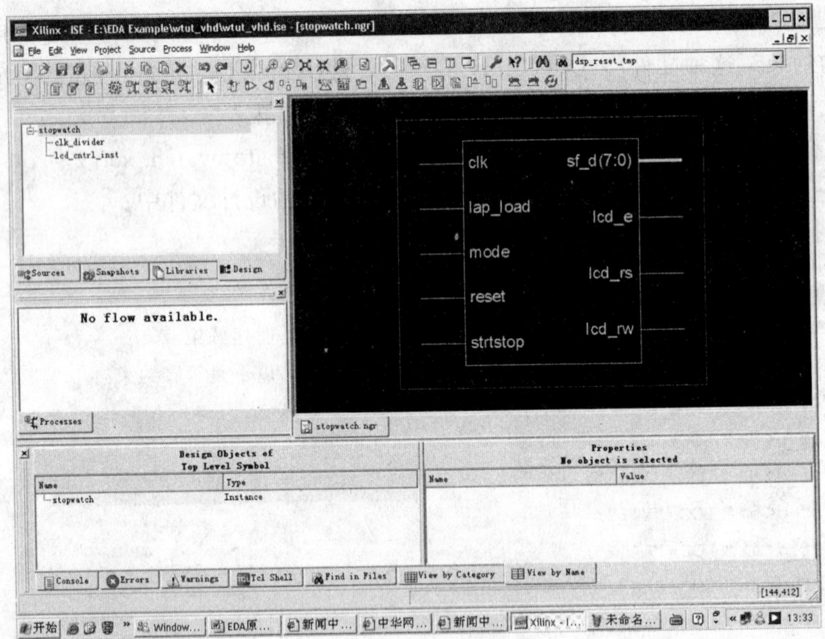

图 8.1 RTL 符号界面

8.2 行为仿真的实现

8.2.1 生成测试向量

1. 测试向量概述

VHDL 还可以描述变化的测试信号。描述测试信号的变化和测试过程的模块叫做测试平台(Testbench),它可以对任何一个 Verilog/VHDL 模块进行动态的全面测试。通过对被测试模块的输出信号的测试,可以验证逻辑系统的设计和结构,并对发现的问题及时解决。

测试平台是为逻辑设计仿真而编写的代码,它能直接与逻辑设计接口。如图 8.2 所示,通过向逻辑设计施加激励,检测被测模块的输出信号。

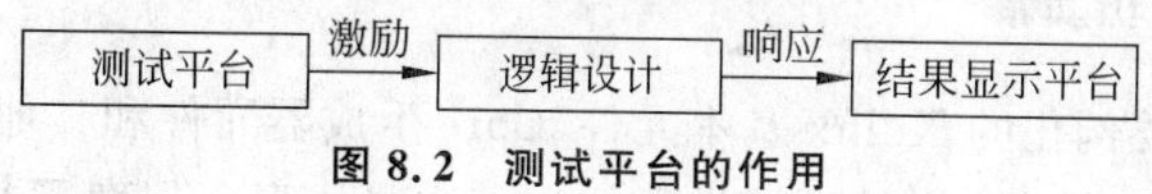

图 8.2 测试平台的作用

测试平台通常使用 VHDL、Verilog 编写,同时还能调用外部的文件和 C 函数。测试平台可以使用同逻辑设计不同的描述语言,仿真器通常提供支持不同描述语言的混合仿真功能。

硬件描述语言如 Verilog 和 VHDL 等,都提供了两种基本的建模方式:行为级和寄存器传输级。寄存器传输级是对硬件逻辑进行可综合性的描述,使用的是 HDL 语言中可综合的描述部分。寄存器传输级代码可以由逻辑综合工具直接转换成门级电路。行为级描述是对硬件逻辑更为灵活和抽象的描述,描述的重点在于硬件逻辑的功能,通常不考虑时序问题。行为级代码通常不能被逻辑综合工具转换成门级电路。测试平台以行为级描述为主,不使用寄存器传输级的描述形式。

测试平台主要由两个组件构成:激励生成和响应测试。它们同被测单元(Device Under Test,DUT)的关系如图 8.3 所示。

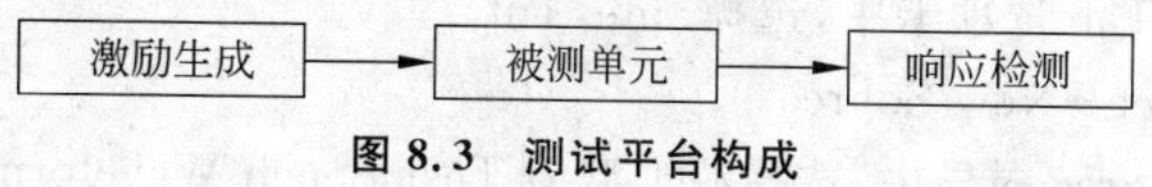

图 8.3 测试平台构成

DUT 是待测的逻辑电路。通常,DUT 是使用 HDL 语言编写的寄存器传输级电路。

激励生成模块的主要功能是根据 DUT 输入接口的信号时序,对 DUT 产生信号激励,将测试信号向量输入到 DUT 中。响应测试模块根据 DUT 输入接口的信号时序,响应 DUT 的输出请求,并检查输出结果的正确性。

建立测试平台时,首先应针对 DUT 的功能定义测试向量;然后根据每一个测试向量的要求分别设计激励生成和响应测试模块,要求激励生成模块能够能在 DUT 的接口上产生该测试向量所需的信号激励,响应测试模块能够对 DUT 在这种信号激励下的结果输出进行响应和测试;最后将激励生成模块、DUT和响应测试模块相连,组成验证环境,在仿真器上进行仿真,根据响应测试模块的测试报告来判断测试向量是否通过测试。

2. 设置仿真工具

Xilinx 的 ISE 工具提供了集成设计流程,该设计流程支持基于 Mentor Graphics 公司 ModelSim 仿真工具和 ISE 仿真工具,这两种仿真工具均可从工程向导中运行。

只有安装 ModelSim 软件才能使用 ModelSim 仿真工具,ModelSim PE 和 ModelSim SE 是 Mentor Graphics 公司 ModelSim 软件的完全版本。为配合 ISE9.2 库的仿真,需要使用 ModelSim 6.0 或更高版本。ModelSim XE 是基于 ModelSim PE 的 ModelSim Xinlinx 版本。

当安装 ISE 软件时,ISE 仿真工具就自动安装完成,所以不需要进行额外安装。

3. 配置 Xilinx 仿真库

当设计中有需要例化的 Xilinx 基本元件、Core 生成器元件和其他 IP 核时,必须要使用 Xilinx 的仿真库才能对这样的设计进行仿真。这些仿真库保存了每一个元件的模型。这些模型描述了每一个元件的功能,为仿真工具提供了仿真时所需要的信息。

ModelSim 软件使用 modelsim.ini 文件确定编译库的位置。比如,将 UNISIM 库编译到 c:\lib\UNISIM 路径下,在该文件中必须有下面的映射描述: UNISIM=C:\lib\UNISIM。

4. 建立波形测试向量

1) 波形测试向量的建立

这一部分介绍通过波形编辑器产生测试向量的过程。可以通过波形编辑器,以图形的方式输入激励信号,生成 VHDL 或 Verilog 测试平台。

下面的过程给出了为子模块创建测试平台波形的步骤(当然波形编辑器也能为顶层设计生成一个激励源)。下面给出通过波形编辑器创建一个测试平台波形文件的步骤:

(1) 在 Source Tab 选项卡中,选择 time_cnt。

(2) 选择 Project→New Source。

(3) 在 New Source 向导中,选择源类型为 Test Bench Waveform。

(4) 输入 time_cnt_tb,单击 Next 按钮。

需要注意的是,在选项对话框中,文件 time_cnt 为默认的源文件,这是因为在 Source Tab 选项卡中,选择了 time_cnt。

(5) 单击 Next 按钮,单击 Finish 按钮。

(6) 在 ISE 中打开波形编辑器。显示初始化时序对话框,可以设定仿真时间参数。时钟为高和低区域决定了时钟周期。输入建立时间决定了输入有效起始时间,输出有效延迟定义了时钟有效后输出有效的起始时间。

(7) 初始化时序对话框，如下输入：

- Clock Time High：10
- Clock Time Low：10
- Input Setup Time：5
- Output Valid Delay：5

(8) 在全局时钟部分选择 GSR(FPGA)。

(9) 将初始化的测试平台(TestBench)长度改为 3000，单击 Finish 按钮。

通过上面的步骤，完成建立测试向量的过程。

2) 波形测试向量的应用

在波形编辑器中，可以应用过渡带(High/Low)，其宽度由 Input setup delay 和 the Output valid delay 决定。如图 8.4 所示对该测试产生如下激励输入：

(1) 单击 CE 在 110ns 时为高。

(2) 单击 CLR 在 150ns 时为高。

(3) 单击 CLR 在 230ns 时为低。

(4) 单击 Save 按钮：新的测试平台波形源(time_cnt_tb. tbw)自动加入到工程中。

(5) 在 Source Tab 选项卡中，选择 time_cnt_tb. tbw。

(6) 双击 Generate Self-Checking Test Bench。

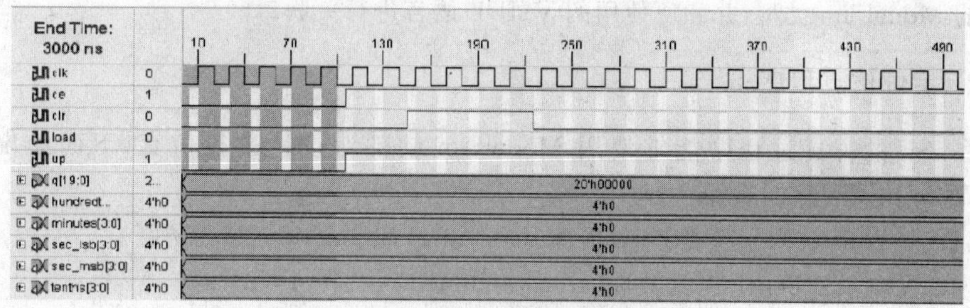

图 8.4 在波形编辑器中生成激励信号

一个包含输出数据和自检码的测试平台产生并添加到工程中，创建的测试平台文件可用于与仿真后的数据比较。

8.2.2 基于 ModelSim 行为仿真实现

下面所介绍的行为仿真是基于前面的秒表设计完成，并完成了设计综合。为了实现对该设计的行为仿真，需要下面的文件：设计文件、测试平台文件和 Xilinx 仿真库。

(1) 设计文件：VHDL、Verilog 或原理图文件。

(2) Testbench 文件：仿真设计过程中需要一个测试平台文件作为仿真激励源。

(3) Xilinx 仿真库：当在设计中使用 IP 核时，应该创建 Xilinx 仿真库，库中包含了 DCM 数字时钟管理和核产生器(CORE Generator)元件。

1. 添加 HDL 测试文件

下面给出添加测试平台文件步骤和过程：

(1) 如果建立一个新的测试平台文件，可选择 Project→New Source，选择文件类型为 VHDL Test Bench 或 Verilog Text Fixture，生成一个仿真文件，可以在这个文件中定义所需要的测试平台及其测试向量。

(2) 如果添加已经设计完成的测试平台文件，可选择 Project→Add Source，在该设计中选择测试平台文件 stopwatch_tb. vhd，并在文件类型对话框中选择 VHDL Test Bench File/ Verilog Text Fixture File。ISE 会自动识别顶层设计文件并将其与测试文件进行关联。

如果在工程中已经添加了一个测试平台文件，那么就可以用 ModelSim 完成行为仿真，ISE 与 ModelSim 已经完全一体化，ISE 能使用 ModelSim 创建工作路径，编译源文件，下载设计文件，并进行仿真。使用 ISE 软件或 ModelSim 软件，仿真结果是相同的。

下面给出 ISE 的工程向导调用 ModelSim 仿真的步骤：

(1) 在 Source Tab 选项卡中，右键单击器件名，如 xc3s700A-4fg484，选择 Properties 选项(针对不同的芯片和硬件平台，需要对示例程序进行修改)。

(2) 在 Project Properties(工程属性)对话框的 Simulator Field(仿真器域)中选择所使用的 ModelSim 类型，并和所使用的 VHDL 语言进行关联。

2. 定位仿真程序

在 ISE 的仿真过程中能够使用 ModelSim 软件对设计进行仿真，下面给出定位 ModelSim 仿真程序的步骤。

(1) 在 Source Tab 选项卡中，选择 Behavioral Simulation(行为仿真)。

(2) 选择 Testbench 测试文件(stopwatch_tb)。

(3) 在 Processes Tab 选项卡中，展开 ModelSim Simulator 程序目录层次。

如果没有 ModelSim 仿真程序，那么有可能是在 Project Properties 对话框没有将 ModelSim 选为仿真器，或者是 Project Navigator 无法找到 modelsim. exe 文件。

下面给出设置 ModelSim 单元的步骤：

(1) 选择 Edit→Preferences。

(2) 展开 ISE preferences。

(3) 单击 Integrated Tools。

(4) 在右栏中的 Model Tech Simulator 下，定位 modelsim. exe 文件。如 c:\modeltech_xe \win32xoem \modelsim. exe。

下面给出可用的仿真过程的步骤：

(1) Simulate Behavioral Model：这一过程开始设计仿真。

(2) 产生一个自检的 HDL Testbench：这个过程产生一个相当于测试平台波形(Test Beach Waveform，TBW)文件的自检 HDL Testbench 文件，并加入到工程中。也可以通过这一过程来更新现有的自检测试波形文件。

3. 设置仿真属性

在 ISE 中可以设置包括属性的多个 ModelSim 仿真属性，下面给出设置行为仿真属性的步骤：

（1）在 Source Tab 选项卡中，选择 Testbench 测试文件(stopwatch_tb)。

（2）在 Processes Tab 选项卡中，展开 ModelSim Simulator 程序目录层次。

（3）右击 Simulate Behavioral Model，选择 Properties。

（4）在 Process Properties 对话框中，如图 8.5 所示，设置 Property display level 为 Advanced 这个全局性的设置，可看到所有可用的属性。

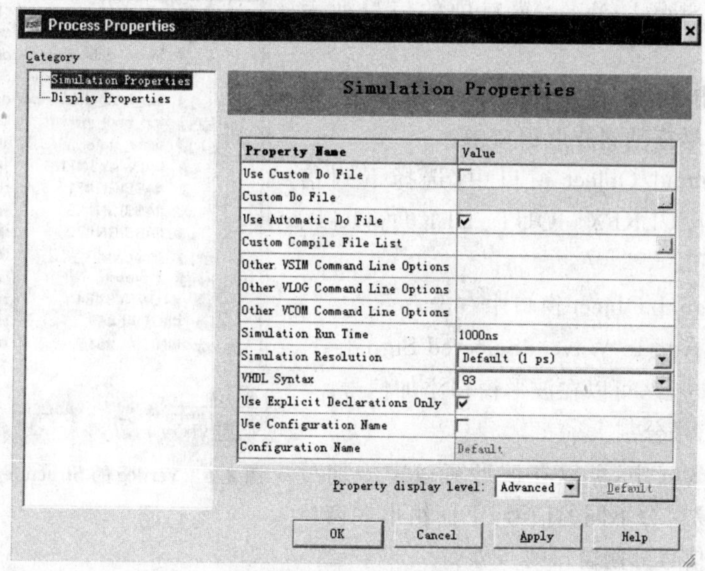

图 8.5 仿真属性的设置

（5）将仿真运行时间改为 2000ns，单击 OK 按钮。

通过上面步骤完成仿真属性设置。

4. 运行仿真

当仿真属性设置完成后，就可以准备运行 ModelSim 仿真软件。双击 Simulate Behavioral Model，启动行为仿真。ModelSim 仿真工具可以创建工作目录，编译源文件，添加设计，并进行指定时间的仿真模拟过程。

该设计的工作频率为 100Hz，因此需要设定足够的时间长度来仿真。第一次复位后，输出过渡的 SF_D 和 LCD_E 控制信号大约 33ms。这就是为什么计数器不在短时间的仿真中使用，只有通过对 DCM 信号监测来验证计数器工作是否正常的原理。

1）添加信号

为了观察仿真过程中的内部信号，必须将这些信号添加到波形窗口中。ISE 会自动将顶层端口信号加入到波形窗口，其他信号在基于被选结构的信号窗口中显示，可以通过以下两种基本方法将其他信号加入仿真波形窗口：

(1) 从 Signal/Object 窗口中拖动到信号波形窗口。

(2) 在 Signal/Object 窗口中选择信号，选择 Add→Wave→Selected Signals。

下面介绍将 DCM 信号加入到波形窗口中的步骤（如果使用的是 ModelSim 6.0 或更高版本，在默认状态下，所有窗口均是 docked，可选择 undock 图标来取消）：

(1) 在 Structure/Instance 窗口中，展开 uut 目录层次。图 8.6 为 Verilog 的 Structure/Instance 窗口。当然原理图或是 VHDL 的 Structure/Instance 窗口可能有所不同。

(2) 在 Structure/Instance 窗口中选择 dcm1，那么在 Signal/Object 窗口中的信号列表将被更新。

(3) 单击并将 Signal/Object 窗口中的 CLKIN_IN 信号拖动到波形窗口中。

(4) 在 Signal/Object 窗口中，选择下列信号：RST_IN、CLKFX_OUT、CLK0_OUT、LOCKED_OUT。

(5) 在 Signal/Object 窗口中右击。

(6) 选择 Add to Wave→Selected Signals。

通过以上步骤，可以在波形窗口添加信号。

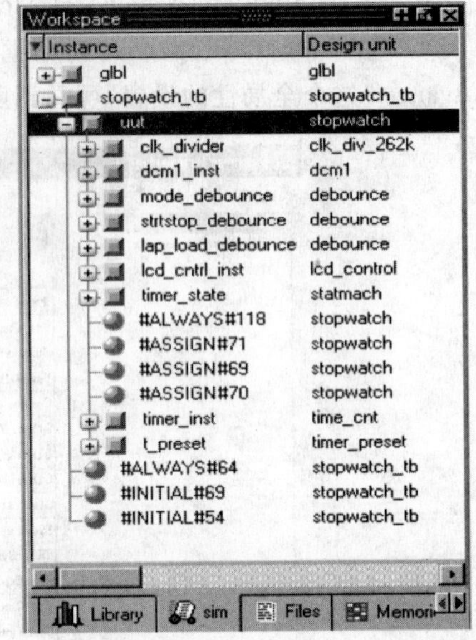

图 8.6 Verilog 的 Structure/Instance 窗口

2) 添加信号分割

在 ModelSim 中，可以在波形窗口中添加分割，使得更容易区分不同的信号，下面给出在窗口中添加 DCM 信号分割窗口的步骤：

(1) 右击波形窗口信号部分的任意位置，如果需要可先将窗口最大化。

(2) 选择 Insert Divider。

(3) 在 Divider Name 框中输入 DCM Signals。

(4) 单击 OK 按钮。

(5) 将新建的信号拖到 CLKIN_IN 信号上方。

图 8.7 给出了在添加 DCM 信号分割窗口后的波形。

新增信号的波形还未给出，这是因为 ModelSim 还未记录这些信号的数据。在默认情况下，只有重新经过仿真后，ModelSim 才会记录新添加到波形窗口中的信号。当波形窗口添加新信号后，需要重新进行仿真。

3) 重新仿真

为了在 ModelSim 中重新完成仿真过程，需要执行以下操作步骤：

(1) 单击 Restart Simulation 图标。

(2) 如图 8.8 所示，在 Restart 对话框中，单击 Restart 按钮，如图 8.7 所示。

(3) 在 ModelSim 命令行中，输入 run 2000ns，按下 Enter 键。

仿真运行 2000ns，仿真结束后，在波形窗口中可见 DCM 新波形。

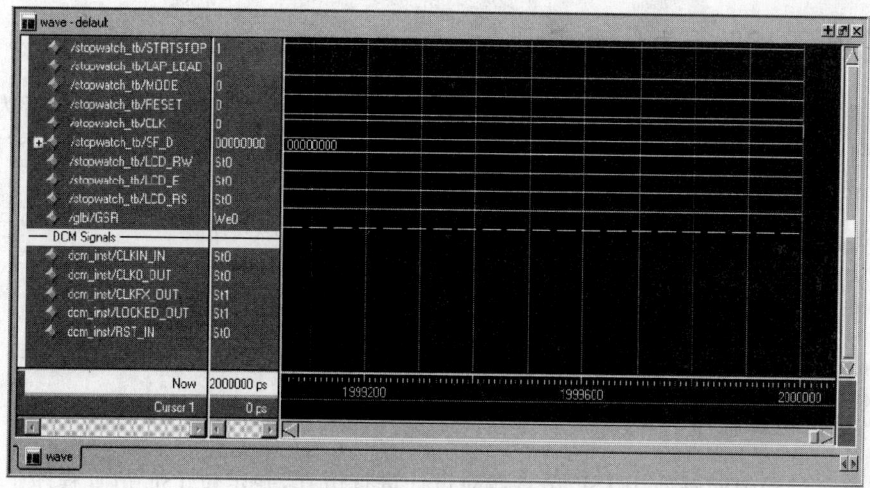

图 8.7 添加分割信号后仿真波形

4）分析信号

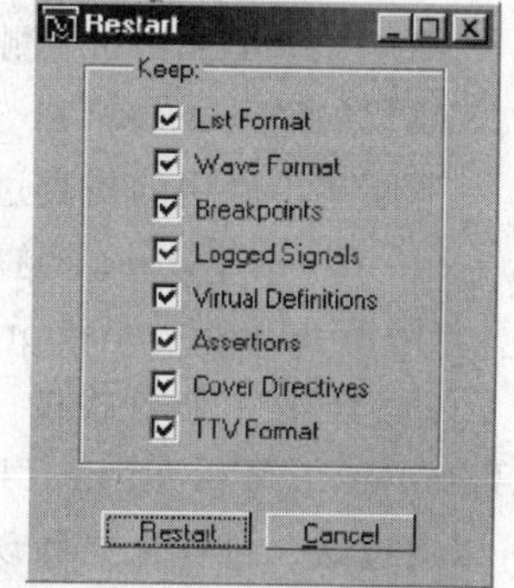

图 8.8 重新仿真对话框

通过分析 DCM 信号来验证计数器工作是否正常。CLK0_OUT 信号须为 50MHz，CLKFX_OUT 须为 26MHz。只在 LOCKED_OUT 信号为高时，DCM 输出信号有效。所以只在 LOCKED_OUT 信号为高时，才能分析 DCM 信号。ModelSim 中可通过光标来测量信号之间的距离。下面给出测量 CLK0_OUT 信号的步骤：

(1) 选择 Add→Wave→Cursor，定位两个光标(Cursors)。

(2) 在 LOCKED_OUT 信号为高后，单击拖拽 CLK0_OUT 信号的第一个上升沿。

(3) 单击拖拽第二个光标。

(4) 单击 Find Next Transition 图标两次将光标移到 CLK0_OUT 信号的下一个上升沿。

(5) 可观察波形底部两个光标之间的距离。测量值为 20 000ps(50MHz)，既是测试平台的输入频率，也是 DCM 的 CLK0 信号输出。

(6) 同样使用上述方式测量 CLKFX_OUT。测量值为 38 462ps，约为 26MHz。

通过上面步骤，完成对 CLK0_OUT 信号的测量和分析。

5）保存仿真

ModelSim 可保存列表中的所有信号，也可保存波形窗口中经过重新仿真后的新增信号。下面给出保存信号的步骤：

(1) 在波形窗口中，选择 File→Save as。

(2) 在保存类型对话框中，将默认的 wave.do 重新命名为 dcm_signal.do。

(3) 单击 Save 按钮。

在重新启动仿真之后，在波形窗口中选择 File→Load 重新加载此文件。

8.2.3 基于 ISE 行为仿真实现

如果在工程中已经生成了一个测试平台文件,那么就可以在 ISE 中进行行为仿真。ISE 能创建工作路径,编译源文件,下载设计文件,并根据仿真属性进行仿真。下面给出了使用 ISE 仿真器进行仿真的步骤:

(1) 在 Source Tab 选项卡中,右击器件名,如 xc3s700A-4fg484。

(2) 选择 Properties 选项。

(3) 在 Project Properties 对话框的 Simulator field 中选择 ISE Simulator。

通过上面的步骤完成对 ISE 仿真工作的属性设置。

1. 定位仿真程序

在仿真过程中能够使用 ISE 仿真器对设计进行仿真,并定位 ISE 仿真程序。下面给出定位仿真程序的步骤:

(1) 在 Source Tab 选项卡中,选择 Behavioral Simulation。

(2) 选择 Testbench 测试文件(stopwatch_tb)。

(3) 在 Processes Tab 选项卡中,展开 ISE Simulator 程序目录层次。

下面是可使用的仿真过程:

(1) Check Syntax:这个过程检查测试平台文件中的语法错误。

(2) Simulate Behavioral Model:这一过程开始设计仿真。

(3) 产生一个自检的 HDL Testbench:这个过程产生一个相当于测试平台波形(Test Bench Waveform,TBW)文件的自检 HDL Testbench 文件,并加入到工程中。也可以通过这一过程来更新现有的自检测试平台文件。

2. 设置仿真属性

在 ISE 中可以设置包括网表属性的多个 ISE 仿真器的仿真属性。下面给出设置行为仿真属性的步骤:

(1) 在 Source Tab 选项卡中,选择测试平台文件(stopwatch_tb)。

(2) 在 Processes Tab 选项卡中,展开 ISE Simulator 程序目录层次。

(3) 右击 Simulate Behavioral Model。

(4) 选择 Properties。

(5) 如图 8.9 所示,在 Process Properties 对话框中,设置 Property display level 为 Advanced 这个全局性的设置,可看到所有可用的属性。

(6) 将仿真运行时间改为 2000ns。

(7) 单击 Apply 和 OK 按钮。

通过上面的步骤,完成对 ISE 仿真器的属性设置。

3. 运行仿真

一旦将 Process Properties 设置完成,那么已经准备好运行 ISE Simulator。启动行

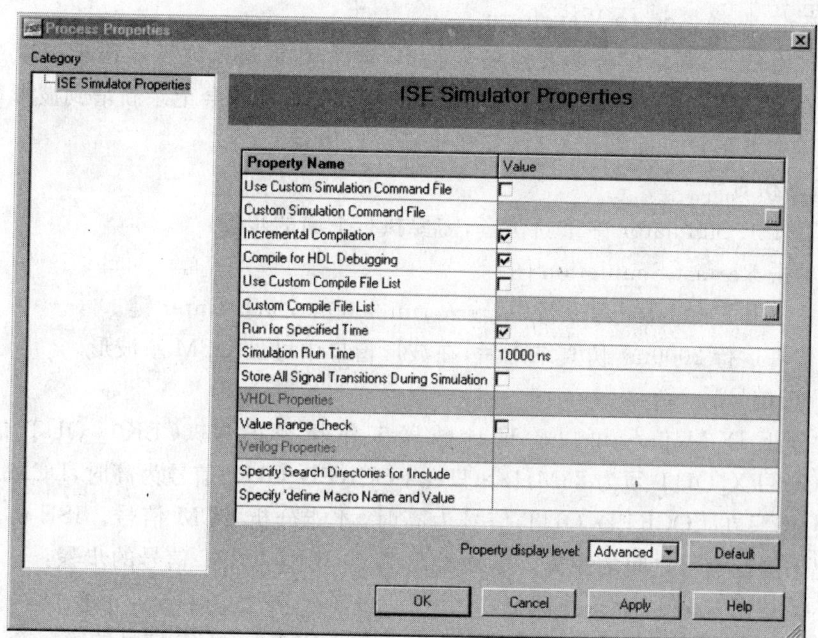

图 8.9 行为仿真属性设置

为仿真，双击 Simulate Behavioral Model。ISE Simulator 创建工作目录，编译源文件，加载设计，并进行指定时间的仿真模拟。

大多数设计运行速度为 100Hz，并设定一定意义的时间来仿真。第一次复位后，输出过渡的 SF_D 和 LCD_E 控制信号大约为 33ms。这就是为什么计数器不在短时间的仿真中使用，只有 DCM 信号监测来验证它们是否正常工作。

1) 添加信号

为了观察仿真过程中的内部信号，必须将内部信号添加到波形窗口中，ISE 会自动将顶层端口信号加入到波形窗口，其他信号在基于被选结构的信号窗口中显示。下面将给出将 DCM 信号加入到波形窗口的步骤：

(1) 在 Sim Hierarchy 窗口中，展开 stopwatch_tb 目录层次。

(2) 展开 uut stopwatch_tb 目录层次。

图 8.10 为 Verilog 的 Sim Hierarchy 窗口。当然原理图或是 VHDL 的 Sim Hierarchy 窗口可能有所不同。

(3) 在 Sim Hierarchy 窗口中选择 dcm1。

(4) 单击并将 Sim Hierarchy 窗口中的 CLKIN_IN 信号拖动到波形窗口中。

(5) 在 Signal/Object 窗口中，选择下列信号：RST_IN、CLKFX_OUT、CLK0_OUT、LOCKED_OUT。

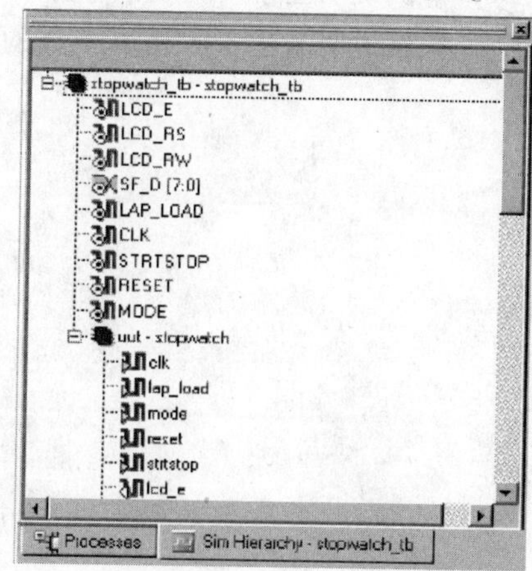

图 8.10 Sim 分层窗口

(6) 右击，选择 Add to Waveform。

需要注意的是，新增信号的波形还未给出，这是因为 ISE 仿真器还未记录这些信号的数据。在默认情况下，只有经过重新仿真后，ISE 仿真器才会记录新增到波形窗口中的信号。所以在波形窗口新增信号后，需要重新进行仿真。

2) 重新仿真

为了在 ISE Simulator 中重新仿真，需要执行下面的步骤：

(1) 单击 Restart Simulation 图标。

(2) 在 ISE Simulator 命令行中，输入 run 2000ns，按下 Enter 键。

(3) 仿真运行 2000ns，仿真结束后，在波形窗口中可见 DCM 新波形。

3) 分析信号

通过分析 DCM 信号可以验证计数器工作是否正常。CLK0_OUT 信号须为 50MHz，CLKFX_OUT 须为 26MHz。只在 LOCKED_OUT 信号为高时，DCM 输出信号有效。因此，只在 LOCKED_OUT 信号为高时，才能分析 DCM 信号。ISE 仿真器中可通过标记来测量信号之间的距离。下面给出测量 CLK0_OUT 信号的步骤：

(1) 单击 Measure Marker 图标。

(2) 在 LOCKED_OUT 信号为高后，单击标记 CLK0_OUT 信号的第一个上升沿。

(3) 单击标记第二个上升沿。

(4) 可观察波形底部两个光标之间的距离。测量值为 20 000ps(50MHz)，即为 Testbench 的输入频率，也是 DCM CLK0 的输出。

(5) 同样使用上述方式测量 CLKFX_OUT。测量值为 38 462ps，约为 26MHz。

习　题　8

1. 说明行为综合的概念及由其所完成的功能。
2. 说明基于 HDL 语言或波形文件的测试向量的生成方法。
3. 举例说明基于 ModelSim 仿真工具的行为仿真的实现过程。
4. 举例说明基于 ISE 仿真工具的行为仿真的实现过程。

第9章 chapter 9

设计实现和时序仿真

本章首先对建立用户约束文件的方法和设计分区进行了介绍。随后，本章对ISE设计流程的实现过程进行了详细的介绍，其中包括翻译、映射和布局布线的过程。在每个实现步骤中，介绍了属性参数的设置以及查看时序报告的方法。在此基础上，对布局布线后的设计进行了时序仿真，分别使用了ModelSim仿真器和ISE仿真器完成对设计的时序仿真。本章是ISE设计流程中非常重要的一部分内容，读者要认真领会，并通过实际操作掌握该章的内容。

9.1 实现过程概述及约束

9.1.1 实现过程概述

ISE中的实现(implement)过程，是将综合输出的逻辑网表翻译成所选器件的底层模块与硬件原语，将设计映射到器件结构上，进行布局布线，达到在选定器件上实现设计的过程。

实现过程主要分为3个步骤：翻译(translate)逻辑网表，映射(map)到器件单元与布局布线(Place & Route)。

- 翻译的主要作用是将综合输出的逻辑网表翻译为Xilinx特定器件的底层结构和硬件原语。
- 映射的主要作用是将设计映射到具体型号的器件上。
- 布局布线的主要作用是调用Xilinx布局布线器，根据用户约束和物理约束，对设计模块进行实际的布局，并根据设计连接，对布局后的模块进行布线，产生PLD配置文件。

9.1.2 建立约束文件

前几章仿真设计的秒表系统，包括5个输入：CLK、RESET、LAP_LOAD、MODE和SRTSTP。如果已经通过原理图或HDL输入创建了工程，并设计输入了源文件和EDIF网表文件。如果工程中未包含用户约束文件(User Constraint File)stopwatch.ucf文件。下面给出创建UCF文件的步骤：

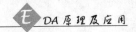

(1) 在 Source Tab 选项卡中,选择顶层文件 stopwatch。

(2) 选择 Project→New Source,选择 Implementation Constraints File。

(3) 输入 stopwatch.ucf 作为文件名,单击 Next 按钮。

(4) 在列表中选择 stopwatch 文件作为 UCF 的约束对象文件(UCF 一般情况下是对顶层文件的约束),单击 Next 按钮,最后单击 Finish 按钮。

通过上面的步骤,建立用户约束文件。

9.2 设置实现属性参数

实现属性决定了软件映射,布局布线及优化过程。本节介绍如何在设计实现中设置其属性。下面给出了设置属性的步骤和方法:

(1) 在 Source Tab 选项卡中,选择顶层文件 stopwatch。

(2) 在 Processes 选项卡中,右击 Implement Design。

(3) 选择快捷菜单栏中的 Properties 选项,Processes Properties 对话框提供了翻译、映射、布局布线、仿真和时序报告等属性,注意设计实现中不同方面的属性类型。

(4) 如图 9.1 所示,在对话框的右下角,设置属性的显示级别为 Advanced 这个全局性的设置,可看到所有可用的属性。

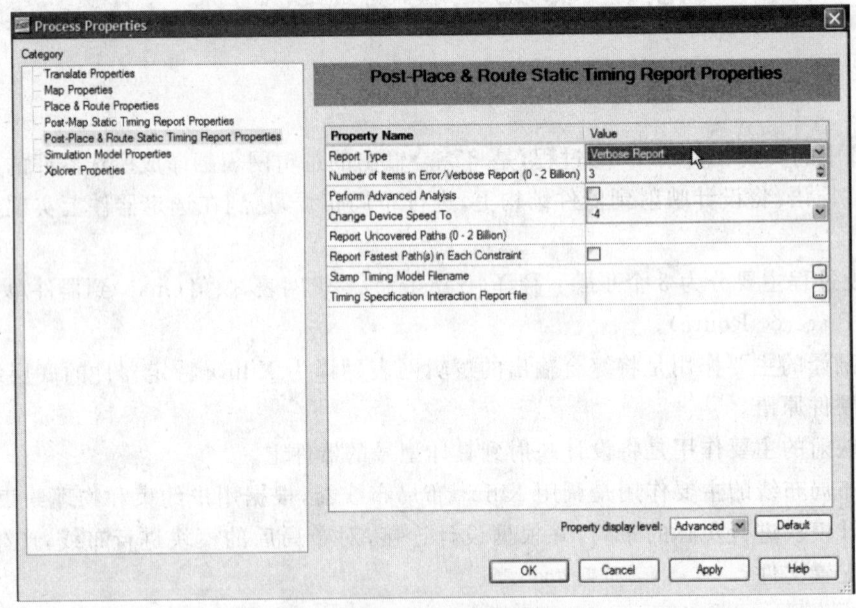

图 9.1 静态时序报告属性设置

(5) 单击 Post-Map Static Timing Report Properties 类型。

(6) 将报告类型改为 Verbose Report,这个报告将会在映射完成之后产生。

(7) 单击 Post-Place & Route Static Timing Report Properties(布局布线后静态时序报告)类型。

(8) 将报告类型改为 Verbose Report，这个报告将会在布局布线完成之后产生。

(9) 单击 Place & Route Properties 类型。

(10) 如图 9.2 所示，将 Place & Route Effort Level (Overall)设置为 High，这个选项将提高在实现过程中全局布局布线的水平。

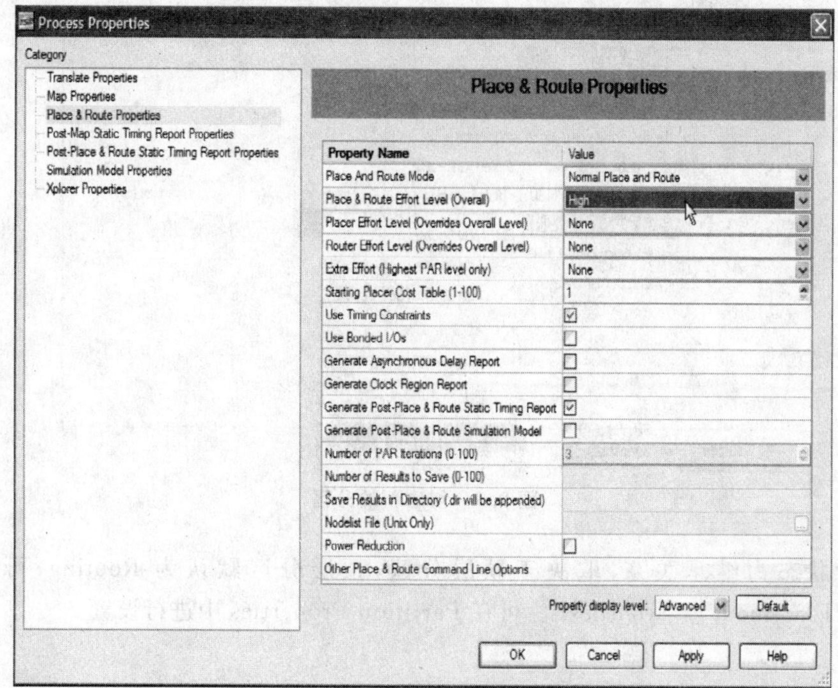

图 9.2 布局布线属性设置

(11) 单击 OK 按钮，退出 Process Properties 对话框。

9.3 创建分区

在逻辑设置中一个实例创建一个分区是为了表明在实现过程中这个实例可以重复利用。分区可以嵌套分级并在任何一个设计的 HDL 模块中定义。在 Verilog 中分区设置基于模块实例，而在 VHDL 中，分区设置是基于实体构造。一个由多个实例构成的模块将有多个分区——一个分区对应一个实例。HDL 设计的顶层有一个默认分区。分区自动识别输入源的变化，包括 HDL 的改变，约束改变和命令行的改变。分区的创建在综合工具中完成。下面给出完成设计中的分区操作使能的步骤：

(1) 如图 9.3 所示，在 Source Tab 选项卡中，选择 lcd_cntrl_inst 模块并右击。

(2) 在快捷菜单中选择 New Partition。

(3) 同样对 timer_state 执行上述操作。

(4) 同样对 timer_inst 执行上述操作。

注意：在 ISE9.1i 中，如果分区设置在原理图模块中，则不允许进行反复映射。

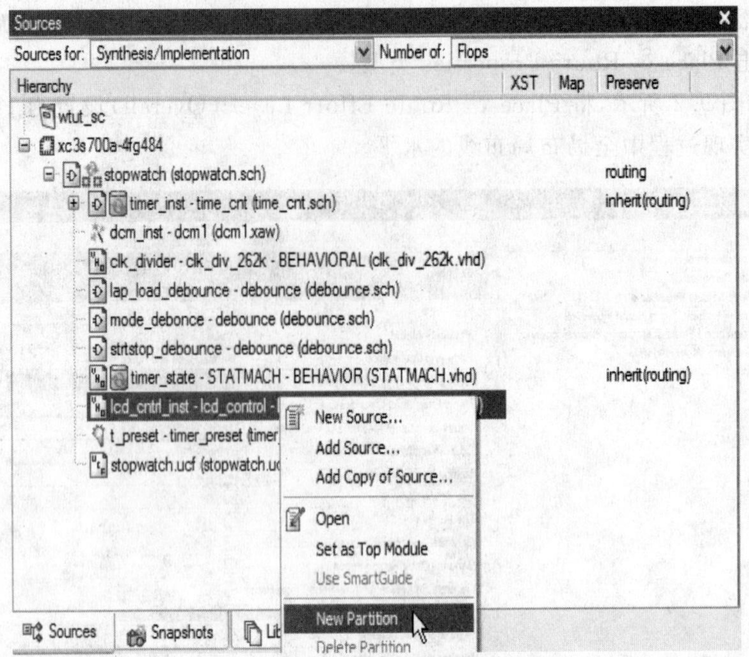

图 9.3　创建新的分区

保存状态为继承关系，取决于顶层分区，顶层分区默认为 Routing，可以改为 Routing，Placement 或 Sysnthesis。可在 Partition Properties 中进行设置。

9.4　创建时序约束

用户约束文件(User Constraint File，UCF)提供了一个无需回到设计输入工具就能约束逻辑设计的构造方法。可使用约束编辑器和平面图编辑器的图形化界面进行时序和管脚约束。下面给出创建时序约束的步骤：

(1) 在 Source Tab 选项卡中，选择 Stopwatch。

(2) 在 Processes 选项卡中，展开 User Constraints 层级目录。

(3) 双击 Create Timing Constraints，如图 9.4 所示，这时自动执行翻译步骤，然后约束编辑器自动打开。

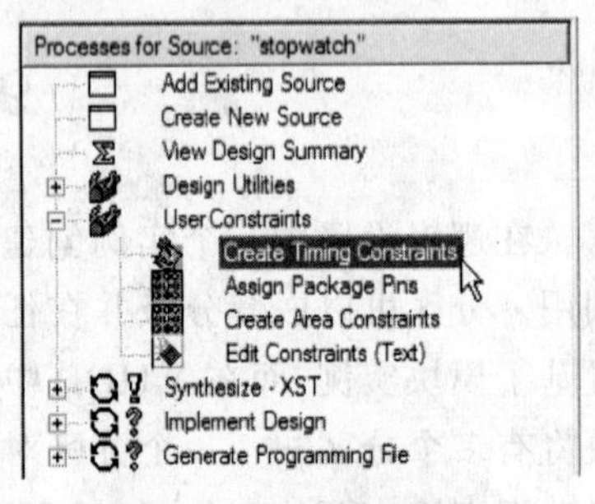

图 9.4　创建时序约束

9.5　设计翻译

在实现过程中，ISE 管理文件的创建。ISE 工具的属性对话框对其进行设置，这将完全控制设计的实现(implement)过程。一般情况下，先设置选项，然后双击 Implement

Design 执行整个流程，下面将给出设计实现过程中的每一步骤的详细过程。在翻译过程中，NGDBuild 程序完成以下功能：

(1) 将输入设计网表和写入的结果转换成单个综合 NGD 网表。这个网表描述了设计逻辑，包括布局及时序约束。

(2) 完成时序规范及逻辑设计规则的检查校验。

(3) 从用户约束文件中，将约束加入综合网表中。

9.6 设计约束

9.6.1 时序约束

当运行创建时序约束(Timing Constraints)时，这时自动执行翻译步骤，然后打开约束编辑器。约束编辑器的作用主要包括以下几个方面的内容：

(1) 编辑在原有 UCF 文件中的约束。

(2) 在设计加入新的约束。

约束编辑器中的输入文件包括：

(1) NGD(Native Generic Database)文件。

NGD 文件为映射的输入文件，然后输出 NCD (Native Circuit Description)文件。

(2) UCF 文件。

默认情况下，当 NGD 文件打开后，那么使用现存的 UCF 文件，当然也可重新指定 UCF 文件。

如图 9.5 所示，约束编辑器产生一个有效的 UCF 文件，翻译步骤(NGD Build)通过使用 UCF 文件和其设计源网表文件，产生一个新 NGD 文件。映射过程读取 NGD 文件。

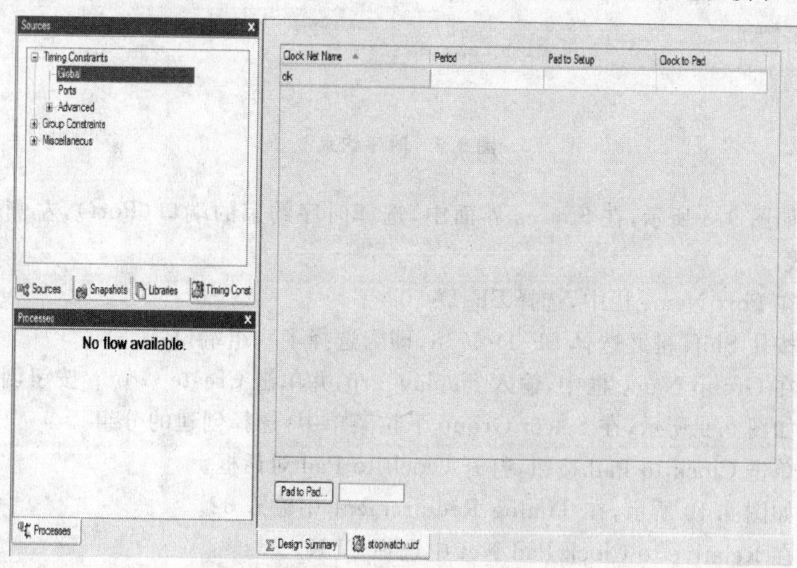

图 9.5 约束编辑器-全局分支

在该设计中，stopwatch. ngd 和 stopwatch. ucf 文件自动输入到约束编辑器中。在下面一部分中，与 PERIOD、全局 OFFSET IN、全局 OFFSET OUT 和 TIMEGRP OFFSET IN 有关的约束条件将写入 UCF 并在随后的实现过程中使用。如图 9.6 所示，时序约束的全局分支自动显示设计中的所有时钟网络。

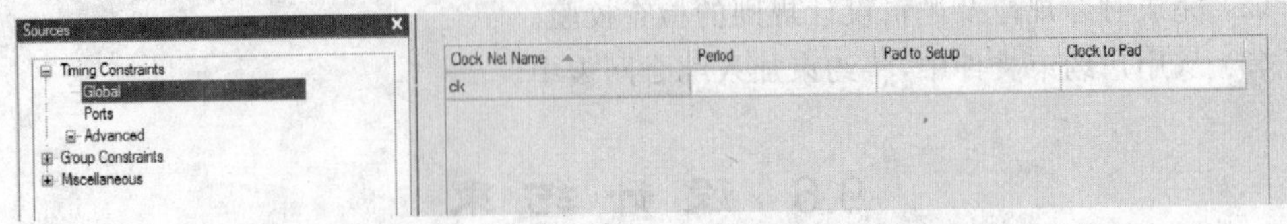

图 9.6 自动显示设计中的所有时钟

下面给出在约束编辑器中编辑约束的步骤：

(1) 双击与时钟网络 CLK 相关的周期单元，打开时钟周期对话框。

(2) 为定义时钟信号，选择 Specify Time：可明确地定义时钟的周期。

(3) 在 Time 框中输入 7.0。

(4) 在单元选择下拉菜单中选择 ns。

(5) 在输入抖动部分的 Time 框中输入 60。

(6) 在单元选择下拉菜单中选择 ps。

(7) 单击 OK 按钮，通过全局时钟约束设定来更新周期单元(默认为 50%运行周期)。

(8) 单击选择时钟信号的 Pad to Setup 单元，并输入 6ns：设置了输入信号的 Global OFFSET IN 约束。

(9) 单击选择时钟信号的 Clock to Pad 单元，如图 9.7 所示，输入 38ns：设置了输入信号的 Global OFFSET OUT 约束。

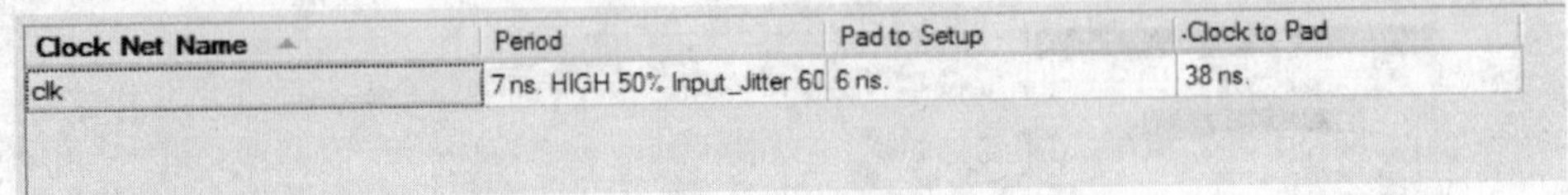

图 9.7 时序约束

(10) 如图 9.8 所示，在 Souces 界面中，选择时序约束的端口(Port)，左侧即为当前的端口列表。

(11) 在 Port Name 栏中，选择 SF_D<0>。

(12) 按住 Shift 键并选择 SF_D<7>，即为选择了一组端口。

(13) 在 Group Name 框中，输入 display_grp，并单击 Create Group 按钮创建分组。

(14) 如图 9.9 所示，在 Select Group 下拉菜单中，选择创建的分组。

(15) 单击 Clock to Pad 按钮，打开 Clock to Pad 对话框。

(16) 如图 9.10 所示，在 Timing Requirement 中输入 32。

(17) 在 Relative to Clock Pad Net 中选择 CLK。

(18) 单击 OK 按钮。

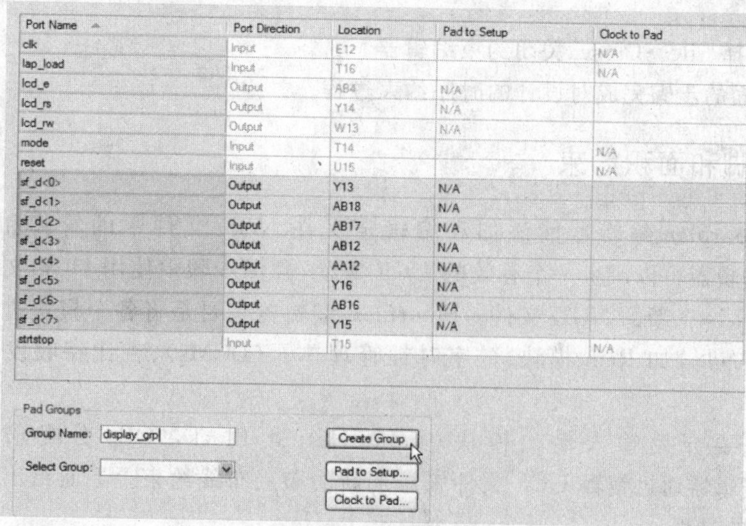

图 9.8 管脚约束

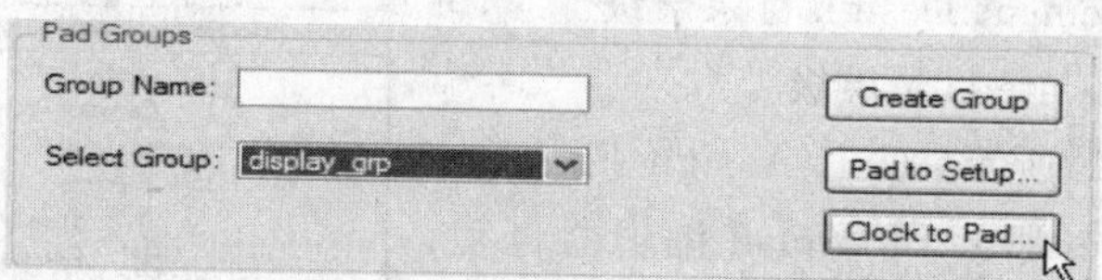

图 9.9 Select Group 下拉列表

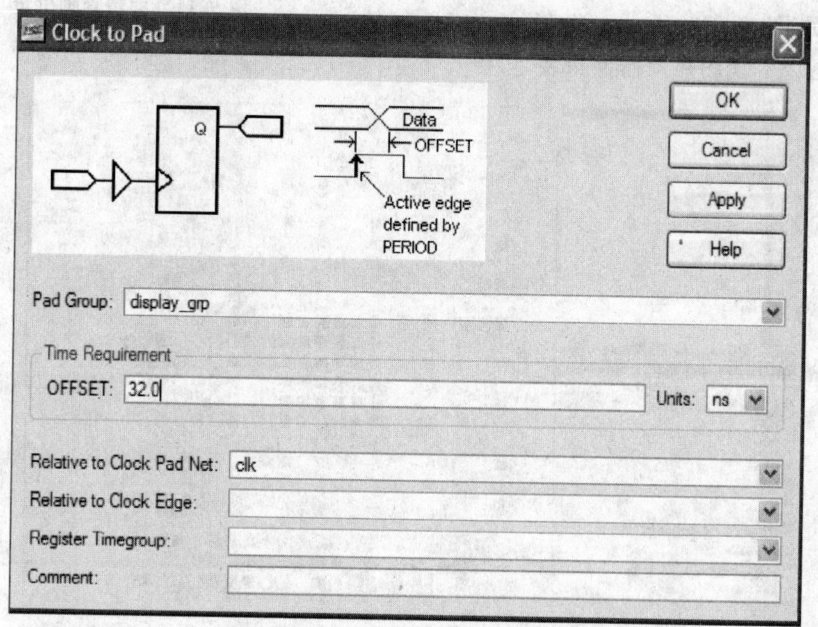

图 9.10 时序约束对话框

(19) 选择 File→Save，那么所有的改动都将保存在当前目录下的 stopwatch. ucf 文件中。

(20) 选择 File→Close,关闭约束编辑器。

通过上面的步骤完成对设计的时序约束过程。

9.6.2 管脚和面积约束

利用Floorplan编辑器能添加和编辑定义在NGD文件中的管脚和面积约束。Floorplan编辑器可以产生一个有效的UCF文件,翻译步骤中使用UCF文件和设计网表文件来产生一个新的NGD文件。Floorplan编辑器主要是将各个模块进行类似于电路板的全局布局,如Ram模块、数字时钟管理单元(DCMs)、吉比特收发器(GTs)和BUFGs等。

下面主要介绍输入输出模块(Input/Output Block,IOB)分配信号的过程。Floorplan编辑器通过编辑UCF文件来添加新的布局布线约束。下面给出添加新的布局布线约束的过程:

(1) 在Sources窗口中,选择stopwatch模块。

(2) 展开Implement Design目录层级。

(3) 展开Translate目录层级。

(4) 如图9.11所示,双击Assign Package Pins Post-Translate,那么Floorplan编辑器自动启动;如果是EDIF工程,双击用户约束目录下的Assign Package Pins。

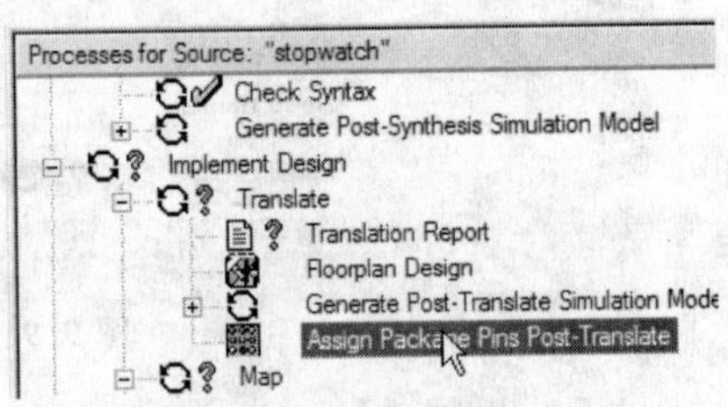

图9.11 编辑管脚位置

(5) 如图9.12所示,选择工作区中的Package标签:视图显示器件封装。

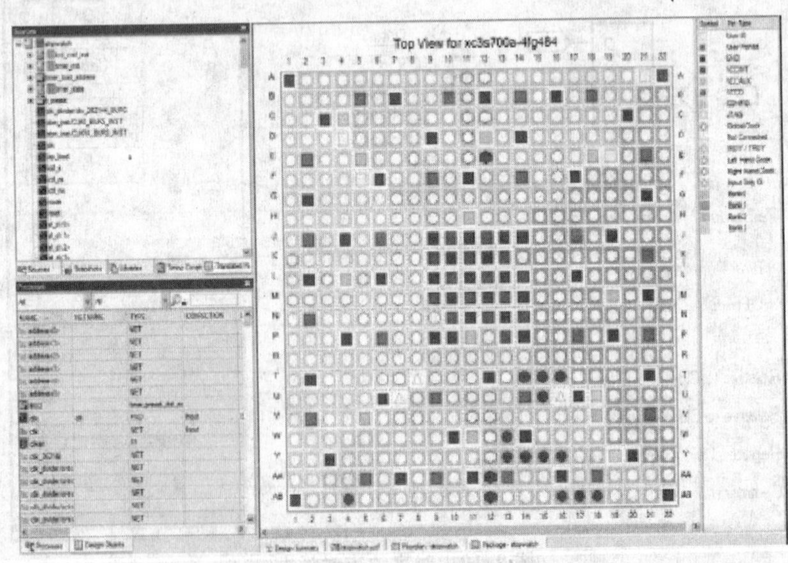

图9.12 Floorplan编辑器

(6) 在 Processes 面板中选择 Design Object 标签：窗口显示所有设计对象。

(7) 在 Design Object 标签中，在选择过滤器中将 ALL 改为 IOs，并输入“LCD_”。

(8) 如图 9.13 所示，在 LOC 栏中约束以下管脚：

- LCD_E→AB4
- LCD_RS→Y14
- LCD_RW→W13

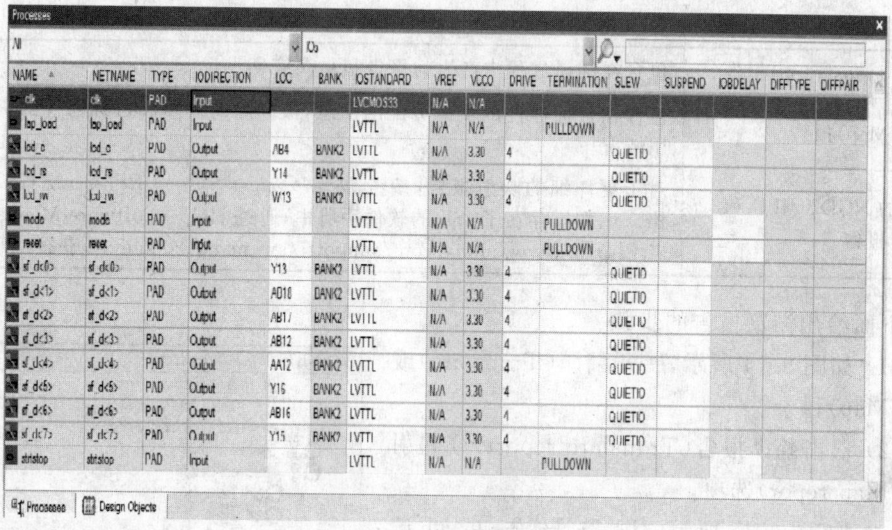

Processes

NAME	NETNAME	TYPE	IODIRECTION	LOC	BANK	IOSTANDARD	VREF	VCCO	DRIVE	TERMINATION	SLEW	SUSPEND	IOBDELAY	DIFFTYPE	DIFFPAIR
clk	clk	PAD	Input			LVCMOS33	N/A	N/A							
lap_load	lap_load	PAD	Input			LVTTL	N/A	N/A		PULLDOWN					
lcd_e	lcd_e	PAD	Output	AB4	BANK2	LVTTL	N/A	3.30	4		QUIETIO				
lcd_rs	lcd_rs	PAD	Output	Y14	BANK2	LVTTL	N/A	3.30	4		QUIETIO				
lcd_rw	lcd_rw	PAD	Output	W13	BANK2	LVTTL	N/A	3.30	4		QUIETIO				
mode	mode	PAD	Input			LVTTL	N/A	N/A		PULLDOWN					
reset	reset	PAD	Input			LVTTL	N/A	N/A		PULLDOWN					
sf_d<0>	sf_d<0>	PAD	Output	Y13	BANK2	LVTTL	N/A	3.30	4		QUIETIO				
sf_d<1>	sf_d<1>	PAD	Output	AD10	BANK2	LVTTL	N/A	3.30	4		QUIETIO				
sf_d<2>	sf_d<2>	PAD	Output	AB17	BANK2	LVTTL	N/A	3.30	4		QUIETIO				
sf_d<3>	sf_d<3>	PAD	Output	AB12	BANK2	LVTTL	N/A	3.30	4		QUIETIO				
sf_d<4>	sf_d<4>	PAD	Output	AA12	BANK2	LVTTL	N/A	3.30	4		QUIETIO				
sf_d<5>	sf_d<5>	PAD	Output	Y16	BANK2	LVTTL	N/A	3.30	4		QUIETIO				
sf_d<6>	sf_d<6>	PAD	Output	AB16	BANK2	LVTTL	N/A	3.30	4		QUIETIO				
sf_d<7>	sf_d<7>	PAD	Output	Y15	BANK2	LVTTL	N/A	3.30	4		QUIETIO				
strtstop	strtstop	PAD	Input			LVTTL	N/A	N/A		PULLDOWN					

Processes | Design Objects

图 9.13 管脚约束

(9) 在 Design Object 标签中，选择以下信号进行管脚关联：

- LAP_LOAD→T16
- RESET→U15
- MODE→T14
- STRTSTOP→T15

(10) 一旦管脚锁定，选择 File→Save，那么所有修改将被保存在当前目录下的 stopwatch. ucf 文件中。

(11) 选择 File→Close，关闭 Floorplan 编辑器。

通过以上步骤完成管脚和面积约束过程。

9.7 设计映射及时序分析

9.7.1 设计映射

当设计实现策略已经定义完毕(属性及约束)时，可以开始设计映射过程。下面给出实现映射过程的步骤：

(1) 在 Sources 窗口中，选择 stopwatch 模块。

(2) 在 Processes 选项卡中,右击 Map 并选择 Run(或双击 Map)。

(3) 展开 Implement Design 目录层级,可以显示完成情况。

设计映射到 CLBs 和 IOBs,映射完成以下功能:

(1) 为设计中的所有基本逻辑单元分配 CLB 和 IOB 资源。

(2) 处理布局和时序约束,完成目标器件的优化过程,并在最终的映射网表中执行设计规则的检查。每一步骤都将产生该处理过程的报告,如表 9.1 所示。

表 9.1 映射报告

翻译(Translation)报告	包含在翻译过程中产生的警告和错误信息
映射(Map)报告	包含在目标器件的资源分配的信息,被删除的逻辑和目标器件的资源利用情况
所有的 NGDBUILD 和 MAP 报告	对于更详细的映射报告,参考 *Development System Reference Guide* 文档。该文档存在于 ISE 的软件手册中,通过 Help→Software Manuals,或者 http://www.xilinx.com/support/sw_manuals/xilinx9/获得

下面给出浏览报告的步骤:

(1) 如图 9.14 所示,展开翻译(Translate)或映射(Map)目录。

(2) 双击翻译报告(Translate report)或映射报告(Map repor)选项。

(3) 如图 9.15 所示,浏览报告并阅读 Warnings,Errors 和 Information 等相关信息。设计概要(Design Summary)中也包含这些报告。

通过上面的步骤可以了解所有实现过程的相关信息。

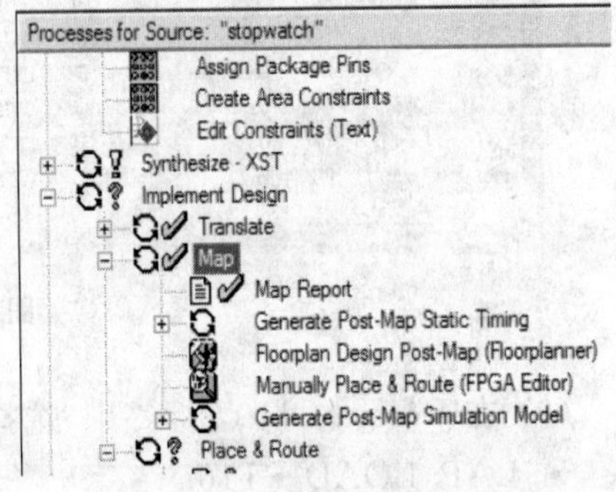

图 9.14 映射和翻译进度

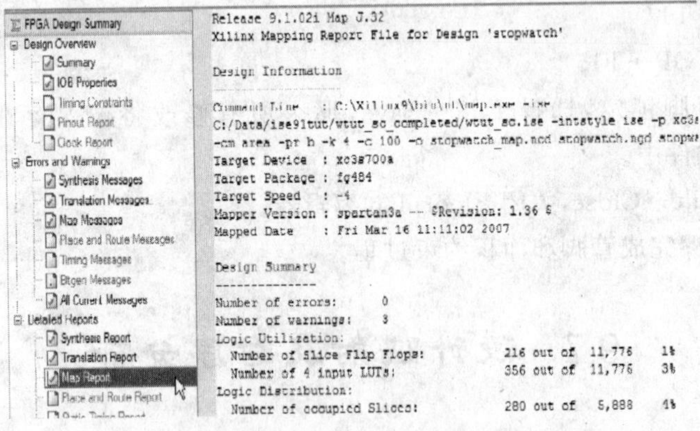

图 9.15 对设计的实现报告

9.7.2 使用时序分析评估块延迟

映射完成后,在映射后静态时序报告(Post-Map Static Timing Report)中有逻辑水平的详细评价来评估设计中的逻辑路径。评估验证了设计中模块延迟的合理性。由于设计还没有真正地布局布线,所以报告中并没有给出实际的布线延迟信息。时序报告描述了逻辑模块的延迟和估算的布局延迟。网络延迟给出了基于模块之间的最优的距离。

1. 50/50 规则估计时序目标

在映射阶段之后,通过估算设计来预测设计的时延目标的可行性。根据粗略估算准则(50/50 规则)规定,在设计布局后在任意一个路由中模块延迟占了总延迟的大概 50%。例如,模块延迟为 10ns,那么布局布线后的延迟约束至少为 20ns。如果设计较为紧凑,那么映射后静态时序报告中会给出基于模块延迟的和布局延迟的大概的延迟时序约束分析。这个分析帮助计算时序约束是否满足条件,这个报告在映射之后、布局布线之前生成。

2. 时序约束选项中报告路径

使用映射后静态时序报告来计算布局布线过程中可能出现的违反时序规则的情况。下面给出浏览映射后静态时序报告以及检查 PERIOD 约束步骤:

(1) 在 Processes 选项卡中,展开 Map 层级目录。

(2) 双击 Generate Post-Map Static Timing。

(3) 如图 9.16 所示,打开映射后静态时序报告,双击 Analyze Post-Map Static Timing Report,分析过程自动启动并显示报告。

(4) 如图 9.17 所示,选择 timing constraint(时序约束)目录下的 TS_dcm_inst_CLKX_BUF。

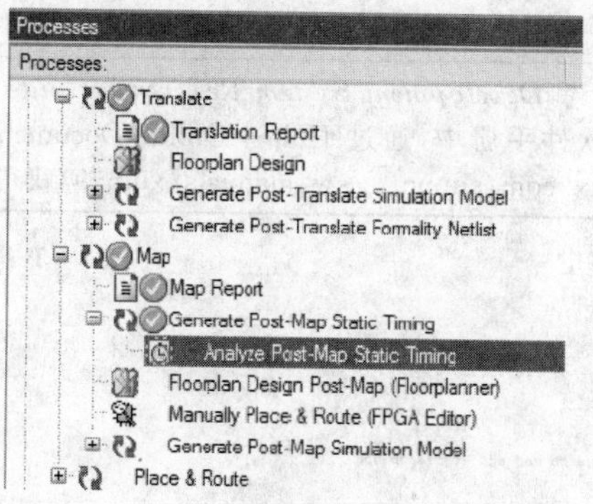

图 9.16 处理映射后静态时序报告

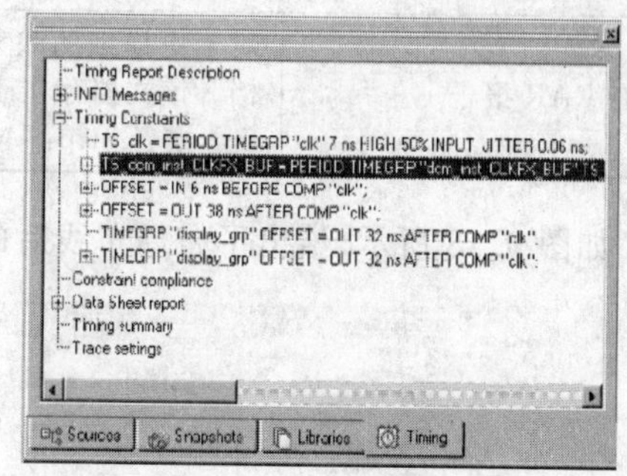

图 9.17 选择映射后时序约束

工作区域显示了所选择的约束报告,在这份报告的上方,会发现选定的约束和经过映射工具后获得的最小周期。默认情况下,只有对三条路径时间约束显示,选择其中一个路由可以看到一个包含的器件和路由的极限延迟。

需要注意的是,该报告显示逻辑的百分比和路由百分比(例如逻辑的 88.0%、12.0% 的路线)。未布局布线的层的延迟估计根据最佳的模块布线给出。

(5) 报告浏览完毕,选择 File→Close 来关闭时序分析器。

9.8 布局布线验证

设计映射后,就可以进行布局布线(Place & Route,PAR)。通过以下两种算法完成布局布线过程。

(1) 时序驱动布局布线:通过输入网表或是约束文件中的时序约束来进行布局布线。

(2) 非时序驱动布局布线:布局布线过程中忽略所有时序约束。

一旦在前面的步骤中定义了时序约束,那么只会采用第一种算法完成 PAR 过程。

下面给出 PAR 完成后报告的浏览步骤:

(1) 在 Processes 选项卡中,双击 Place & Route。布局布线执行完毕后,同样可浏览其报告文件。

(2) 展开 Place & Route 层级目录。

(3) 双击 Place & Route Report。

如表 9.2 所示,同样可以浏览检查 Pad Report 和 Asynchronous Delay Report 报告文件。

表 9.2 布局布线报告

布局和布线(PAR)报告	提供芯片的利用情况和延迟信息。使用这个报告验证设计成功的布线,并且满足时序约束条件
Pad 报告	包含芯片管脚的位置报告,使用这个报告验证所有的管脚被约束到正确的位置上
异步延迟报告	列出设计中所有的网络和所有网络负载的延迟
所有 RAR 报告	对于更详细的映射报告,参考 *Development System Reference Guide* 文档。该文档存在于 ISE 的软件手册中,通过 Help→Online Documentation 或者 http://www.xilinx.com/support /sw_manuals/xilinx9/获得

如图 9.18 所示,给出了布局布线后的详细报告。

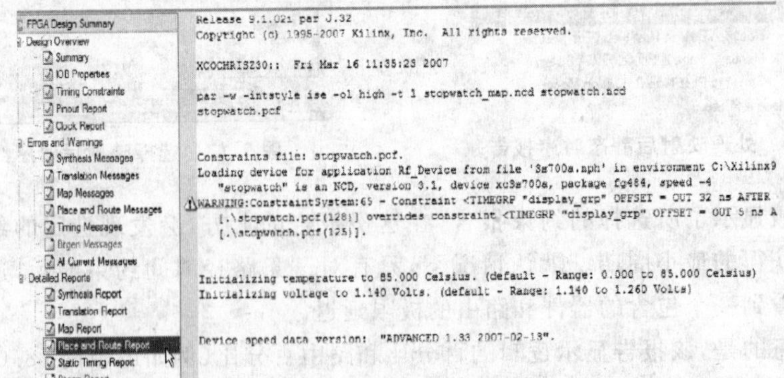

图 9.18 布局布线后的报告

9.8.1 用 FPGA Editor 验证布局布线

使用 FPGA Editor 编辑器来显示和配置 FPGA，FPGA 编辑器可对 NCD 文件、NMC 宏文件和 PCF 物理约束文件(Physical Constraints File)进行读写。FPGA 编辑器的功能主要有以下一些：

(1) 在执行自动布局布线之前，对关键性的元件进行布局布线。

(2) 可手动进行布局布线。

(3) 在目标器件上增加探针以监测信号状态。

(4) 可运行 BitGen 程序并将 bitstream 文件下载到目标器件中。

(5) 浏览或改变设置中连接到 Integrated Logic Analyzer (ILA)核捕获单元的网络。

下面给出浏览实际的 FPGA 布局步骤：

(1) 展开 Place & Route 层级目录，双击 View/Edit Routed Design (FPGA Editor)，出现如图 9.19 所示的界面。

(2) 如图 9.20 所示，在 FPGA 编辑器中，将列表窗口选为 All Nets：将看到设计中的所有网络。

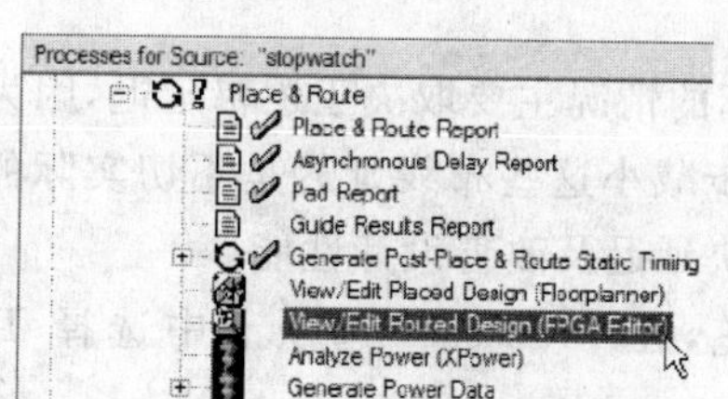

图 9.19 观察和编辑路径设计

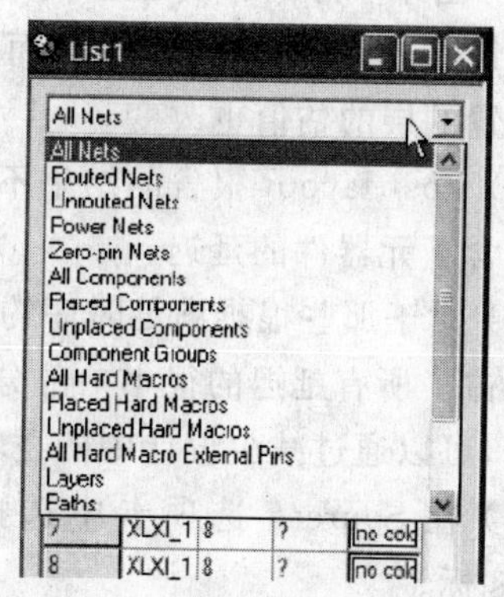

图 9.20 FPGA 编辑器列表窗口

(3) 如图 9.21 所示，选择 clk_262144K(时钟)网络查看时钟网络的输出。

(4) 选择 File→Exit 命令，退出 FPGA 编辑器。

9.8.2 评估布局后时序

设计的布局布线完成后，默认情况下会产生一个布局后时序报告(Post Layout Timing Report)来验证设计是否满足时序要求。报告评估逻辑块延迟及布线延迟。下面给出显示此报告的过程：

(1) 展开 Generate Post-Place & Route Static Timing 层级目录。

(2) 双击 Analyze Post-Place & Route Static Timing Report 打开在 Timing Analyzer 中的报告或者在 Design Summary(设计概要)中选择 Timing Constraint 超链接到 Timing Analyzer。

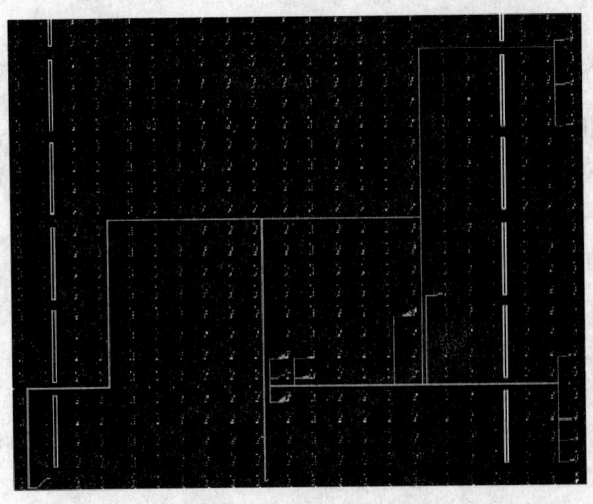

图 9.21 时钟网络

以下是 stopwatch 设计的布局布线后静态时序报告(Post-Place & Route Static Timing Report)的概要。

(1) 由于实际的布线延迟,最小周期值有所增加。Post-Map timing 报告表明逻辑延迟占了最小周期的 80%~90%,而 post-layout 报告表明逻辑延迟只占了 30%~40%,总的未放置的层的估值也改变。

(2) Post-layout 报告的结果不需要遵循之前所描述的 50/50 规则,因为最坏的路径主要包含了元器件的延迟。

(3) 对于那些很难满足时序约束的情况,最坏的情况主要取决于逻辑延迟,因为布线延迟只占了所有延迟的很小一部分,而且要进一步减小这些布线延迟是不切实际的。一般来说,可以通过减少设计中的逻辑层来减小模块延迟及改善设计性能。

(4) 在 Sources 选项卡中选择 Timing 标签,在 Processes 选项卡中选择 Timing Objects 标签。

(5) 在时序分析器(Timing Analyzer)中 TS_DCM_INST_CLKFX_BUF 约束为高亮显示,选择 Maximum Data Path 超链接,启动 Floorplan Implemented 窗口,相应的数据路径则高亮显示。

(6) 如图 9.22 所示,选择 View→Overlays→Toggle Simplified 和 Actual Views,这将使数据路径从简单视图显示为实际路径。

(7) 可选择图中不同网络的一部分路径来观察时间延迟及其他信息。

(8) 选择 File→Close,退出 Floorplan Implemented 视图。

(9) 再次选择 File→Close,关闭 Post-Place & Route Static Timing report。

通过上面的过程,全面了解布局布线后静态时序。

9.8.3 改变分区 HDL

该部分将通过 HDL 的变更来更新设计。变更保存在 LCD_CNTRL_INST 模块中,所以只有部分分区才需要重综合及重实现。综合、映射和布局布线报告将显示哪些分区

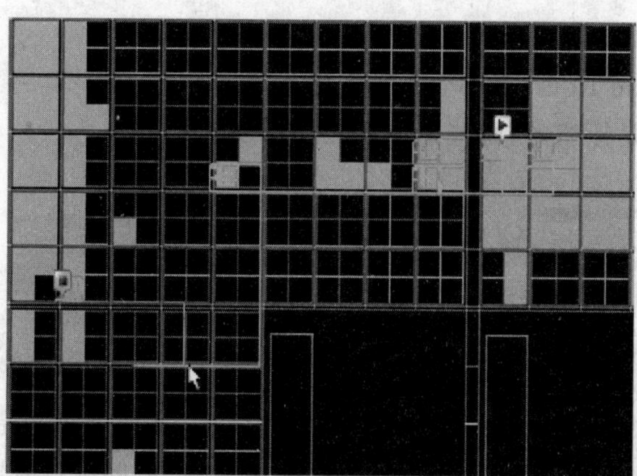

图 9.22 Floorplan 的实现-使用简化的路由的数据路径

更新哪些分区保留。

(1) 在 Sources 选项中,双击打开 LCD_CNTRL_INST 模块。

(2) 根据你的 HDL 语言作下列变更:

如果使用的是 Verilog:在第 377 和 564 行,将代码 sf_d_temp =8'b00111010; // [colon]改为 sf_d_temp=8'b00101110; // [period]。

如果使用的是 VHDL:在第 326 和 514 行,将代码 sf_d_temp <="00111010"; -- [colon] 改为 sf_d_temp <= "00101110"; -- [period]。

(3) 将变更保存到 LCD_CNTRL_INST,选择 File→Save。

(4) 在 Sources 选项卡中,选择顶层文件 stopwatch,在 Processes 选项卡中,右击 Place & Route。

(5) 在快捷菜单中选择 Run,如图 9.23 所示,注意实现将比分区快,因为实现工具只需要重实现 LCD_CNTRL_INST 模块,而其他部分的实际可直接使用。

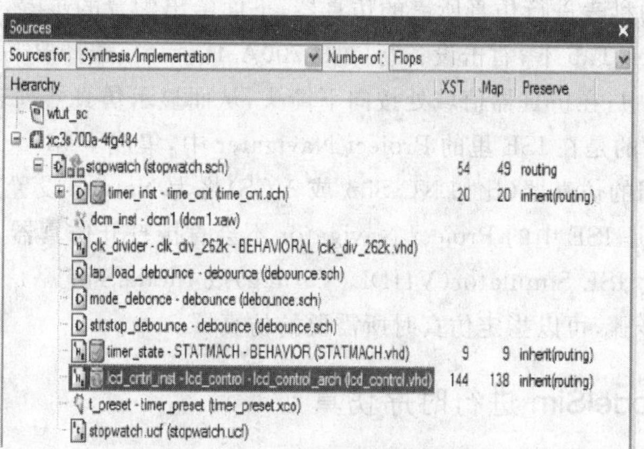

图 9.23 LCD_CNTRL_INST 分区过期

(6) 在 Design Summary 中浏览报告:

- 选择 Synthesis Report,Partitions Report。

- 选择 MAP Report,Guide Report。
- 选择 Place and Route Report,选择 Partition Status。

需要注意,哪些是保留的,哪些是重新使用的。

9.9 时序仿真实现

9.9.1 时序仿真概述

时序仿真使用块和布线设计产生的布线延迟信息,从而能够对最坏情况下的电路行为给出一个更精确的评估。因此,当设计经布局布线后,需要进行时序仿真。

时序仿真(布局布线后仿真)是完整设计流程中一个非常重要的步骤。时序仿真充分利用了布局布线后产生的详细定时和设计布局信息。因此,时序仿真更能反映出器件真实的工作状态。时序仿真还可以发现在只进行静态时序分析时没有发现问题。为了对设计进行完整的验证,应该对设计进行静态和动态分析。本节中,使用 ModelSim 仿真工具或 Xilinx ISE 仿真工具完成对设计时序仿真。

为了完成对设计的时序仿真,需要下面的文件:

1) HDL 设计文件(VHDL 或 Verilog)

当完成了第 8 章的设计实现后,产生布局布线设计。本节中将使用 NetGen 工具,从布局布线设计中产生仿真网表,用于描述该设计的网表将被来完成时序仿真。

2) 测试平台文件(VHDL 或 Verilog)

为了对设计进行仿真,需要一个测试平台。可以使用与行为仿真同样的测试平台,如果工程中还没有测试平台的话,可以参考前面章节中添加 HDL 测试平台的相关部分。

3) 指定仿真器工具

选择对设计的秒表进行仿真所需的仿真器,下面给出配置的步骤:

(1) 在 Sources Tab 下,右击设备行(xc3s700A-4fg484),选择 Properties。在 Project Properties 对话框中,在仿真器值域处按向下箭头,从而显示仿真器列表。

(2) 需要注意的是在 ISE 里的 Project Navigater 中,集成了 ModelSim 仿真器和 ISE 仿真器。选择不同的仿真器(比如 NC-Sim 或 VCS)将为 Netgen 设置正确的选项来创建一个仿真网表,但是 ISE 中的 Project Navigator 不会直接打开仿真器。在仿真器域选择正确版本和语言的 ISE Simulator(VHDL/Verilog)或 ModelSim。

通过上面的步骤,可以指定仿真时所需要的仿真器。

9.9.2 使用 ModelSim 进行时序仿真

Xilinx ISE 提供了 Mentor 公司的 ModelSim 仿真工具的完整流程。ISE 提供创建工作目录的功能,在该目录下编译原文件、初始化仿真和控制 ModelSim 仿真工具的属性。

需要注意的是,利用 ISE 仿真器进行仿真,跳转到本章的使用 Xilinx ISE 仿真器进行时序仿真部分即可。不管选择 ModelSim 仿真工具还是 ISE 仿真工具,最后的仿真结果是一致的。

1. 设置属性

下面给出基于 ModelSim 仿真工具的仿真过程的属性设置步骤:

(1) 在 Sources 标签下,在 sources for 域中选择 Post-Route Simulation。

(2) 选择测试平台 stopwatch_tb 文件。

(3) 在 Processes 标签下,单击 ModelSim Simulator 处的"+"号,将其分层显示。

需要注意的是,如果 ModelSim 仿真器处理选项不出现,可能在 Project Properties 对话框中 ModelSim 仿真器没被选上,或者 ISE 的项目浏览器无法找到 modelsim. exe 文件。如果安装了 ModelSim 但是 processes 无法获取,那么工程浏览器参数可能没有被正确地设置。设置 ModelSim location,选择 Edit→Preferences,单击 ISE General 处的"+"号展开 ISE 参数。单击左边的 Integrated Tools。在右边 Model Tech Simulator 下,浏览 modelsim. exe 文件的定位。

(4) 右击 Simulate Post-Place & Route Model,选择 Properties→Simulation Model Properties 类选项,如图 9.24 所示。这些属性设置 NetGen 在生成仿真网表时使用的选

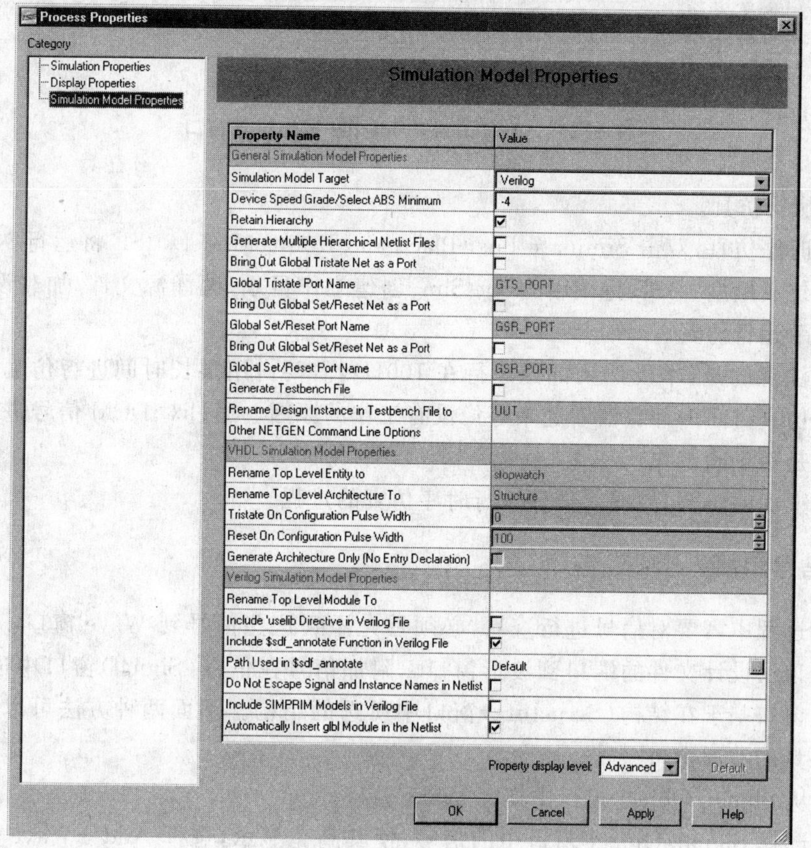

图 9.24 仿真属性设置窗口

项。关于每个属性的详细描述,单击 Help 按钮。

确保将属性显示等级设置到 Advanced。通过 global setting 可以看到所有的可获得属性。以下使用默认仿真模型参数。

- Display Properties 类。

该标签提供了对 ModelSim 仿真窗口的控制。在默认状态时,当 ISE 中的时序仿真开始时将打开三个窗口。分别是信号窗口、结构窗口和波形窗口。

- Simulation Properties 类。

该参数如图 9.25 所示。这些属性设置一些 ModelSim 用来运行时序仿真的选项。每个属性的详细描述,单击 Help 按钮。在 Simulation Properties 栏,设置仿真运行时间 Simulation Run Time 属性到 2000ns。单击 OK 按钮,关闭 Process Properties 对话框。

Property Name	Value
Use Custom Do File	☐
Custom Do File	
Use Automatic Do File	☑
Delay Values To Be Read from SDF	Setup Time
Other VSIM Command Line Options	
Other VLOG Command Line Options	
Other VCOM Command Line Options	
Simulation Run Time	1000ns
Simulation Resolution	Default (1 ps)
VHDL Syntax	93
Use Explicit Declarations Only	☑
UUT Instance Name	UUT
Generate VCD File	☐

图 9.25　Simulation Properties 属性设置窗口

(5) 执行仿真。

启动时序仿真,双击 Simulate Post-Place and Route Model。ISE 将运行 NetGen 来创建时序仿真模型。ISE 将调用 ModelSim,创建工作目录,编译源文件,加载设计,特定时间设置下运行仿真。

需要注意的是,本设计大部分运行在 100Hz,需要占用很长时间进行仿真。这就是在很短的仿真时间内计数器看起来好像没有工作的原因。通过对 DCM 信号进行监测来验证设计是否正确工作。

通过上面的步骤,完成对设计进行时序仿真的过程。

2. 信号添加

仿真过程中需要对信号进行查看,必须首先添到这些信号到 Wave 窗口。ISE 自动添加所有顶层设计文件的端口到波形窗口。附加信号在信号(Signal)窗口中进行显示,其中信号窗口基于在结构(Structure)窗口中所选的结构。下面两种方法可以添加信号到仿真工具的波形窗口:

(1) 从 Signal/Object 窗口中拖到 Wave 窗口。

(2) 选择 Signal/Object 窗口中的信号,使其高亮显示,选择 Add→Wave→Selected Signals。

下面给出在设计层添加其他信号的步骤。

需要注意的是，如果现在使用的是ModelSim 6.0版或者更高版，所有窗口在默认状态下都是未展开的。通过单击Undock图标，可以展开所有窗口。

(1) 在Structure/Instance窗口，单击uut旁边的"+"号进行层次展开。图9.26显示了Structure/Instance窗口。Structure/Instance窗口针对Verilog或VHDL的图形和布局可能会不同。

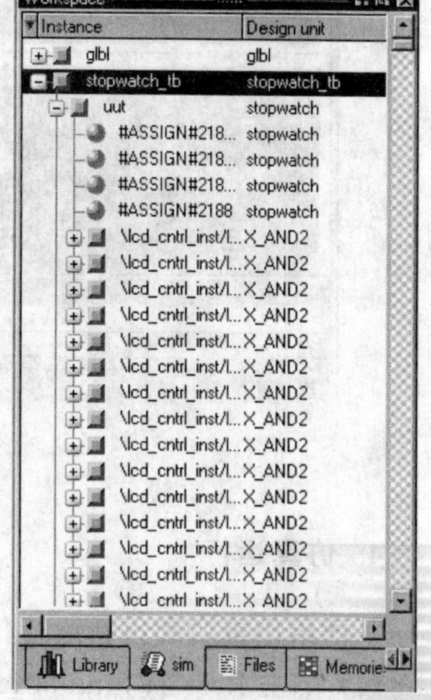

图9.26 Structure/Instance窗口

(2) 单击Structure/Instance窗口，选择Edit→Find。

(3) 在搜索框输入X_DCM，选择Entity/Module。

(4) 一旦ModelSim中存在X_DCM，选择X_DCM，单击Signal/Objects窗口。DCM所有的信号名称都被列出。

(5) 选择Signal/Objects窗口，选择Edit→Find。

(6) 在搜索框输入CLKIN，选择Exact检查框。

(7) 单击CLKIN，并将CLKIN从Signal/Objects窗口拖到Wave窗口。

(8) 单击并将下列信号：RST、CLKFX、CLK0、LOCKED，从Signal/Objects窗口拖到波形窗口。

注意：按住Ctrl键可以同时选择多个信号。除使用拖拽方法外，还可以选择Add to Wave→Selected Signals来完成。

3. 信号分类

ModelSim可以在Wave窗口添加分类功能，从而更容易区分信号。下面给出添加DCM信号分配器的步骤：

(1) 单击Wave窗口的任意位置。

(2) 如果必要，展开窗口，将窗口最大化以便更好的观察波形。

(3) 右击Wave窗口，单击Insert→Divider。

(4) 在分配器名称栏中输入DCM Signals。

(5) 单击并拖拽新创建的分配器到CLKIN信号的上方。

需要注意的是，拉伸波形第一列，清晰地观察信号。通过选择Tools→Options→Wave Preferences可以关闭信号名称项。在显示信号路径栏中输入2，单击OK按钮。

(6) 图9.27给出了仿真波形的界面。

注意，对于新添加的信号波形并没有显示出来。这是因为ModelSim没有对这些信号数据进行记录。默认状态下，在运行仿真过程中，Modelsim只记录那些已添加到Wave窗口中的信号数据。因此，当添加新信号到Wave窗口之后，需要重新运行仿真。

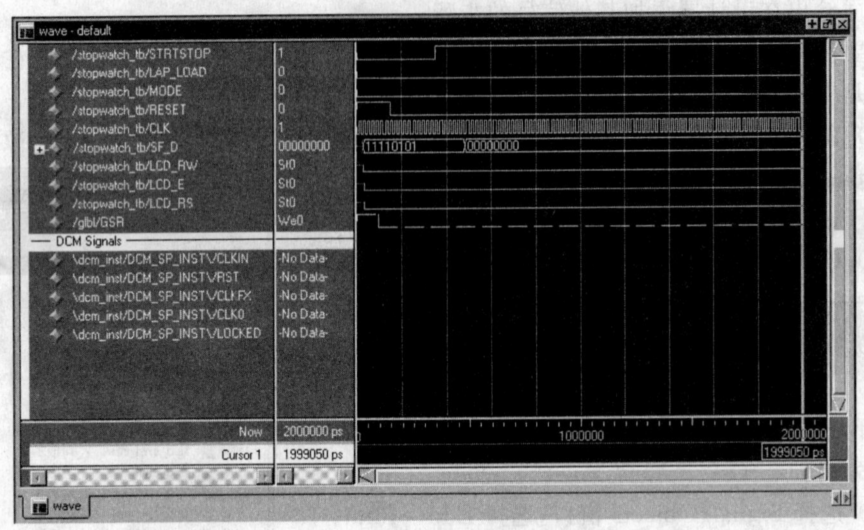

图 9.27　波形显示窗口

4. 仿真运行

下面给出重启和重新运行仿真的步骤：

(1) 单击 Restart Simulation 图标。

(2) 打开重启对话框，单击 Restart 按钮。根据 ModelSim 命令提示，输入 run 2000ns，按 Enter 键。

(3) 仿真持续运行 2000ns。在 Wave 窗口将看到 DCM 波形。

5. 信号分析

分析 DCM 信号来验证它是否按所希望的情况工作。CLK0 需要设置为 50MHz，CLKFX 应该设成 26MHz。在 LOCKED 信号变高之后，应该对 DCM 信号进行分析。在 LOCKED 信号变高之前，DCM 信号输出是不正确的。

ModelSim 可以添加光标，从而精确测量信号间的距离。下面给出测量 CLK0 信号的步骤：

(1) 选择 Add→Cursor 两次，在波形观察窗口放置两个指针。

(2) 在 LOCKED 信号变高后，单击并拖动第一个指针到 CLK0 信号的上升沿。

(3) 单击并拖动第二个指针到第一个指针的右侧。

(4) 单击 Find Next Transition 图标两次，移动指针到 CLK0 信号的下一个上升沿。

(5) 观看波形底部，查看两指针间的距离。测量时每秒应该读 20 000 次，即 50MHz，是 test bench 的输入频率，也是 DCM CLK0 的输出。

(6) 按照同样的步骤测量 CLKFX。测量时每秒应该读 38 462 次，即大约 26MHz。

通过上面的步骤，完成对信号的测量和分析。

6. 结果保存

ModelSim 仿真器可以在 Wave 窗口保存信号列表。在添加新信号后，或者仿真被重运行后保存信号列表。每次启动仿真，所存的信号列表就会被加载。下面给出结果保存的步骤：

(1) 在 Wave 窗口，选择 File→Save Format。

(2) 在 Save Format 对话框中对文件进行重命名，将 wave. do 重命名为 dcm_signal_tim. do。

(3) 单击 Save 按钮。

重新运行仿真，在 wave 窗口选择 File→Load 重新加载文件。

9.9.3 使用 ISE 仿真器进行时序仿真

1. 设置属性

通过以下的步骤完成基于 ISE 仿真工具的仿真过程的属性设置：

(1) 在 Sources 标签下，选择 Post-Route Simulation。

(2) 选择 test bench 文件(stopwatch_tb)。

(3) 在 Processes 下，单击 Xilinx ISE 仿真器处的"+"，将其分层展开。

(4) 右击 Simulate Post-Place & Route Model，并选择 Properties。

(5) 选择 Simulation Model Properties 类。这些参数设置 NetGen 在生成仿真网表时使用的选项。

(6) 确保设置显示级别到 Advanced。默认使用默认仿真模型参数。

(7) 选择 ISE Simulator Properties 类。参数如图 9.28 所示。这些参数设置仿真器运行时序仿真的相关选项。

(8) 在 Simulation Properties 下，设置 Simulation Run Time 到 2000ns。

(9) 单击 OK 按钮，关闭 Process Properties 对话框。

2. 运行仿真

启动时序仿真，双击 Processes 下的 Simulate Post-Place and Route Model。当仿真过程运行时，Project Navigator 自动运行 NetGen，利用布局布线设计生成一个时序仿真模型。ISE 仿真器编译源文件，加载设计，运行仿真。

需要注意的是，本设计大部分运行在 100Hz，需要占用很长时间来进行仿真。因此，在进行短时间的仿真时计数器看起来好像没有工作。通过检测 DCM 信号来验证设计是否正确工作。

3. 信号添加

在仿真期间观察信号，必须将它们添加到波形窗口。ISE 自动添加所有的顶层端口到 Waveform 窗口中。Sim Hierarchy 窗口将显示所有的外部(顶层 1 端口)和内部信号。

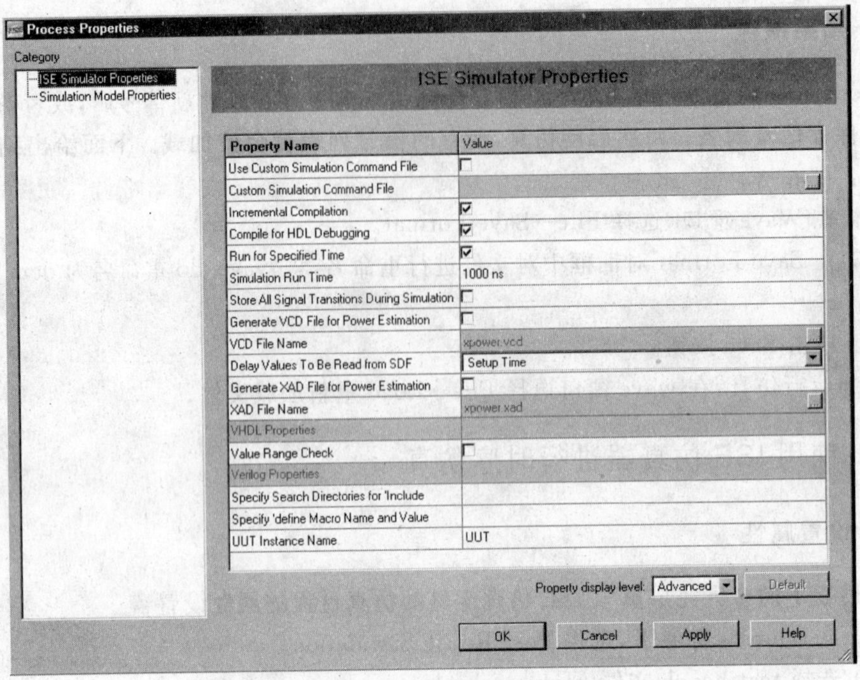

图 9.28　ISE 仿真工具参数设置

下面的过程解释了如何在设计层添加额外的信号。下面给出添加 DCM 信号到波形窗口的步骤：

(1) 在 Sim Hierarchy 窗口，单击 uut 的"+"号展开层次。

(2) 如图 9.29 所示，在 Sim Hierarchy 窗口中右击，选择 Find。在 Find Signal 对话框中输入 LOCKED，单击 OK 按钮。选择 DCM_SP_INST/LOCKED 信号，单击 OK 按钮。Sim Hierarchy 窗口中原理图或 VHDL 流程中信号名和布局可能不同。

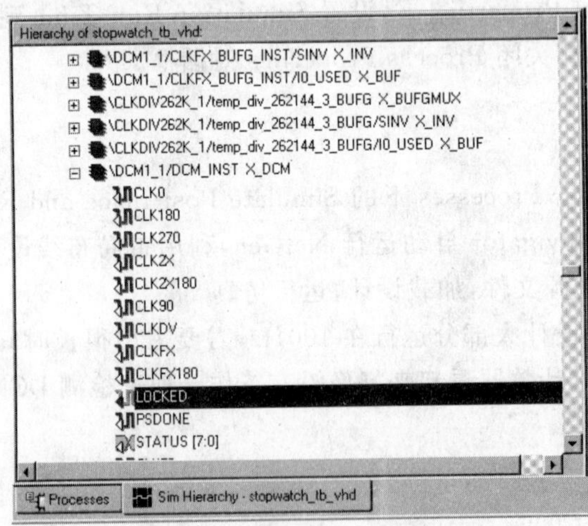

图 9.29　VHDL 流程的 Sim 分层结构

(3) 从 Sim Hierarchy 窗口单击并拖拽 LOCKED 到 waveform 窗口。

(4) 从 SIM Hierarchy 窗口单击并拖拽下面的 X_DCM_SP(RST、CLKFX、CLK0、CLKIN)信号到波形窗口(注意：按住 Ctrl 键可以选择多个信号)。信号名以完全层次显示或以缩略名显示(省略了层次信息)。下面给出改变信号名的显示过程。

(1) 右击 Waveform 窗口所需的信号，按照需要选择长名或者缩略名。如图 9.30 所示，拉伸波形第一列以便清楚地查看信号。

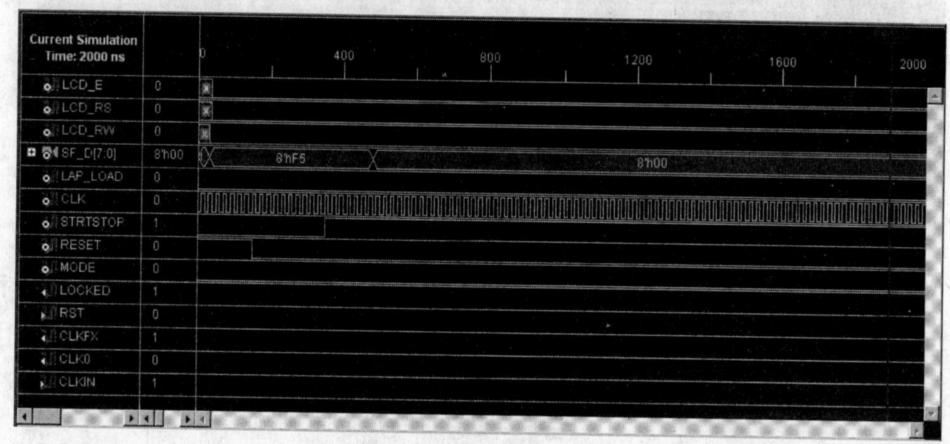

图 9.30 仿真结果波形

注意，新添加的信号波形没有显示出来。这是因为 ISE 仿真器没有记录这些信号的数据。当仿真正在运行时，ISE 仿真器只记录那些已被添加到 Waveform 窗口中的信号的数据。因此，当新信号被添加到 Waveform 窗口，需要重新运行仿真。

(2) 重启和重新运行仿真单击 Restart Simulation 图标。

(3) 根据 Sim Console 命令提示，输入 run 2000ns，按 Enter 键。仿真将运行 2000ns，Simulation 窗口将显示出 DCM 波形。

通过上面的步骤，完成对信号的添加过程。

4. 信号分析

DCM 信号可以经过分析，验证其是否按所希望的状态工作。CLK0 需要 50MHz，CLKFX 应该为 26MHz。LOCKED 信号变高之后，可以对 DCM 信号进行分析。

ISE 仿真器可以通过添加指针来仔细测量两信号间的距离。下面给出测量 CLK0 的步骤：

(1) 右击 Wave 窗口，选择 Add Measure。光标变成一个向上箭头形式。

(2) 在 LOCKED 信号变高后，单击 CLK0 的上升沿。波形上将出现两个垂直标记。如图 3.31 所示，单击并拖拽第二个标记到 CLK0 信号的下一个上升沿。

需要注意的是，放大显示比例，将标志精确地放在时钟边沿。查看两个标志的时间值，确定两个时钟沿间的距离。

(3) 测量读数单位为 20ns。转换成频率为 50MHz，是 test bench 的输入频率，同时也是 DCM CLK0 的输出。

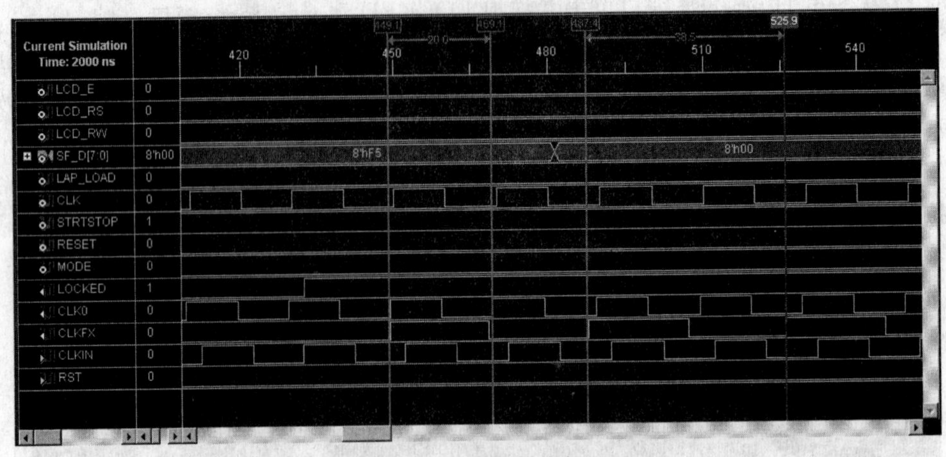

图 9.31 添加时间标

(4) 按照同样的步骤测量 CLKFX。测量读数单位 38.5ns,相当于 26MHz。时序仿真完成便可以准备对器件进行编程了。

习　题　9

1. 说明 ISE 的实现过程中所包含的步骤,及其每个步骤的作用。
2. 说明分区的含义和作用。
3. 说明设计约束文件的内容和建立过程。
4. 说明时序仿真的条件、含义和作用。
5. 说明基于 ISE 仿真器的时序仿真步骤。
6. 说明基于 ModelSim 仿真器的时序仿真步骤。
7. 在计算机上实现该设计的实现过程,并完成时序仿真。

第10章 chapter 10

设计下载和调试

本章主要介绍了PLD的配置模式、设计文件的配置、下载和调试原理。在配置模式部分，重点介绍了Xilinx的FPGA常用的几种下载模式；在设计的配置文件部分，重点介绍了PROM配置文件的生成过程；在设计下载部分，重点介绍了JTAG模式下载设计流文件的过程；在调试部分，介绍了几种常用的调试PLD的手段和方法，并简要说明了虚拟逻辑分析仪软件工具及其在调试FPGA中的作用。到本章为止，一个完整的PLD设计流程就全部介绍完了。读者要通过在ISE软件平台上的实际操作设计，掌握书中所介绍的PLD完整的设计流程。

10.1 PLD的配置

对PLD的编程，每个EDA厂商都有自己的EDA软件和硬件平台支持，在本章中只对Xilinx的PLD配置技术进行介绍。

对设计进行综合和实现的最终目的是要生成一个可以下载到PLD的配置文件，这个配置文件有很多文件格式，不同的文件格式所包含的编程信息也有所不同。对于常用的CPLD和FPGA芯片来说，配置文件由两部分组成：配置数据和配置命令。在设计文件被下载到器件后，这些信息就转换成了配置比特文件流。

10.1.1 配置单元

任何能够进行可编程的器件都需要在内部有专用的配置单元。大部分的FPGA芯片是用SRAM进行配置的，如Xilinx和Altera的FPGA芯片，有一些使用FLASH单元进行配置，而其他使用反熔丝的结构，比如Actel的FPGA芯片。在FPGA内部存在着丰富的可编程的互联线资源和可编程的逻辑块。

比如，对一个只包括4输入的LUT、多路选择器和寄存器的设计。多路复用器需要一个配置的单元来确定输入。寄存器要求确定其触发方式，电平触发还是边沿触发，是高触发还是低触发。同时4输入的LUT基于一个16配置的单元。

1. 基于反熔丝的FPGA

基于反熔丝工艺的FPGA器件，每个逻辑单元分布在FPGA内部的固定位置上。配置文件从计算机通过下载电缆传到编程器中，编程器根据配置文件产生较大的电压和电流脉冲输入选择的引脚，按顺序熔断每个熔丝。当熔丝处理后，FPGA从编程器中取出来，然后放置在电路板上。需要注意的是，一旦熔丝处理完毕，再想修改设计是不可能的。

2. 基于SRAM的FPGA

基于SRAM工艺的FPGA通过在电路板上的下载端口进行编程，如果没有外部的存储器保存数据，每次上电需要重新下载程序。实质上，这种FPGA的配置单元可以看作是贯穿所有逻辑单元的移位寄存器。

10.1.2 配置端口

FPGA的配置方法有主串行方式、从串行方式、主并行方式、从并行方式和JTAG方式下载。当然，最近又出现了新的配置方式，如SPI、BPI模式。

配置模式一般都是通过模式管脚M0，M1，M2进行设置。FPGA的配置端口还包括用来指示FPGA配置的过程的信号，如DONE信号就是用来表示程序下载过程是否完成。此外配置端口也包括了控制引脚控制数据的下载和数据本身的输入。不同的配置模式决定所需要配置引脚的数量。表10.1为一个典型的配置模式列表。

表10.1　5种常用配置模式

模式管脚(M2 M1 M0)	模　式
000	主串行下载
001	从串行下载
010	主并行下载
011	从并行下载
1××	JTAG下载

10.1.3 配置电路

1. 主串行方式

如图10.1(a)所示，FPGA外部接了一个存储设备，现在常用的存储设备是FLASH存储器。当FPGA准备读取数据时，向存储设备发出复位信号和时钟信号。

在该模式下，FPGA不需要向存储器提供地址信息，时钟信号将配置信息按顺序从存储设备中读取出来。如图10.1(b)所示，当有多个FPGA芯片需要同时下载时，这些FPGA以菊花链(daisy chains)的形式级联在一起，使用一个存储设备。当级联时，第一个FPGA采用主串行模式，其他FPGA采用从串行模式。

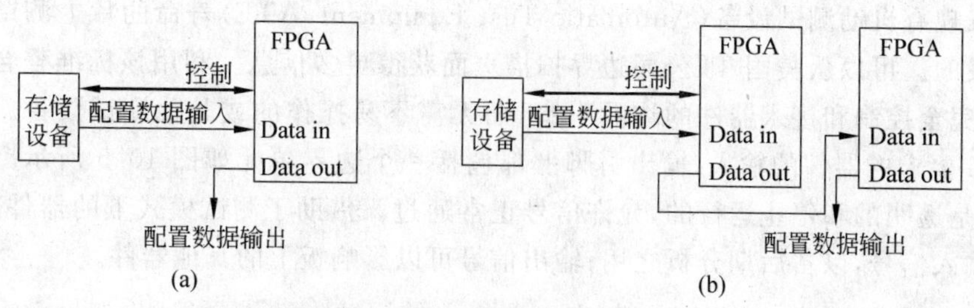

图 10.1 主串行方式下载

2. 主并行方式

如图 10.2 所示，在该模式下，FPGA 除了提供控制信号外，在先前的设计中还向 FPGA 提供地址用来指示下一个要配置数据。在该模式下，FPGA 内部计数器为外部存储设备产生地址。在配置开始时，计数器为 0。以后计数器递增指向下一个字节的数据，直到数据全部被加载到 FPGA 内为止。采用这种方式，使得程序的加载速度比串行方式要快得多。

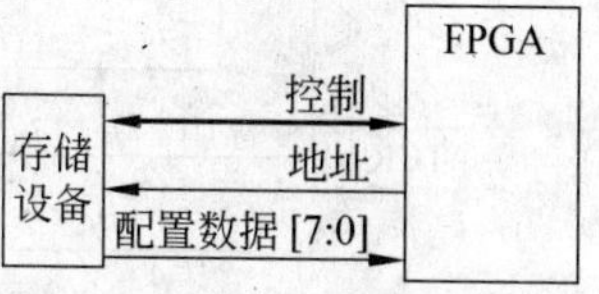

图 10.2 主并行方式下载

3. 从并行方式

上面所介绍的主模式实现比较简单。但是需要外接存储设备，这样做使设计很容易被拷贝和复制。所以这时候可以考虑用微处理器来将程序下载到 FPGA 内部。如图 10.3 所示，在该模式下，微处理器控制程序的下载，当下载结束后 FPGA 通知微处理器结束下载过程。这种模式，对 FPGA 的配置非常灵活，微处理器可以根据整个系统的配置要求，完成对 FPGA 程序下载的控制。

4. 从串行方式

如图 10.4 所示，这种模式和前面基本一样，只不过此时程序是串行方式下载到 FPGA 内部的。这种下载方式下载文件要比从并行方式慢。

图 10.3 从并行方式下载　　图 10.4 从串行方式下载

5. JTAG 方式

Joint Test Action Group(JTAG)即 IEEE/ANSI 标准 1149.1_1190，是一套设计规则，可以在芯片级、板级和系统级简化测试、器件编程和调试。该标准是联合测试行动小组(JTAG)(由北美和欧洲的几家公司组成)开发的。IEEE 1149.1 标准最初是作为一种能够延长现有自动测试设备(Automatic Test Equipment,ATE)寿命的片上测试基础结构而开发的。可以从美国 TI 公司边界扫描页面获得更多信息。利用该标准整合测试设计,允许完全控制和接入器件的边界引脚,而无需不易操作的或其他测试设备。每个符合 JTAG 要求的器件的输入/输出引脚上都包括一个边界单元如图 10.5 所示。正常情况下,它是透明的和停止运行的,允许信号正常通过。借助于测试模式下的器件,用户可以采集输入信号,以备后期分析之用;输出信号可以影响板上的其他器件。

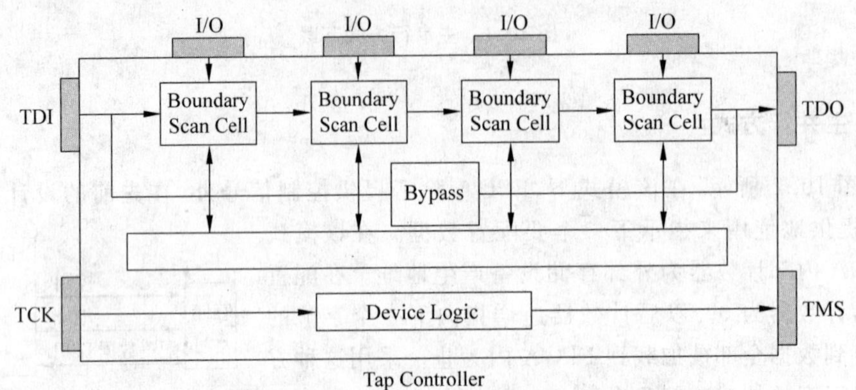

图 10.5 JTAG 方式下载

简而言之,IEEE 1449.1 标准定义了一个串行协议。无论封装约束怎样,该协议都要求每个符合标准的器件上要有 4 个(也可以是 5 个)引脚。这些引脚定义了测试接入端口 Test Access Port(TAP),以便实现片上测试基础设施的操作,从而确保印刷电路板上的所有器件安装正确并处于正确的位置,以及器件间的所有互连都与设计所描述的一致。

JTAG 标准包含以下一些信号。

(1) TCK:这是一个时钟信号,用于同步 1149.1 内部状态机操作。

(2) TMS:1149.1 内部状态机模式选择信号。该信号在 TCK 的上升沿被采样,用来决定状态机的下一个状态。

(3) TDI:1149.1 数据输入引脚。当内部状态机处于正确状态时,信号在 TCK 的上升沿被采样,并被移入器件的测试或编程逻辑。

(4) TDO:1149.1 数据输出引脚。当内部状态机处于正确状态时,该信号代表从器件测试或编程逻辑移出的数据位。输出数据在 TCK 的下降沿有效。

(5) TRST(可选):1149.1 异步复位引脚。当置低时,内部状态机立即进入复位状态。由于该引脚是可选的,而通常为器件增加引脚会带来额外的成本,因此很少使用。此外,内部状态机(如标准所定义的)已经明确定义有同步复位机制。

TAP 引脚驱动一个 16-状态控制器(状态机)。该状态机的状态根据 TCK 上升沿时 TMS 信号的值进行状态转换。

1149.1 标准规定仅在 Shift-DR 或 Shift-IR 状态时 TDI 有效并被移入(TDO 有效并被移出)。Shift-IR 状态选择 TDI 和 TDO 之间的器件指令寄存器。根据选择的指令,不同的数据寄存器被激活。在 Shift-DR 状态时，TDI 和 TDO 之间与先前输入的指令相对应的数据寄存器被选中。默认数据寄存器是强制性的 1 位旁路寄存器。

外部边界扫描描述语言(Boundary Scan Description Language，BSDL)文件规定了任何器件的边界扫描逻辑的特性和特征。这些文件由 IC 制造商提供，并被用来生成符合 IEEE 1149.1 标准的器件操作的算法描述。

多个边界扫描器件以菊花链形式串接起来。每个器件共享同样的 TCK 和 TMS 信号。一个器件的 TDO 连接到下一个器件的 TDI。由于所有的器件采用同样的 TCK 和 TMS，因此所有器件同时且同步地顺序转换 TAP 控制器状态。因此，所有的器件都处于同一个 TAP 控制器状态下。当将数据(在 Shift-IR 或 Shift-DR 状态)移到边界扫描链中时，所有器件都有寄存器在内部连接在其 TDI 和 TDO 引脚之间。结果很明显，就是单个固定长度移位寄存器从系统 TDI 引脚转到系统 TDO。

10.2 创建配置数据

在时序分析器中分析设计时序约束之后，需要创建配置数据。配置的比特流用于下载到目标器件或到 PROM 编程文件中。

10.2.1 配置属性

Xilinx 系列 PROM 产生配置数据的过程。为目标器件创建一个比特流，需要进行属性设置和运行配置，下面给出了该过程的步骤：

(1) 右击 Generate Programming 文件。

(2) 选择 Properties，打开属性对话框，如图 10.6 所示。

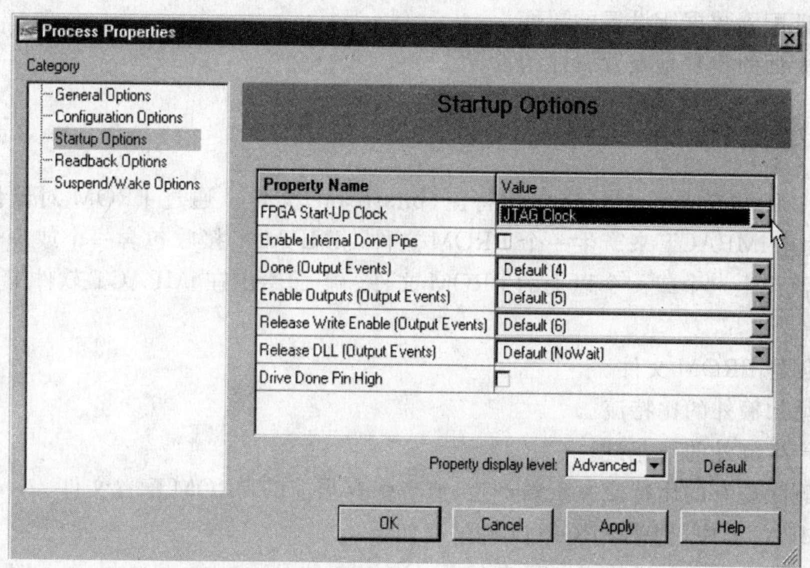

图 10.6 FPGA Startup Clock 的属性设置

(3) 单击 Startup Options 目录。

(4) 将 FGPA Start-Up Clock 选项中的 CCLK 改为 JTAG Clock。

(5) 如图 10.7 所示，单击 Readback Options 目录。

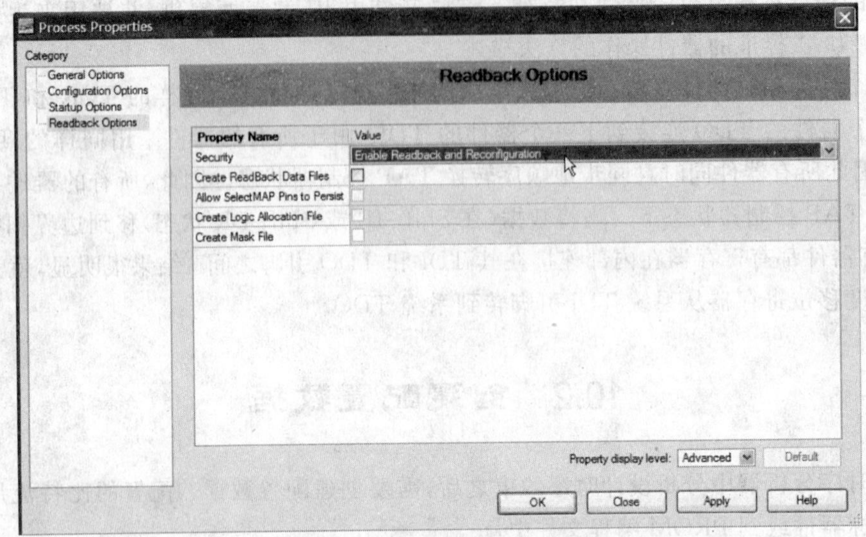

图 10.7 Readback 属性选择

(6) 将 Security 属性改为 Enable Readback and Reconfiguration。

(7) 单击 OK 按钮，应用所有新属性。

(8) 在 Processes 选项卡中，双击 Generate Programming 文件来产生设计比特流。

(9) 展开 Generate Programming 文件层级目录。

(10) 浏览 Programming File Generation 报告，双击 Programming File Generation 报告。验证配置数据所设置的属性。

通过上面的步骤是配置属性的设置。

10.2.2 创建 PROM 文件

使用 iMPACT 软件工具需要比特流(bitstream)文件。通过 PROM 对器件进行编程，必须使用 iMPACT 来产生一个 PROM 文件。iMPACT 接收包含一个或一个以上的配置比特流产生一个或一个以上的 PROM 文件。下面给出在 iMPACT 软件工具中的配置步骤：

(1) 创建 PROM 文件。

(2) 增加额外的比特流。

(3) 产生额外的菊花链。

(4) 删除现有的比特流并重新产生，或者保存当前的 PROM 配置文件。

在 iMPACT 中，创建 PROM 文件过程如下：

(1) 在 Processes 选项中，双击位于 Generated Programming 目录下的 Generate PROM、ACE、JTAG 文件。

(2) 如图 10.8 所示,在 Welcome to iMPACT 对话框中,选择 Prepare a PROM File。

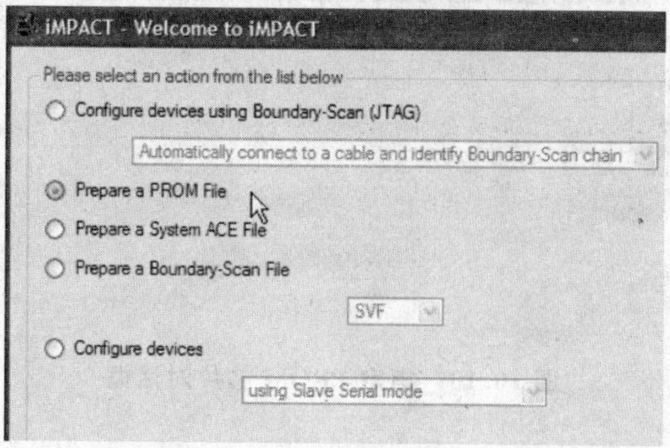

图 10.8 Welcome to iMPACT 界面

(3) 单击 Next 按钮。

(4) 如图 10.9 所示,在 Prepare PROM Files 对话框中,设置如下参数值:

- 在"I want to target a:"中,选择 Xilinx PROM。
- 在 PROM File Format 中,选择 MCS。
- 在 PROM File Name 中,输入 stopwatch1。

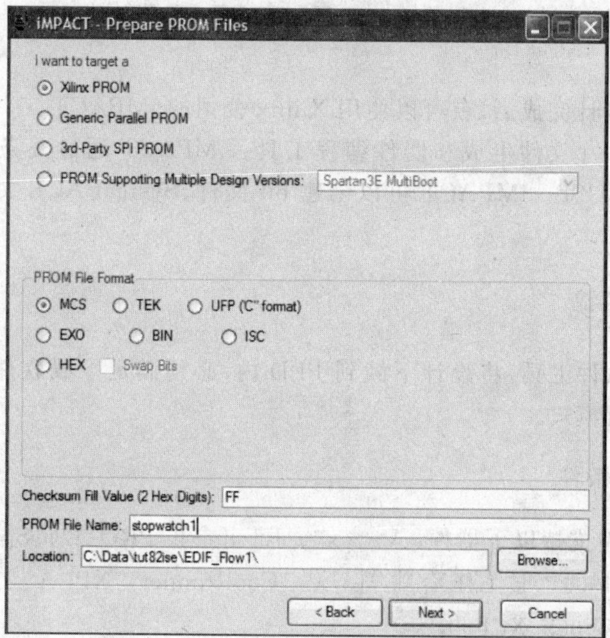

图 10.9 Prepare PROM File 界面

(5) 单击 Next 按钮。

(6) 在 Specify Xilinx Serial PROM Device 对话框中,选择 Auto Select PROM。

(7) 单击 Next 按钮。

(8) 如图 10.10 所示,在 File Generation Summary 对话框中,单击 Finish 按钮。

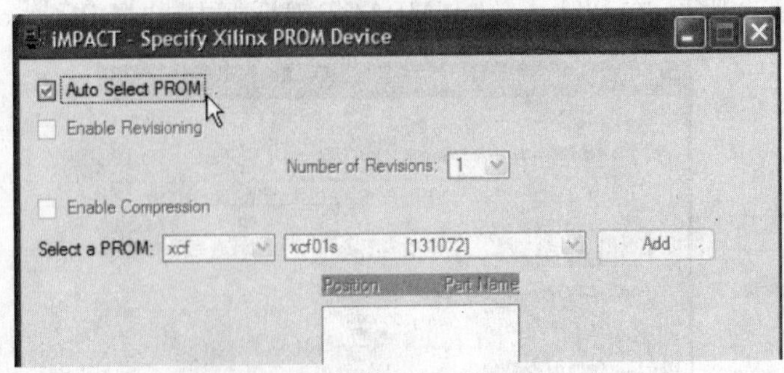

图 10.10 指定 PROM 芯片对话框

(9) 在 In the Add Device File 对话框中,单击 OK 按钮并选择 stopwatch. bit 文件。

(10) 当被问到是否要为数据流加入其他设计文件时,单击 No 按钮。

(11) 选择 Operations→Generate File,iMPACT 显示与比特流文件关联的 PROM 文件。

(12) 选择 File→Close,关闭 iMPACT。

通过上面的步骤,完成 PROM 文件的配置过程。

10.3 下载实现过程

当硬件已经设计完成后,就可以使用 Xilinx 公司的 iMPACT 工具进行设计的下载了。iMPACT 是一个文件生成和器件编程工具。iMPACT 通过几条并行电缆进行编程,包括平台电缆 USB。iMPACT 可以创建 bit 文件、System ACE 文件、PROM 文件、SVF/XSVF 文件。

10.3.1 下载环境

为了使用该软件工具,将设计下载到 PLD 内,必须满足下载软件所支持的器件条件、电缆条件、配置模式。

1. 器件支持条件

iMPACT 软件支持以下器件：Virtex™/-E/-Ⅱ/-Ⅱ PRO/4/5、Spartan™/-Ⅱ/-ⅡE/XL/3/3E/3A、XC4000™/E/L/EX/XL/XLA/XV、CoolRunner™ XPLA3/-Ⅱ、XC9500™/XL/XV、XC18V00P、XCF00S、XCF00P。

2. 电缆支持条件

iMPACT 软件支持以下下载电缆：

1) 并行电缆Ⅳ

并行电缆连接并口,可使从串和边界扫描功能更简便。

2）平台电缆 USB

平台电缆连到 USB 口，可使从串和边界扫描功能更简便。

3）MultiPRO 电缆

MultiPRO 电缆连到并口，可使 Desktop Configuration Mode 功能简化。

3. 配置模式条件

iMPACT 软件支持以下配置模式：

- Boundary Scan—FPGAs, CPLDs, and PROMs(18V00,XCFS,XCFP)
- Slave Serial—FPGAs (Virtex(tm)/-Ⅱ/-Ⅱ PRO/E/4/5 and Spartan(tm)/-Ⅱ/-ⅡE/3/3E/3A)
- SelectMAP—FPGAs (Virtex(tm)/-Ⅱ/-Ⅱ PRO/E/4/5 and Spartan(tm)/-Ⅱ/-ⅡE/3/3E/3A)
- Desktop—FPGAs (Virtex(tm)/-Ⅱ/-Ⅱ PRO/E/4/5 and Spartan(tm)/-Ⅱ/-ⅡE/3/3E/3A)

10.3.2 下载实现

1. 配置文件的生成

以前面几章所描述的秒表设计文件为例，需要具有以下文件。

- BIT 文件：一个二进制文件，包含属性头信息和配置数据。
- MCS 文件：ASCII 文件，包含 PROM 配置信息。
- MSK 文件：二进制文件，包含与二进制文件类似的配置命令，含有掩模数据而非配置数据。该数据不被用来配置器件，但是用于验证。如果 mask 位为 0，该位应该被验证。如果 mask 位为 1，该位不被验证。该文件与 BIT 文件一起生成。

2. 电缆连接

在启动 iMPACT 之前，连接电缆的并口到计算机的并口上，连接电缆到 Spartan-3 Starter Kit demo 板。确保板已被加电。

3. 启动软件

下面介绍如何从 ISE™ 启动 iMPACT 软件，以及如何单机运行。从 Project Navigator 中打开 iMPACT。如图 10.11 所示，双击 Processes 窗口的 Processes 栏下的 Configure Device(iMPACT)。

需要注意的是，可以不通过 ISE 工程打开 iMPACT。可以使用以下任一种方法：

(1) Windows 操作系统下单击“开始”→“所有程序”，选择 Xilinx ISE 9.2i→Accessories→iMPACT。

(2) UNIX 操作系统，在命令提示处输入 impact。

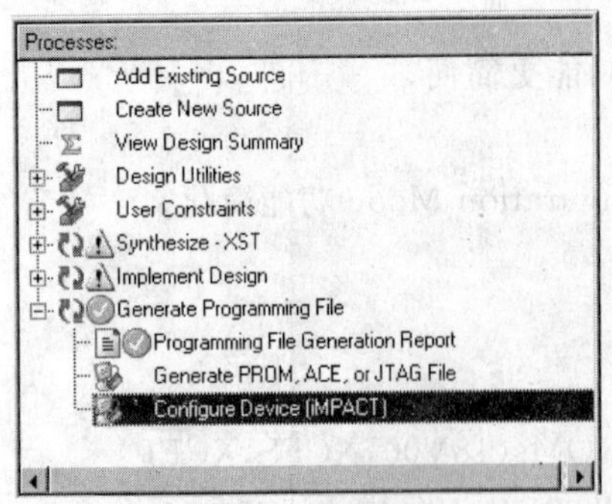

图 10.11 从 ISE 打开 iMPACT

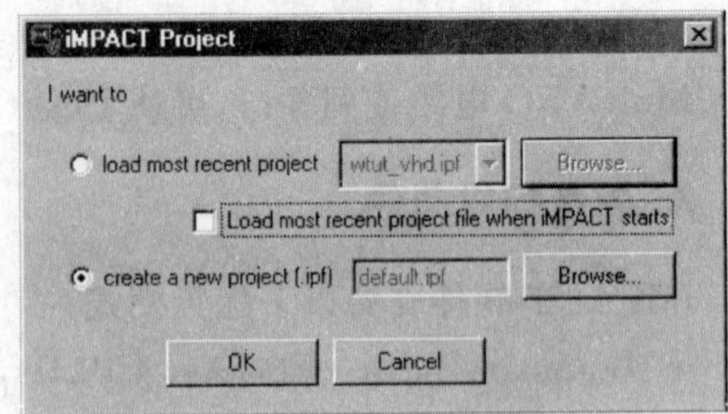

图 10.12 创建一个 iMPACT 工程

4. 建立工程

当 iMPACT 打开时，将会显示 iMPACT 工程对话框如图 10.12 所示。该对话框可以加载或者创建一个新的工程。下面给出创建新工程的步骤：

(1) 如图 10.12 所示，在 iMPACT 工程对话框中选择 create a new project (.ipf)。

(2) 单击 Browse 按钮。

(3) 浏览 project 目录，在 File Name 处输入 stopmatch。

(4) 单击 Save 按钮。

(5) 单击 OK 按钮。

通过上面的步骤，在 iMPACT 中创建了一个新工程。

5. 使用边界扫描配置模式

边界扫描配置模式可以对含有 JTAG 接口的器件执行边界扫描操作。这些器件可以是 Xilinx 或非 Xilinx 器件，只是非 Xilinx 器件只可以进行有限的操作。为了执行操作，电缆必须连接 JTAG 引脚信号：TDI、TCK、TMS 以及 TDO。

如图 10.13 所示，打开 iMPACT 之后，会提示用户指定预编程器件的配置模式。选择边界扫描模式：选择 Configure devices using Boundary-Scan (JTAG)，取消选中 Automatically connect to a cable and identify Boundary-Scan chain。

需要注意的是，选择框提供输入一个边界扫描链选项，可以通过手工添加器件来创建。该选项可以生成 SVF/XSVF 编程文件。在允许的情况下，可以随时自动检测和初始化该链。单击 Finish 按钮。

iMPACT 将通过器件传递数据，自动识别大小和边界扫描链的组成。任何支持的 Xilinx 器件在 iMPACT 中都将被识别和标记。其他器件将被标记为未知。该软件将高亮显示该链中所有器件，并提示用户分配一个配置文件或者 BSDL 文件。

需要注意的是，如果没有关选择配置模式或自动边界扫描模式的提示，那么在 iMPACT 窗口中右击，选择 Initialize Chain。软件将会识别该链，判断到板上的连接是否工作。

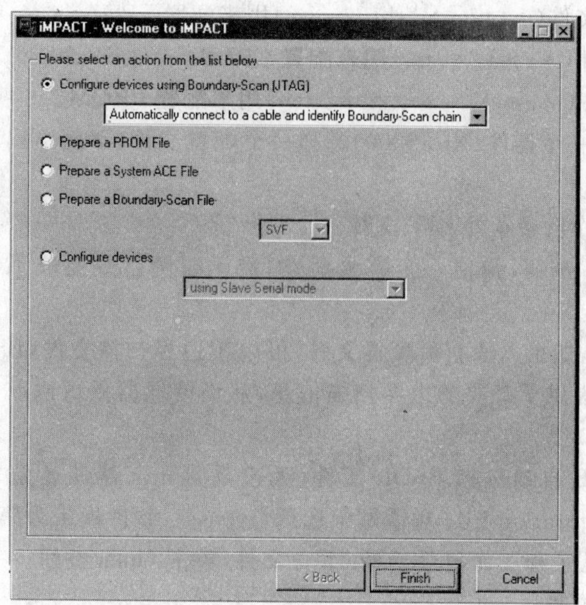

图 10.13 JTAG 下载界面

6. 配置文件分配

如图 10.14 所示，初始化该链后，软件将会提示产生一个配置文件。

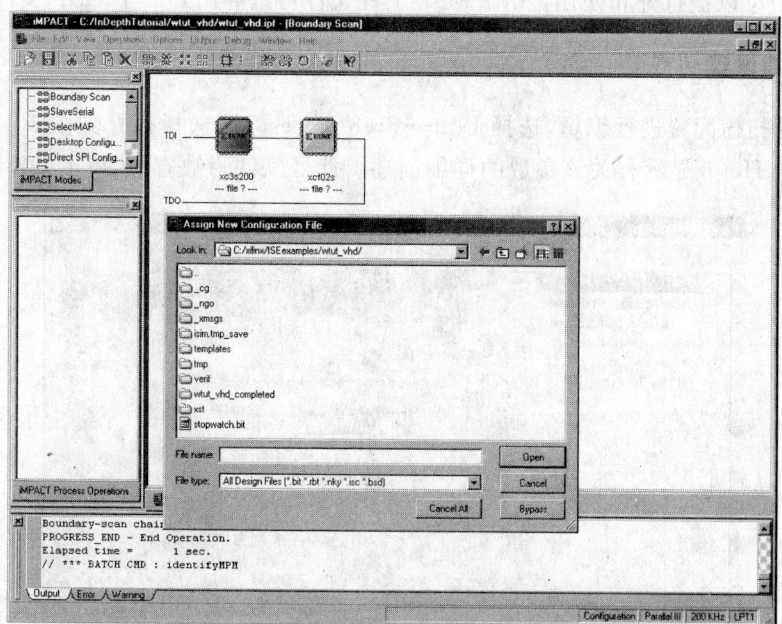

图 10.14 分配配置文件

配置文件用来编程器件，配置文件类型大体有以下几种：

- Bitstream 文件(＊.bit，＊.rbt，＊.isc)用来配置 FPGA。
- JEDEC 文件(＊.jed，＊.isc)用来配置 CPLD。
- PROM 文件(＊.mcs,.exo,.hex,.tek)用来配置 PROM。

软件提示为第一个器件(XC3S200)选择一个配置文件,下面给出配置文件的分配过程和步骤。

(1) 从工程工作目录选择 BIT 文件。

(2) 单击 Open 按钮,弹出一个警告状态,启动时钟已经变成了 JtagClk,然后单击 OK 按钮。

需要注意的是,如果无法获得配置文件,可以用边界扫描文件(BSDL 或 BSD)代替。BSDL 文件为软件提供了必要的边界扫描信息,从而使得器件可以获得边界扫描操作的一个子集。

(3) 为了让 ISE 自动选择 BSDL 文件(无论是 Xilinx 器件还是非 Xilinx 器件),在 Assign New Configuration File 对话框中选择 Bypass。软件提示为第二个器件选择配置文件(XCF02S)。从工程工作目录选择 MCS 文件,单击 Open 按钮。

(4) 保存工程文件。

一旦链被描述,并且指派了配置文件,就可以保存 iMPACT 工程文件(IPF)。选择 File Save Project As。出现 Save as 对话框后,便可以存储工程文件到相应位置。重新打开 iMPACT 时重新恢复该链,选择 File Open Project,浏览 IPF。

需要注意的是,ISE 的早期版本使用 Configuration Data Files (CDF)。这些文件在 iMPACT 中可以被打开和使用。iMPACT 工程文件可以导出到一个 CDF 文件。

7. 参数设置

对边界扫描配置进行编辑,选择 Edit→Preferences。该选择打开如图 10.15 所示的窗口。单击 Help,显示有关该参数的详细描述。此处默认为缺省值,单击 OK 按钮。

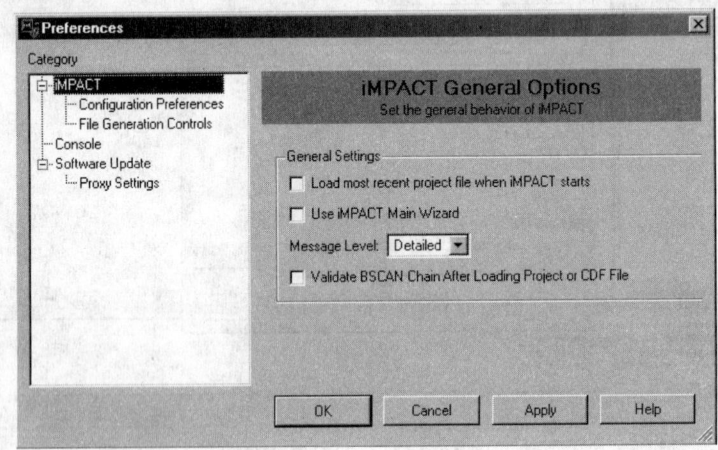

图 10.15 编辑参数

8. 执行边界扫描操作

可以一次对一个器件执行边界扫描操作。器件和应用到器件的配置文件的不同，导致可以执行的边界扫描操作也不同。右击该链中任一器件，可以看见可选项的列表。选中一个器件，并对器件执行一种操作，链中所有其他器件自动放置在 BYPASS 或 HIGHZ 中，这取决于 iMPACT 参数设置。执行操作，右击一个器件，选择其中的一个选项。找回器件 ID 和运行编程选项来验证第一个器件，步骤如下：

(1) 如图 10.16 所示，右击 XC3S200 器件，选择 Get Device ID。

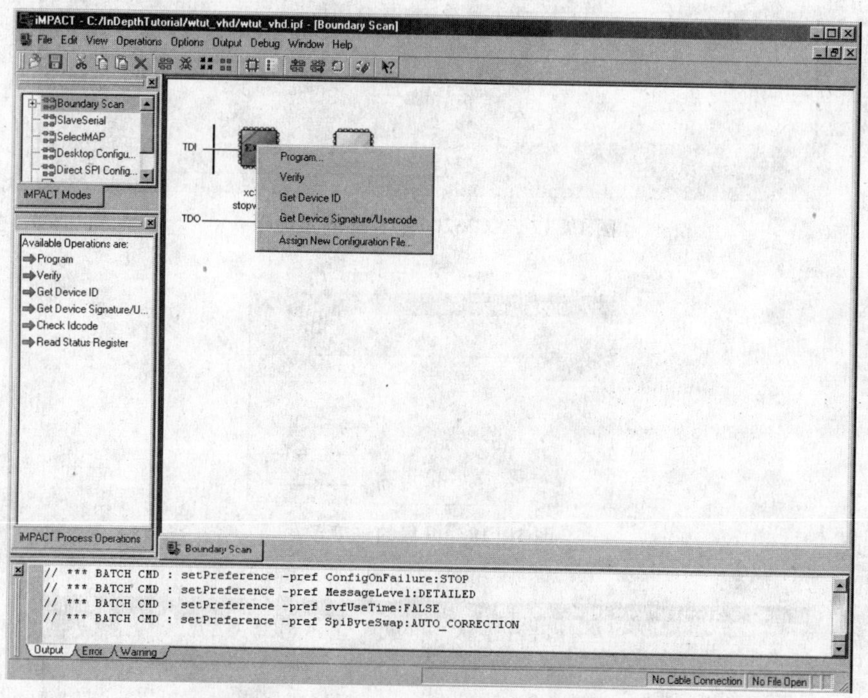

图 10.16 XC3S200 可以获得的边界扫描操作

(2) 软件访问 IDCODE，结果显示在图 10.17 所示的 log 窗口中。右击 XC3S200 器件，选择 Program。弹出图 10.18 所示的编程选项对话框，选择 Verify 选项。Verify 选项使器件可以被回读，同时使用比 BIT 文件更容易创建 MSK 文件。单击 OK 按钮，启动编程。需要注意的是，在 Program Options 对话框中的选项依所选择的器件而不同。

单击 OK 按钮，编程操作开始，并显示操作状态窗口。同时，log 窗口报告了所有正在被执行的操作。如图 10.19 所示，当编程操作完成后，显示一个大的蓝色消息框表明编程成功。

以上设计已经编程完毕并且已完成验证，已经可以工作，并且对该秒表进行启动、停止和复位操作。

Programming Properties
Category
Programming Properties
Advanced PROM Programming Properties
Revision Properties
Programming Properties
General Programming Properties
Verify
General CPLD And PROM Properties
Erase Before Programming Read Protect
PROM/CoolRunner-II Usercode (8 Hex Digits)
CPLD Specific Properties
Write Protect Functional Test On-The-Fly Program
XPLA UES Enter up to 13 characters
PROM Specific Properties
Load FPGA Parallel Mode Use D4 for CF
Virtex-II/Virtex-4 Programming Properties
Pulse PROG Program Key
OK Cancel Apply Help

图 10.17 XC3S200 器件的编程选项

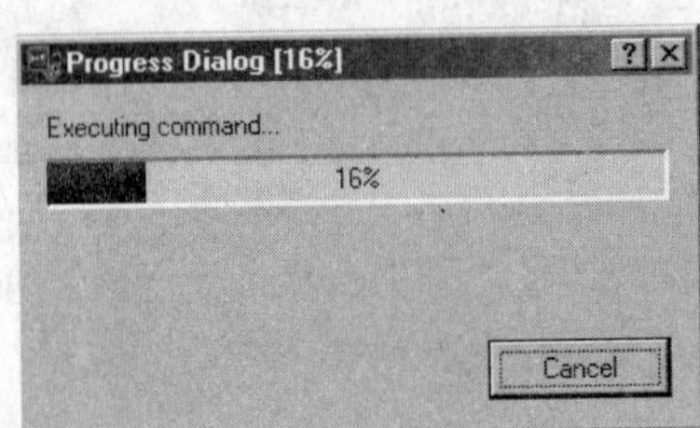

图 10.18 编程的进度条

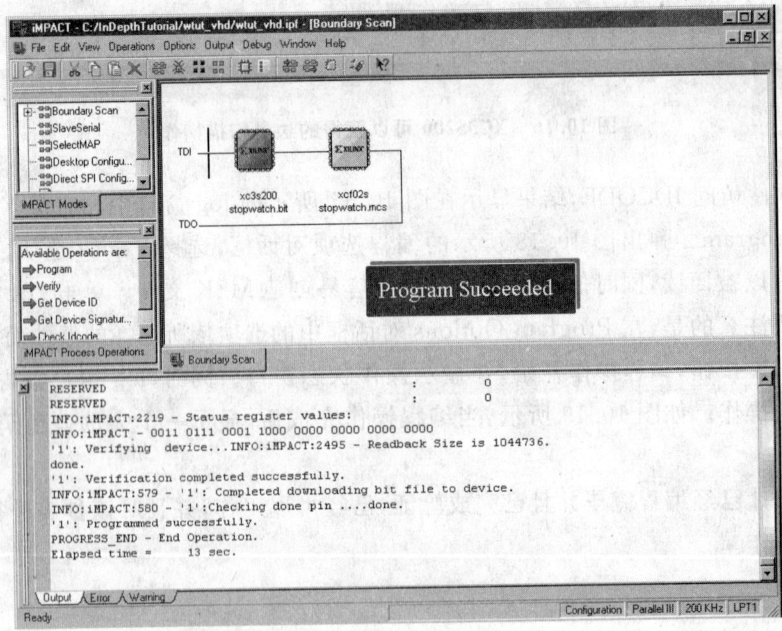

图 10.19 编程操作完成

10.3.3 JTAG诊断

1. 验证电缆连接

在边界扫描操作过程中发生错误，首先对电缆连接的建立进行验证，同时验证软件自动检测函数是否正在工作。如果已将电缆插入电路板和计算机，而连接仍未被建立，在iMPACT窗口空白部分右击，选择Cable Auto Connect或者Cable Setup。Cable Auto Connect将强迫软件寻找连接的每个端口。Cable Setup能够选择电缆以及与该电缆相连的端口。当查找到连接，iMPACT窗口底部将显示电缆连接类型，与电缆相连的端口以及电缆速度。

2. 验证链建立

边界扫描操作过程检测是否发生错误，验证链是否被正确建立，同时验证软件是否能和器件通讯。最简单的检测方式是初始化扫描链。在iMPACT窗口右击，选择初始化链。软件将识别该链是否连接到电路板。

如果该链不可以初始化，可能是硬件没有被正确建立，或者电缆没有正确连接。如果链可以初始化，尝试执行简单操作。比如，尝试获得链中每个器件的器件ID。如果可以完成此操作，则说明硬件被正确建立，电缆被正确连接。如图10.20所示，调试链也可以人工输入JTAG命令。这可以用来测试命令和验证链是否被正确建立。为使用该特性，在iMPACT中选择Debug→Start/Stop Debug Chain。iMPACT Boundary-Scan Debug的使用帮助可以参见iMPACT Help(Help→Help Topics)。

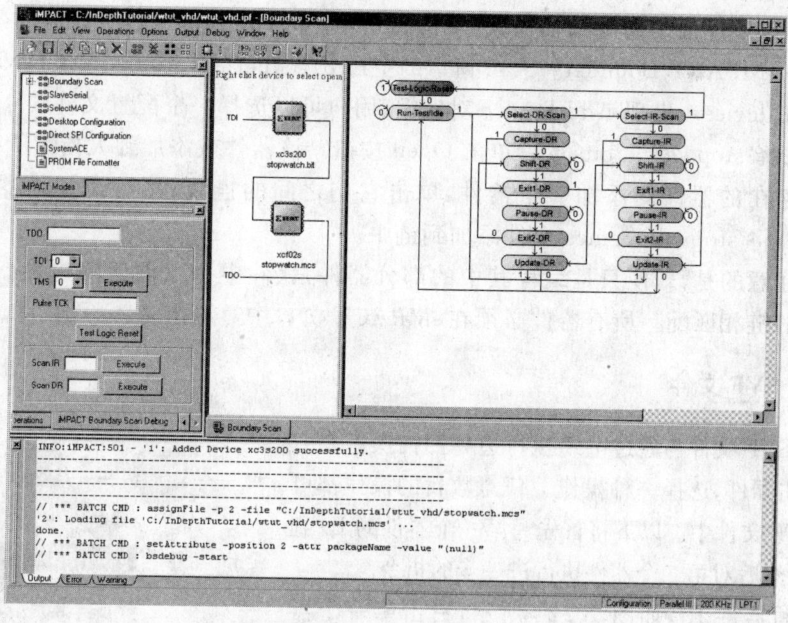

图10.20 调试JTAG链

10.3.4 建立 SVF 文件

本部分是可选的，前提是已经掌握“使用边界扫描配置模式”部分，并且已成功完成了板的编程。本部分中所有配置信息都写到 SVF 文件。

iMPACT 支持 SVF、XSVF 和 STAPL 三种格式的器件编程文件的建立。如果正在使用的是第三方编程解决方案，那么需要自己手工建立 Boundary Scan chain，然后创建一个器件编程文件。这些编程文件包含编程指令和配置数据，ATE 机和嵌入式控制器在执行边界扫描操作时会使用到这些数据。通常不需要连接电缆，因为器件不需要执行任何操作。

1. 建立 JTAG 产生 SVF 文件

本部分必须已经完成前面章节的学习，并且 JTAG 链已经被检测。下面介绍 SVF 文件生成所需的 JTAG 链建立过程：

(1) 选择 Output→SVF File→Create SVF File 来表明正在创建一个编程文件。

(2) 在 Create a New SVF File 对话框的 File Name 域输入 getid，单击 Save 按钮。

(3) 出现一个消息框，表明所有器件操作都会被指定到 .svf 文件内。单击 OK 按钮。

2. 手工建立 JTAG 产生 SVF 文件

如果已完成“使用边界扫描配置模式”，可以跳过本部分。Boundary-Scan chain 可以手工被创建和修改，步骤如下：

(1) 确保现在处于边界扫描模式(单击 Boundary-Scan tab)可以一次添加一个器件。

(2) 在 iMPACT Boundary-Scan 窗口的空白处右击，选择 Add Xilinx Device 或 Add Non-Xilinx device。出现 Add Device 对话框，用户可以选择一个配置文件。

(3) 选择 stopwatch. bit，然后单击 Open 按钮。该器件被添加到大指针所在的位置。为了在已存在的器件间添加一个器件，单击它们之间的连线，然后添加新器件。重复(1)、(2)步，将 stopwatch. mcs 文件添加到链中。

需要注意的是，即使只是编程其中的部分器件，软件中手工创建的边界扫描链也必须与板上的链相匹配。所有器件必须在 iMPACT 窗口中显示出来。

3. 写 SVF 文件

写到 SVF 文件与通过电缆执行边界扫描操作是一样的。右击器件，选择一种操作。任意数目的操作都可以写到 SVF 文件中。以下将首先写第一个器件的 ID 到编程文件，然后对第二个器件执行进一步的指令。

(1) 写器件 ID，如图 10.21 所示，右击第一个器件(XC3S200)。选择 Get Device ID。

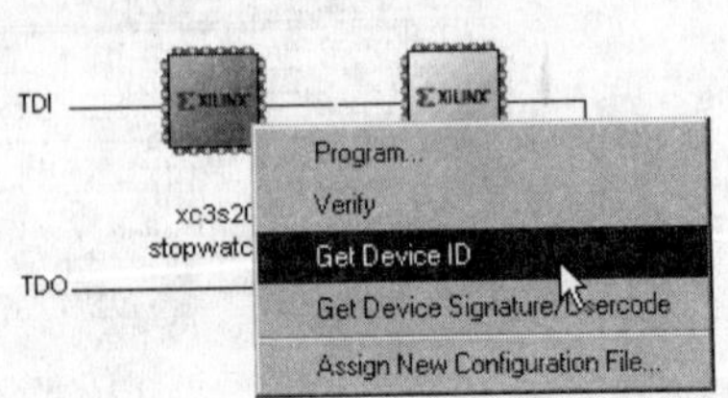

图 10.21 选择 JTAG 模式

Get Device ID 操作是必须要执行的指令，之后写到文件中。

(2) 选择 View→View SVF-STAPL File 查看结果。图 10.22 显示了在执行完 Get Device ID 操作之后，SVF 文件的内容。

```
// Created using Xilinx iMPACT Software [ISE Foundation Sim - 7.1i]
TRST OFF;
ENDIR IDLE;
ENDDR IDLE;
STATE RESET IDLE;
TIR 0 ;
HIR 0 ;
TDR 0 ;
HDR 0 ;
TIR 0 ;
HIR 8 TDI (ff) SMASK (ff) ;
HDR 1 TDI (00) SMASK (01) ;
TDR 0 ;
//Loading device with 'idcode' instruction.
SIR 6 TDI (09) SMASK (3f) ;
SDR 32 TDI (00000000) SMASK (ffffffff) TDO (f1414093) MASK (0fffffff) ;
// Validating chain...
TIR 0 ;
HIR 0 ;
TDR 0 ;
HDR 0 ;
SIR 28 TDI (0fffeaaa) SMASK (0fffffff) TDO (0aaa8101) MASK (0fffc307) ;
TIR 0 ;
HIR 0 ;
TDR 0 ;
HDR 0 ;
TIR 0 ;
HIR 0 ;
TDR 0 ;
HDR 0 ;
TIR 0 ;
HIR 8 TDI (ff) SMASK (ff) ;
HDR 1 TDI (00) SMASK (01) ;
TDR 0 ;
//Loading device with 'idcode' instruction.
SIR 6 TDI (09) SMASK (3f) ;
SDR 32 TDI (00000000) TDO (f1414093) ;
//Loading device with 'idcode' instruction.
SIR 6 TDI (09) ;
SDR 32 TDI (00000000) TDO (f1414093) ;
TIR 0 ;
HIR 8 TDI (ff) ;
HDR 1 TDI (00) ;
TDR 0 ;
TIR 0 ;
HIR 0 ;
TDR 0 ;
HDR 0 ;
SIR 14 TDI (3fff) SMASK (3fff) ;
SDR 2 TDI (00) SMASK (03) ;
```

图 10.22　SVF 文件中从链中获得第一个器件的设备 ID 部分

写第二个器件到 SVF 文件的操作：

(1) 右击第二个器件(XCF02S)。

(2) 选择 Program。

(3) 在 Programming Properties 窗口中单击 OK 按钮，编程第二个器件所需的指令和配置数据被添加到 SVF 文件。

4. 停止写 SVF 文件

在所需的操作都执行完毕后，必须添加一个指令来关闭文件。停止写入编程文件的方法：选择 Output→SVF File→Stop Writing to SVF File。

为了以后添加其他操作，选择 Output→SVF File→Append to SVF File，选择 SVF 文件，单击 Save 按钮。

5. 重放 SVF/XSVF 文件

为了验证已创建的 SVF 文件的指令，需要以下操作：

(1) 手工创建一个新链。

(2) 通过右击分派 SVF 文件到链上,选择 Add Xilinx Device,选择 search 窗口中的 SVF 文件。

(3) 右击 Boundary-Scan 链上的 SVF 文件,选择 Execute XSVF/SVF。

10.3.5 其他配置模式

1. 从串行配置模式

从串行配置模式允许编程单个 Xilinx 器件或者 Xilinx 器件的一个串行链。为使用从串行配置模式,可双击 Configuration Modes 栏里的 Slave Serial。

2. SelectMAP 配置模式

对于 iMPACT,选择 MAP 配置模式可以使用户编程多达 3 个 Xilinx 器件。通过调整 CS 管脚一次选择一个器件进行编程。为使用选择 MAP 配置模式,可双击 Configuration Modes 栏里的 SelectMAP。只有 MultiPRO 电缆可以用于 SelectMAP Configuration。

注意:这些模式不能与 Spartan-3 Starter Kit 一起使用。

10.4 PLD 调试

在 PLD 设计位流下载到 PLD 内,下一个最重要的问题就是调试了,这也是 EDA 设计人员所面临的最头痛的问题。由于 PLD 内部集成了大规模的逻辑单元,内部的很多信号的逻辑运行状态无法知道,这样一旦当输出逻辑和设计不一样时,必须花很多的时间查找问题。图 10.23 给出了这样的一种情况。我们只能通过测试仪器或软件知道输入端口和输出端口,而内部逻辑的运行情况不知道。EDA 设计人员最容易想到的做法,就是将内部逻辑通过连线引到输出端口。但这样做的一个最大的缺点,就是会占用大量的“I/O 资源”,这样就限制了可以从内部逻辑引线的数量。

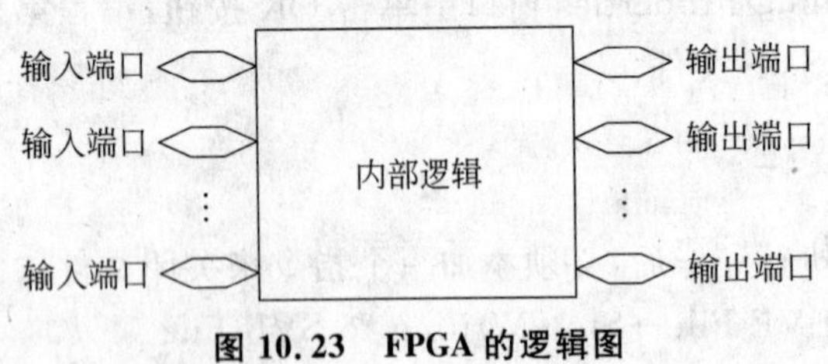

图 10.23 FPGA 的逻辑图

10.4.1 多路复用技术的应用

为了减少占用调试需要占用的资源,可以采用多路复用的技术,如图 10.24 所示,即使用同一组输出引脚输出几组信号。这样做仍然会占用一些 I/O 管脚,但是数目会减少。使得系统具有良好的可见性并且切换的速度很快。但是这种方法不够灵活，并且在设计时，由于考虑到复用的控制问题，所以也会增加设计代码的复杂度。同时，这些增加的额外设计一旦调试完毕不需要了，如要删除这部分代码，就需要重新布局布线，可能会产生新的问题。

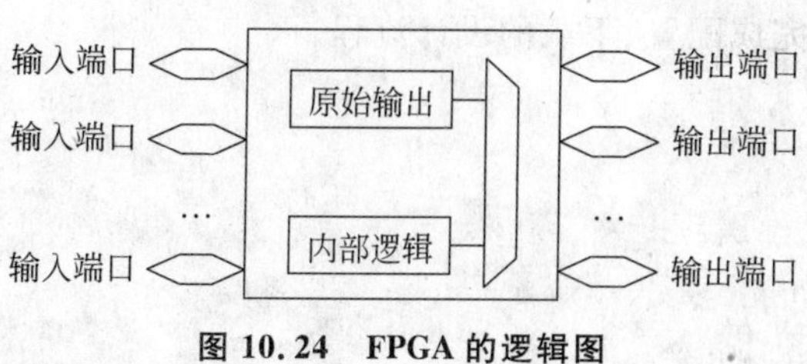

图 10.24 FPGA 的逻辑图

10.4.2 虚拟逻辑分析工具

随着调试技术的不断完善，Xilinx 公司和 Altera 公司相继推出了 ChipScope Pro 和 SignalTapⅡ在线逻辑分析仪软件工具。用于对 FPGA 的调试，其原理就是通过使用 FPGA 内剩余未用的资源完成对信号状态的捕捉，并且将这些数据存储在 FPGA 内部的 RAM 中，需要注意的是，由于 CPLD 器件内部没有 RAM 资源，所以虚拟逻辑分析工具不能在 CPLD 器件上使用。

如图 10.25 所示，要使虚拟逻辑分析仪正常工作，必须要有触发条件。当且仅当触发条件满足要求时，需要观察的信号就被锁定，并且存放在 FPGA 内部的块 RAM 中，通过 JTAG 端口进行读取操作。

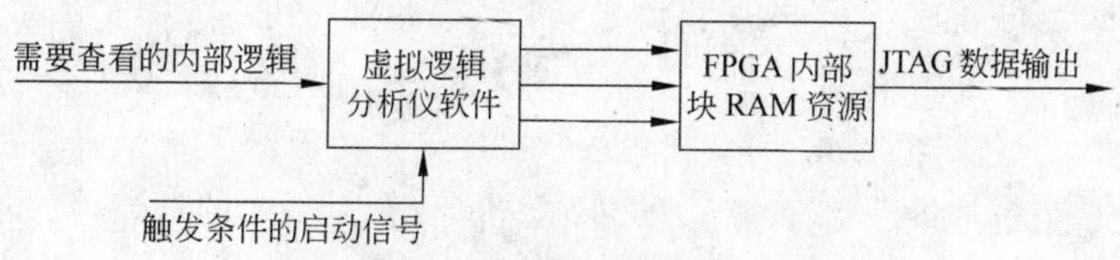

图 10.25 虚拟逻辑分析软件工具原理

通过虚拟逻辑分析工具的使用可以大大降低调试的难度，此外，还可以省掉一些复杂的逻辑仿真环节，提高了调试的效率，大大降低了调试成本。虚拟逻辑分析工具从某种意义上讲，对提高 FPGA 的调试效率作出了很大的贡献。

习 题 10

1. 说明 Xilinx 的 FPGA 芯片的主要配置模式，并说明每种配置模式的特点和应用场合。

2. 举例说明 Xilinx 的 PROM 文件的生成过程。

3. 举例说明 Xilinx 的 JTAG 下载过程。
4. 说明诊断 JTAG 故障的方法和手段。
5. 说明 PLD 调试的技术手段。
6. 简要说明虚拟逻辑分析仪软件工具的工作原理和优点。
7. 在硬件平台上完成配置、下载的设计流程。

第11章 chapter 11

数字时钟设计及实现

本章给出了PLD器件在复杂数字系统的典型应用实例——数字时钟的设计。数字时钟的设计也是PLD在复杂数字系统的经典应用。该章首先介绍了数字时钟的功能要求和整体结构;随后具体介绍了数字时钟的模块设计,其中包括数字时钟控制信号和控制模块的具体结构。本章最后详细描述了设计的具体实现过程,具体包括数字时钟的计数模块设计、计数时钟及扫描时钟设计和显示控制模块设计。

读者通过该章的学习初步掌握PLD器件在复杂数字系统的设计方法和设计技巧,为进一步设计复杂数字系统打下良好基础。

11.1 数字时钟的功能要求和结构

11.1.1 数字时钟的功能要求

数字时钟常见的一种计数装置,数字时钟以1Hz的频率工作。该设计完成数字时钟的运行和显示。其主要功能如下:

(1) 数字时钟以1Hz的频率工作,其输入频率为1MHz。

(2) 数字时钟显示时、分、秒信息。这些显示信息在6个7段数码管上完成。

(3) 通过按键设置时、分信息,并且具有对数字时钟的复位功能。

复位键将时、分、秒清0,并做好重新计数的准备。按键具有预置时、分的功能。分别对当前的时和分信息做递增设置和递减设置。

11.1.2 数字时钟的整体结构

图11.1给出了该数字时钟的结构图。从图中可以看到,数字时钟由复位按键(reset)、小时递增按键(hour_inc)、小时递减按键(hour_dec)、分钟递增按键(min_inc)、分钟递减按键(min_dec)、时钟输入、7段LED显示、LED管选择信号线sel、LED码控制信号线(segment)等部分组成。所有的按键都是低电平有效。LED管选择信号线sel通过控制外部的3-8译码器来选择对应的LED管。LED码控制信号线分别和LED的7个数码控制端a-g相连,用来控制LED上显示的字符。通过合理的控制扫描时钟,就可以得到稳定的时、分、秒的显示。

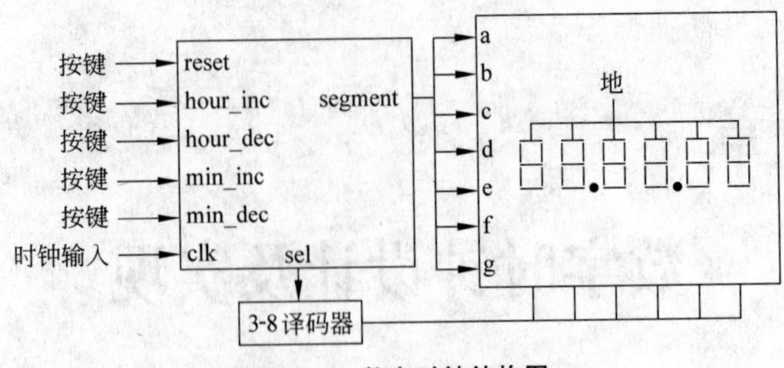

图 11.1 数字时钟结构图

11.2 模块设计

11.2.1 数字时钟控制信号

该数字时钟的控制部分由 PLD 芯片完成。该芯片的输入和输出接口由下面信号组成。

1. 输入信号

- 复位信号(reset)。
- 时钟输入信号(clk)。
- 小时递增信号(hour_inc)。
- 小时递减信号(hour_dec)。
- 分钟递增信号(min_inc)。
- 分钟递减信号(min_dec)。

2. 输出信号

- LED 选择信号(sel)。
- LED 码显示控制信号(segment)。

11.2.2 控制模块结构

该设计分成下面 4 个模块：定时时钟模块、扫描时钟模块、按键处理模块、定时计数模块和显示控制模块。图 11.2 给出了这几个模块之间的信号连接关系。

1. 按键处理模块

由于 VHDL 语言的规则,将按键的处理和定时模块设计在一起。为了描述清楚,将对按键的处理进行说明。在该设计中,采用异步复位电路方式。当复位信号低有效时,计数器停止计数,时、分、秒清 0。

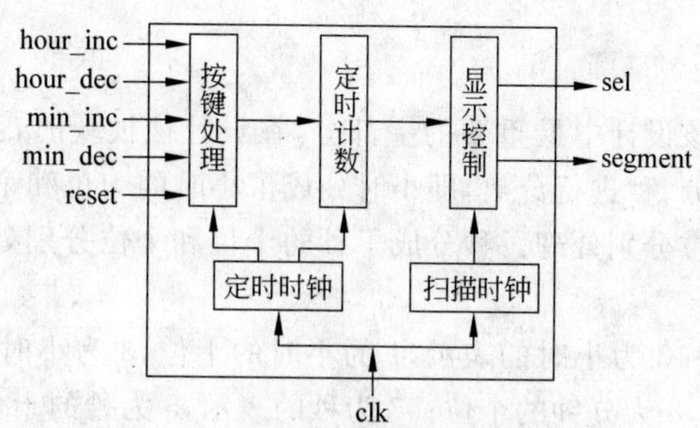

图 11.2 电子钟控制模块的内部连接图

对于小时的递增、递减按键操作，通过一个 1Hz 的计数时钟采样。图 11.3 给出了递增、递减的操作时序。

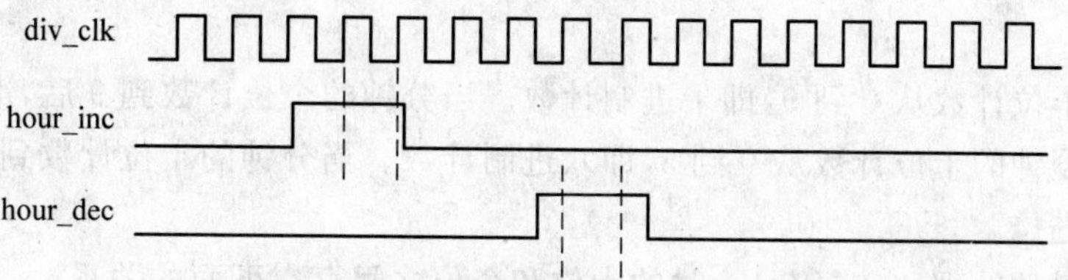

图 11.3 预置操作和定时时钟的关系

当 1Hz 的 div_clk 信号的上升沿到来时，检测 hour_inc 和 hour_dec 按键，图中的虚线表示在时钟的上升沿对按键信号进行采样。当 hour_inc 或 hour_dec 按键低有效时，对小时进行递加或递减操作。

对于分钟的递加、递减按键操作，也是通过一个 1Hz 的计数时钟采样。原理如图 11.4 所示。

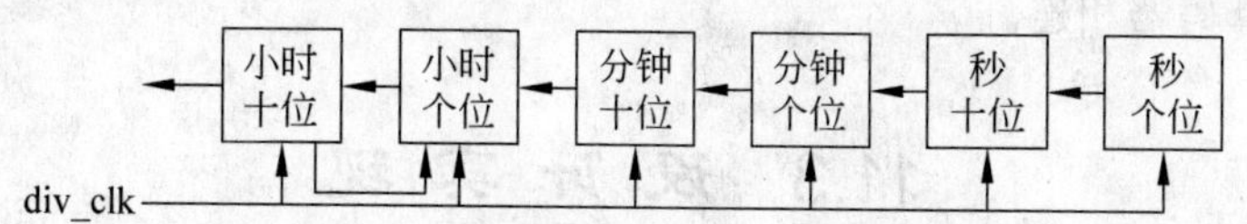

图 11.4 定时器时、分、秒之间的连接关系

2. 定时时钟模块

定时时钟模块作用就是，将外部提供的 1MHz 的时钟通过分频器后向模块内的定时计数模块提供 1Hz 的定时计数时钟。在设计定时时钟模块时，采用同步计数电路。

3. 扫描时钟模块

扫描时钟模块的作用就是通过对 1MHz 的分频处理后，向显示控制模块提供合适的显示扫描时钟，该时钟必须经过合理的设计，才能保证 7 段数码显示的稳定。在设计扫描时钟模块时，采用同步计数电路。

4. 定时计数模块

定时计数模块是该设计中最重要的一部分，在设计该模块时，为了便于后续显示控制模块的设计，将时、分、秒进行分离，即小时分成了小时的十位和个位分别处理，分钟分成了分钟的十位和个位分别处理。秒分成了秒的十位和个位分别处理。在该设计中，采用 24 小时计数模式。

例如，13:28:57。13 为小时的表示，1 为小时的十位，3 为小时的个位；28 为分钟的表示，2 为分钟的十位，8 为分钟的个位；57 为秒的表示，5 为秒的十位，7 为秒的个位。

由于对小时、分钟和秒的十位及个位分别处理，在设计该模块就稍微复杂些。下面逐一进行说明。

秒的个位计数从 0 到 9，即十进制计数。当秒的个位计数到 9 后，准备向秒的十位进位。秒的十位计数从 0 到 5，即六进制计数。当秒的十位计数到 5 后，准备向分的个位进位。

分钟的个位计数从 0 到 9，即十进制计数。当分钟的个位计数到 9 后，准备向分钟的十位进位。分钟的十位计数从 0 到 5，即六进制计数。当分钟的十位计数到 5 后，准备向小时的个位进位。

对于小时的处理比较复杂，小时的十位和个位之间存在下面的关系：

- 当小时的十位为 0 或 1 时，小时的个位可以计数范围为 0～9，即十进制计数。
- 当小时的十位为 2 时，小时的个位可以计数的范围为 0～3，即四进制计数。

图 11.4 给出了定时器时、分、秒之间的关系。

5. 显示控制模块

显示控制模块主要作用是在 7 段数码管上正确地显示 0～9 的数字。sel 三位 LED 选择线和 3-8 译码器相连。

11.3 设计实现

11.3.1 设计输入

```
library IEEE;
use IEEE.STD_LOGIC_1164.ALL;
use IEEE.STD_LOGIC_ARITH.ALL;
use IEEE.STD_LOGIC_UNSIGNED.ALL;
entity clock is                              --实体定义部分
    port(
        clk : in std_logic;
        rst : in std_logic;
        inc_min : in std_logic;
        sub_min : in std_logic;
```

```
        inc_hour : in std_logic;
        sub_hour : in std_logic;
        sel : out std_logic_vector(2 downto 0);
        q   : out std_logic_vector(7 downto 0));
end clock;
architecture Behavioral of clock is              --信号定义部分
    signal  sec_counter1:std_logic_vector(3 downto 0);
    signal  sec_counter2:std_logic_vector(3 downto 0);
    signal  min_counter1:std_logic_vector(3 downto 0);
    signal  min_counter2:std_logic_vector(3 downto 0);
    signal  hour_counter1:std_logic_vector(3 downto 0);
    signal  hour_counter2:std_logic_vector(3 downto 0);
    signal  divcounter : std_logic_vector(19 downto 0);
    signal  div_clk : std_logic;
    signal  scancounter : std_logic_vector(1 downto 0);
    signal  scan_clk : std_logic;
    signal  scan_out : std_logic_vector(2 downto 0);
    signal  secseg1,secseg2,minseg1,minseg2,hourseg1,hourseg2:std_logic_vector(7
downto 0);
begin
    process(rst,clk)                             --计数时钟代码设计
    begin
        if(rst='0')then
            divcounter<=X"00000";
            div_clk<='0';
    elsif(rising_edge(clk))then
        if(divcounter=X"7A11F") then
            divcounter<=X"00000";
            div_clk<=not div_clk;
        else
            divcounter<=divcounter+1;
        end if;
      end if;
    end process;

    process(rst,clk)                             --数码管扫描时钟
    begin
        if(rst='0')then
            scancounter<="00";
            scan_clk<='0';
      elsif(rising_edge(clk))then
              if(scancounter="11") then
                  scancounter<="00";
                  scan_clk<=not scan_clk;
```

```
                else
                    scancounter<=scancounter+1;
                end if;
        end if;
    end process;
    process(div_clk,rst)                    --时钟计数部分主进程
    begin
    if(rst='0')then                         --复位部分
        sec_counter1<=X"0";
        sec_counter2<=X"0";
        min_counter1<=X"0";
        min_counter2<=X"0";
        hour_counter1<=X"0";
        hour_counter2<=X"0";
    elsif(rising_edge(div_clk))then         --手动调分,递增
        if(inc_min='0') then
            if(min_counter1=X"9") then
                min_counter1<=X"0";
                    if(min_counter2>=X"5") then
                        min_counter2<=X"0";
                    else
                        min_counter2<=min_counter2+1;
                    end if;
            else
                min_counter1<=min_counter1+1;
            end if;
        elsif(sub_min='0') then             --手动调分,递减
            if(min_counter1=X"0") then
                min_counter1<=X"9";
                    if(min_counter2=X"0")then
                        min_counter2<=X"5";
                    else
                        min_counter2<=min_counter2- 1;
                    end if;
        else
            min_counter1<=min_counter1-1;
        end if;
    elsif(inc_hour='0') then                --手动调时,增时
        if(hour_counter2=X"2")then
            if(hour_counter1=X"3")then
                hour_counter1<=X"0";
                hour_counter2<=X"0";
            else
                hour_counter1<=hour_counter1+1;
```

```
            end if;
        else
            if(hour_counter1=X"9") then
                hour_counter1<=X"0";
                hour_counter2<=hour_counter2+1;
            else
                hour_counter1<=hour_counter1+1;
            end if;
        end if;
    elsif(sub_hour='0') then                --手动调时,减时
        if(hour_counter1=X"0")then
            if(hour_counter2=X"0")then
                hour_counter1<=X"3";
                hour_counter2<=X"2";
            else
                hour_counter2<=hour_counter2-1;
                hour_counter1<=X"9";
            end if;
        else
            hour_counter1<=hour_counter1-1;
        end if;
    else                                    --时分秒正常计数
        if(sec_counter1>=X"9") then
                sec_counter1<=X"0";
            if(sec_counter2>=X"5") then
                sec_counter2<=X"0";
                    if(min_counter1>=X"9") then
                        min_counter1<=X"0";
                        if(min_counter2>=X"5") then
                            min_counter2<=X"0";
                            if(hour_counter2=X"2") then
                                if(hour_counter1=X"3") then
                                    hour_counter1<=X"0";
                                    hour_counter2<=X"0";
                                else
                                    hour_counter1<=hour_counter1+1;
                                end if;
                            else
                                if(hour_counter1=X"9") then
                                    hour_counter1<=X"0";
                                    hour_counter2<=hour_counter2+1;
                                else
                                    hour_counter1<=hour_counter1+1;
                                end if;
```

```
                    end if;
                else
                    min_counter2<=min_counter2+1;
                end if;
            else
                min_counter1<=min_counter1+1;
            end if;
        else
            sec_counter2<=sec_counter2+1;
        end if;
    else
        sec_counter1<=sec_counter1+1;
    end if;
  end if;
 end if;
end process;

process(rst,scan_clk)                    --生成扫描时钟
begin
    if (rst='0') the
        scan_out<="000";
    elsif(rising_edge(scan_clk)) then
            if(scan_out="101")then
                scan_out<="000";
            else
                scan_out<=scan_out+1;
            end if;
        end if;
    end process;

process(scan_out)                        --扫描输出进程
begin
    case scan_out is
        when  "000" =>q<=secseg1; sel<="000";
        when  "001" =>q<=secseg2; sel<="001";
        when  "010" =>q<=minseg1;sel<="010";
        when  "011" =>q<=minseg2;sel<="011";
        when  "100" =>q<=hourseg1;sel<="100";
        when  "101"=>q<=hourseg2;sel<="101";
        when  others =>q<="11111111";sel<="111";
    end case;
end process;

process(sec_counter1)                    --秒低位显示
```

```
begin
    case sec_counter1 is
        when "0000"=>secseg1<="10111111";
        when "0001" =>secseg1<="10000110";
        when "0010"=>secseg1<="11011011";
        when "0011"=>secseg1<="11001111";
        when "0100"=>secseg1<="11100110";
        when "0101"=>secseg1<="11101101";
        when "0110"=>secseg1<="11111101";
        when "0111"=>secseg1<="10000111";
        when "1000"=>secseg1<="11111111";
        when "1001"=>secseg1<="11101111";
        when others=>secseg1<="11111111";
    end case;
end process;

process(sec_counter2)                       --秒高位显示
begin
    case sec_counter2 is
        when "0000"=>secseg2<="00111111";
        when "0001"=>secseg2<="00000110";
        when "0010"=>secseg2<="01011011";
        when "0011"=>secseg2<="01001111";
        when "0100"=>secseg2<="01100110";
        when "0101"=>secseg2<="01101101";
        when others=>secseg2<="01111111";
    end case;
end process;

process(min_counter1)                       --分低位显示
begin
    case min_counter1 is
        when  "0000"=>minseg1<="10111111";
        when  "0001"=>minseg1<="10000110";
        when  "0010"=>minseg1<="11011011";
        when  "0011"=>minseg1<="11001111";
        when  "0100"=>minseg1<="11100110";
        when  "0101"=>minseg1<="11101101";
        when  "0110"=>minseg1<="11111101";
        when  "0111"=>minseg1<="10000111";
        when  "1000"=>minseg1<="11111111";
        when  "1001"=>minseg1<="11101111";
        when  others=>minseg1<="11111111";
    end case;
```

```
end process;

process(min_counter2)                    --分高位显示
begin
    case  min_counter2 is
        when  "0000"=>minseg2<="00111111";
        when  "0001"=>minseg2<="00000110";
        when  "0010"=>minseg2<="01011011";
        when  "0011"=>minseg2<="01001111";
        when  "0100"=>minseg2<="01100110";
        when  "0101"=>minseg2<="01101101";
        when  others=>minseg2<="01111111";
    end case;
end process;
process(hour_counter1)                   --小时低位显示
begin
    case  hour_counter1 is
        when  "0000"=>hourseg1<="10111111";
        when  "0001"=>hourseg1<="10000110";
        when  "0010"=>hourseg1<="11011011";
        when  "0011"=>hourseg1<="11001111";
        when  "0100"=>hourseg1<="11100110";
        when  "0101"=>hourseg1<="11101101";
        when  "0110"=>hourseg1<="11111101";
        when  "0111"=>hourseg1<="10000111";
        when  "1000"=>hourseg1<="11111111";
        when  "1001" =>hourseg1<="11101111";
        when  others=>hourseg1<="11111111";
    end case;
end process;

process(hour_counter2)                   --小时高位显示
begin
    case  hour_counter2 is
        when  "0000"=>hourseg2<="00111111";
        when  "0001"=>hourseg2<="00000110";
        when  "0010"=>hourseg2<="01011011";
        when  others=>hourseg2<="01111111";
    end case;
end process;
end Behavioral;
```

11.3.2 设计约束

该设计在基于 Xilinx 的 SPARTAN3 的 xc3s400pqg208-4c 器件上实现，在北京百科

融创或北京精仪达盛的EDA-Ⅳ实验平台上测试完成。在验证前，要进行设计约束，在这里只对管脚进行约束。该设计的约束文件格式是Xilinx用户约束文件UCF的格式。采用不同的EDA平台时，需要使用不同的用户约束文件格式。下面的约束仅供读者参考，读者可以根据具体EDA平台修改UCF约束。

```
#PACE: Start of Constraints generated by PACE
#PACE: Start of PACE I/O Pin Assignments
NET "clk"  LOC="p78"  ;
NET "q<0>"  LOC="p80"  ;
NET "q<1>"  LOC="p85"  ;
NET "q<2>"  LOC="p87"  ;
NET "q<3>"  LOC="p93"  ;
NET "q<4>"  LOC="p95"  ;
NET "q<5>"  LOC="p97"  ;
NET "q<6>"  LOC="p101"  ;
NET "q<7>"  LOC="p143"  ;
NET "rst"  LOC="p106"  ;
NET "sel<0>"  LOC="p108"  ;
NET "sel<1>"  LOC="p111"  ;
NET "sel<2>"  LOC="p114"  ;
#PACE: Start of PACE Area Constraints
#PACE: Start of PACE Prohibit Constraints
#PACE: End of Constraints generated by PACE
```

习 题 11

1. 说明基于PLD的数字电子钟的结构及其实现原理。

2. 在ISE软件和相关的硬件平台上完成本章所介绍的数字电子钟的设计仿真和验证。

第 12 章 chapter 12

通用异步接收发送器设计及实现

本章给出了 PLD 器件在简单通信系统的应用——通用异步接收发送器(Univerisal Asynchronou Receiver Transmitter,UART)设计。UART 的设计也是 PLD 在通信系统的经典应用。该章首先介绍了 UART 设计原理,其中包括 UART 原理和设计描述、接收模块设计,随后介绍了 UART 的 VHDL 代码描述,最后介绍了 URAT 的软件仿真验证。

读者通过该章的学习初步掌握 PLD 器件应用于数字通信系统的设计方法和设计技巧,为进一步设计复杂数字通信系统打下良好基础。

12.1 UART设计原理

基于通用异步接收发送器 UART 的 RS-232 接口是以前计算机上提供的一个串行数据接口,用来将接收的串行数据转换成并行数据,同时将并行数据转换成串行数据后发送出去。当 PLD 和其他外设通过串口通信时就非常有用。UART 发送的数据,经过电平转换后,传送到 PLD 的外部串行总线接口,然后这些串行数据被送到 PLD 内部进行处理。被处理的数据转换为串行数据经电平转换后传回串口。

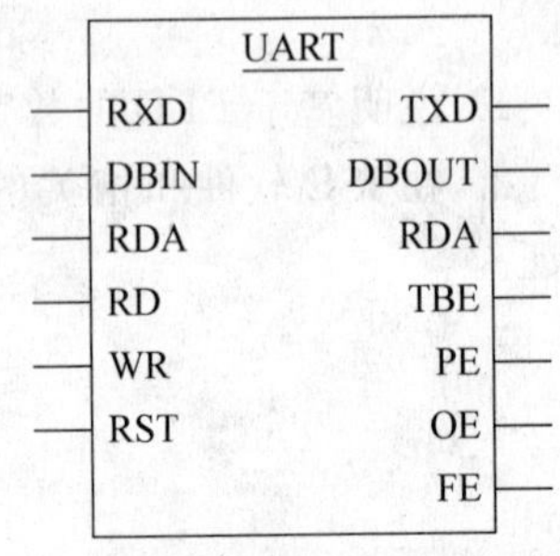

图 12.1 UART 设计的符号描述图

该设计包含下面几个方面:

- 并行/串行和串行/并行数据转换。
- 使用用户定义的奇偶校验位(默认设置为奇校验)。
- 数据波特率可修改(默认 9600)。
- 包含测试代码和测试向量。

图 12.1 为 UART 设计的符号描述。

12.1.1 UART 原理和设计描述

如图 12.2 所示,UART 设计主要包括两部分:并行数据转化成串行数据,串行数据转换成并行数据。UART 设计的接收端口将接收到的串行数据转换成并行数据,同时

UART 的发送端口负责并行数据转换成串行数据。测试代码完成对 UART 设计的验证，该验证已经在 Xilinx 大学计划提供的开发平台上进行了验证，该设计也很容易地移植到其他的 EDA 平台上。

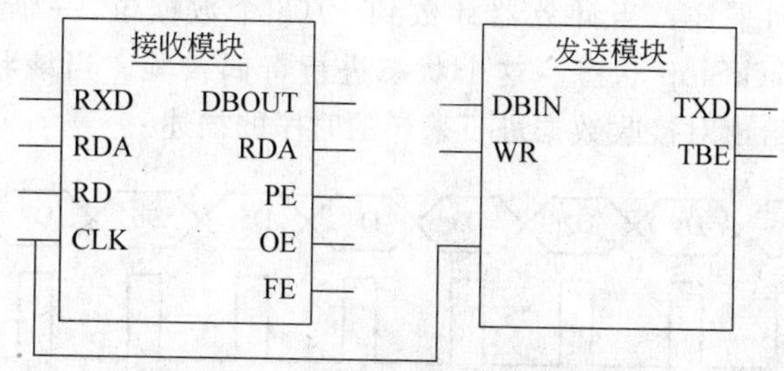

图 12.2 接收/发送模块的原理图

UART 设计包含两个主要模块，这两个模块封装在一个 UART 的设计文件中。这两个模块一个处理接收的串行数据，另一个处理发送的串行数据。接收模块的端口接收一个字节的有效数据，并将其转换成 8 位的并行数据。转换的并行数据放在 DBOUT 端口。发送模块将发送的数据送到 DBIN 端口，并且将其转换成一个字节的串行发送数据，转换完的串行数据发送到 TXD 端口上。

12.1.2 接收模块设计

接收模块接收串行数据并将其转换为并行数据。该设计包括下面几个部分：串行数据控制器，用于同步的两个计数器，移位寄存器和错误比特控制器。移位寄存器保存来自 RXD 的数据。来自 RXD 串口的数据以一定的波特率被接收，所以需要有个控制器同步接收数据的采集相位。串行同步控制器的设计采用了一个状态机和两个同步计数器。在设计中，在每个接收比特数据的中间采集数据。图 12.3 给出接收模块状态机的状态图描述。

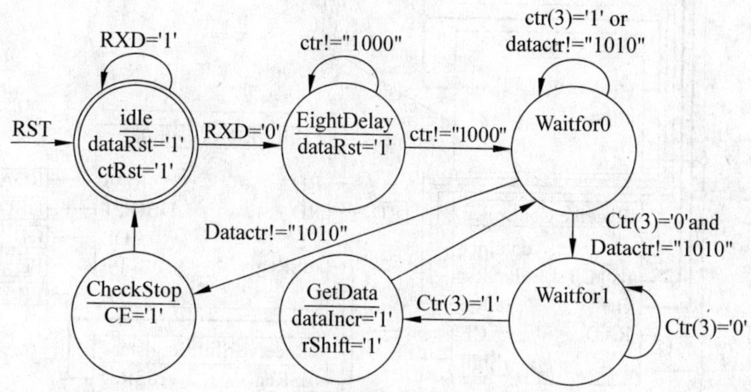

图 12.3 接收模块状态机的状态图

当处于 idle 状态时，串行数据管脚 RXD 处于高电平状态，在该状态一直等待直到检测到 RXD 为低电平时，进入到 EightDelay 状态。在该状态，主要是进行同步，使得在每个比特位的中间采样数据，计数器 ctr 比波特率快 16 倍。在该状态下，ctr 计数到 8。然后进入到 WaitFor0 状态，WaitFor1 状态跟在其后，这两个状态的转移由 ctr 的最高两位确定。进入到 GetData 状态时，开始对 RXD 数据进行移位。这两个状态保证有足够的延迟在数据的正中间采样。当计数器计数到 10(8 个数据位、一个奇偶位和一个停止位)，然后进入到 CheckStop 状态。这个状态进行奇偶校验。当该状态结束后，进入到 idle 状态。图 12.4 给出对接收数据进行采样的时序的描述。

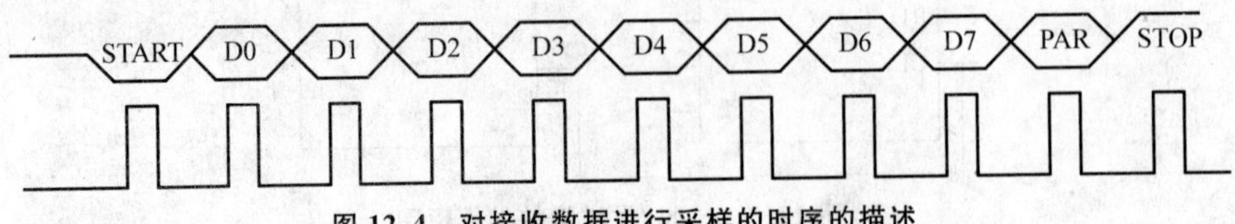

图 12.4　对接收数据进行采样的时序的描述

差错控制寄存器分析接收到的数据，并对奇偶错误、帧错误和溢出错误 3 种错误进行判断。奇偶错误指接收数据得到的校验和与接收到的数据不一样。当进行偶校验的时候，D0～D7 的和应该是偶数，否则是奇校验。该设计中默认设置为偶校验。当奇偶校验错误时，PE 端口为高。帧错误是指 UART 在给定的时序没有正确地读到数据。当停止位不为 1 时，表示帧错误，此时 FE 端口为 1。溢出错误是指，当前帧接收完，但还没有读下一帧数据就到了的情况。当单字节的串行数据可读时 RDA 为高，移位后的并行数据放在 DBOUT 端口。一旦 RDA 端口为高，且此时数据仍在 DBOUT 端口时，OE 溢出，错误标志为高。图 12.5 下面给出了接收模块内各个子模块的内部连接关系。

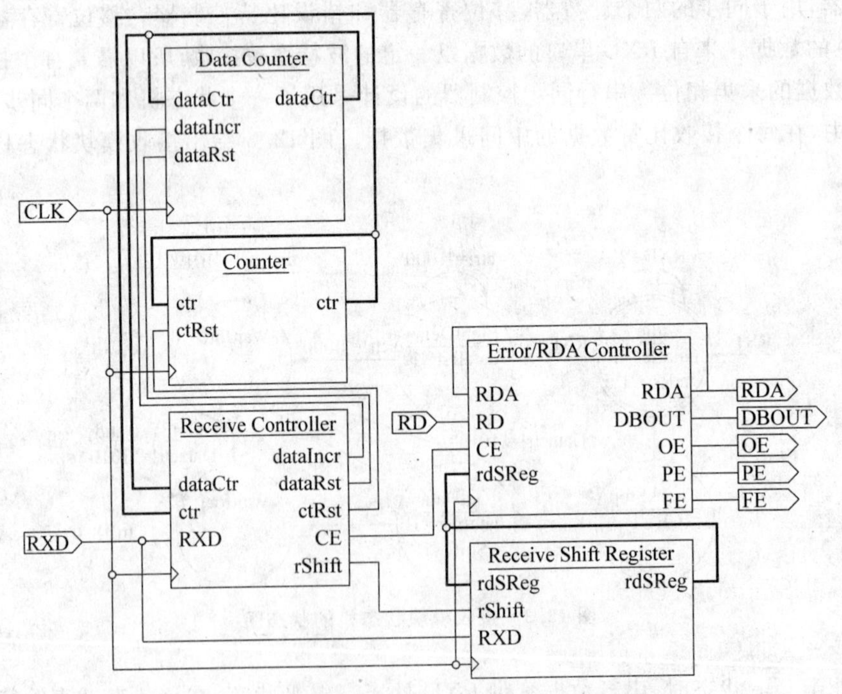

图 12.5　接收模块内各个子模块的连接关系图

12.1.3 发送模块设计

发送模块接收来自 DBIN 模块的数据，并以串行数据的格式发送到 TXD 端口上。发送端口的波特率和接收数据的波特率一样，接收和发送波特率的修改方式一样。为了发送存储在 DBIN 端口的数据，发送模块必须有一个发送控制器、两个控制数据的波特率的同步计数器和发送移位寄存器。两个计数器中的一个计数器用于延迟发送控制器，另一个计数器用来计算发送的串行数据位的个数。TXD 端口和发送移位寄存器的最低位连接。图 12.6 给出了发送模块的状态图。

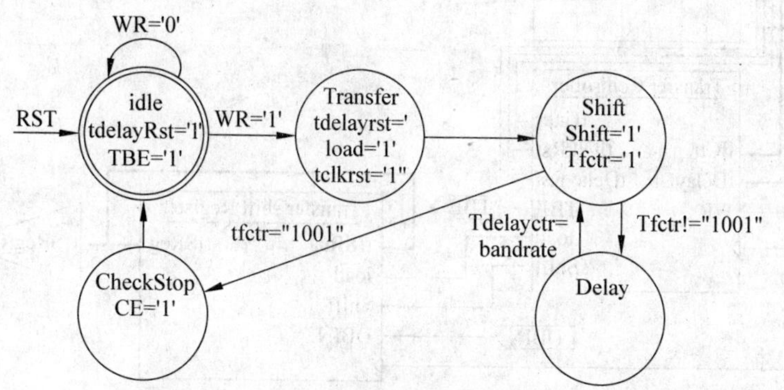

图 12.6 发送模块的状态机的状态图

UART 在 idel 状态，当 WR 为高时状态发生变化。发送模块加载 DBIN 端口的数据，在下一个状态发送数据。在 Transfer 状态时准备将发送移位寄存器的数据发送。设置 load='1'，移位寄存器开始加载数据，其顺序是一个起始位、一个字节的 DBIN 数据、一个奇偶校验位和一个停止位。下一个状态进入到 Shift 状态。在该状态下，移位信号置'1'，表示移位寄存器移 1。Tfincr 信号也置 1 表示递增数据计数器。如果数据计数器不等于 9，表示发送移位寄存器没有进行移位操作，此时进入 Delay 状态。如果移位完成，此时进入 WaitWrite 状态。在 Delay 状态下，发送数据按照正确的波特率发送数据。当 tdelayctr 与波特率常数一样时，结束该状态。进入到 Shift 状态。一旦进入到 WaitWrite 状态，结束发送过程。在这个状态需要确认 WR 信号为高，才能开始发送过程。图 12.7 给出了发送模块的内部连接原理。

12.1.4 UART 的 VHDL 设计代码

```
library IEEE;
use IEEE.STD_LOGIC_1164.ALL;
use IEEE.STD_LOGIC_ARITH.ALL;
use IEEE.STD_LOGIC_UNSIGNED.ALL;
entity UARTcomponent is
Port (TXD     : out   std_logic:= '1';
      RXD     : in    std_logic;
```

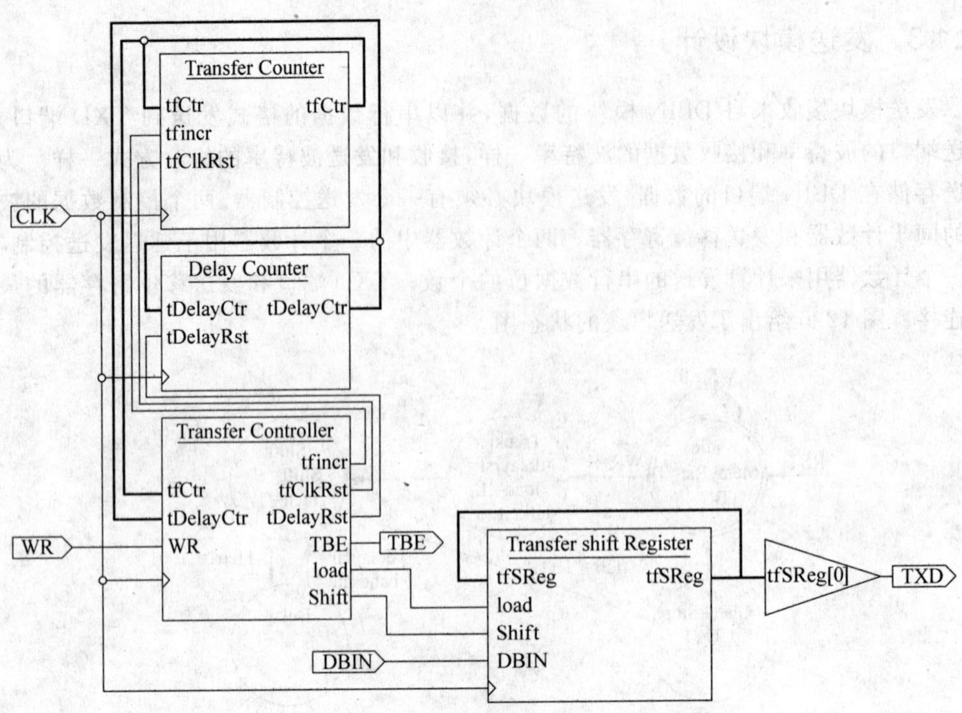

图 12.7 发送模块的内部连接原理图

```
        CLK    : in      std_logic;
        BIN    : in      std_logic_vector (7 downto 0);
        DBOUT  : out     std_logic_vector (7 downto 0);
        RDA    : inout   std_logic;
        TBE    : out     std_logic := '1';
        RD     : in      std_logic;
        WR     : in      std_logic;
        PE     : out     std_logic;
        FE     : out     std_logic;
        OE     : out     std_logic;
        RST    : in      std_logic:= '0'
    );
    end UARTcomponent;
    architecture Behavioral of UARTcomponent is
    type rstate is(strIdle,strEightDelay,strGetData,strWaitFor0,strWaitFor1,
    strCheckStop);
    type tstate is (sttIdle,sttTransfer,sttShift,sttDelay,sttWaitWrite);
    ---------------------------------------------------------------------
        constant baudRate    :   std_logic_vector(12 downto 0)  := "1010001011000";
        constant baudDivide  :   std_logic_vector(8 downto 0)   := "101000110";
        signal rdReg         :   std_logic_vector(7 downto 0)   := "00000000";
        signal rdSReg        :   std_logic_vector(9 downto 0)   := "1111111111";
```

```
    signal tfReg          :    std_logic_vector(7 downto 0);
    signal tfSReg         :    std_logic_vector(10 downto 0)   :="11111111111";
    signal clkDiv         :    std_logic_vector(9 downto 0)    :="0000000000";
    signal ctr            :    std_logic_vector(3 downto 0)    :="0000";
    signal tfCtr          :    std_logic_vector(3 downto 0)    :="0000";
    signal dataCtr        :    std_logic_vector(3 downto 0)    :="0000";
    signal parError       :    std_logic;
    signal frameError     :    std_logic;
    signal CE             :    std_logic;
    signal ctRst          :    std_logic    :='0';
    signal load           :    std_logic    :='0';
    signal shift          :    std_logic    :='0';
    signal par            :    std_logic;
    signal tClkRST        :    std_logic    :='0';
    signal rShift         :    std_logic    :='0';
    signal dataRST        :    std_logic    :='0';
    signal dataIncr       :    std_logic    :='0';
    signal tfIncr         :    std_logic    :='0';
    signal tDelayCtr      :    std_logic_vector (12 downto 0);
    signal tDelayRst      :    std_logic :='0';
    signal strCur         :    rstate    :=  strIdle;
    signal strNext        :    rstate;
    signal sttCur         :    tstate:=sttIdle;
    signal sttNext        :    tstate;
begin
------------------------------------------------------------------
--初始化信号
------------------------------------------------------------------
    frameError<=not rdSReg(9);
parError<=not ( rdSReg(8) xor (((rdSReg(0) xor rdSReg(1)) xor (rdSReg(2) xor rdSReg(3))) xor
((rdSReg(4) xor rdSReg(5)) xor (rdSReg(6) xor rdSReg(7)))) );
    DBOUT<=rdReg;
    tfReg<=DBIN;
    TXD<=tfsReg(0);
par <=  not ( ((tfReg(0) xor tfReg(1)) xor (tfReg(2) xor tfReg(3))) xor ((tfReg(4) xor
tfReg(5)) xor (tfReg(6) xor tfReg(7))) );
------------------------------------------------------------------
--时钟分频器
------------------------------------------------------------------
    process (CLK, clkDiv)
        begin
            if (CLK='1' and CLK'event) then
                if (clkDiv=baudDivide or ctRst='1') then
                    clkDiv<="0000000000";
```

```
                else
                    clkDiv<=clkDiv+1;
                end if;
            end if;
        end process;
------------------------------------------------------------
--发送延时计数器
------------------------------------------------------------
    process (CLK, tDelayCtr)
        begin
            if (CLK='1' and CLK'event) then
                if (tDelayCtr=baudRate or tDelayRst='1') then
                    tDelayCtr<="0000000000000";
                else
                    tDelayCtr<=tDelayCtr+1;
                end if;
            end if;
        end process;
------------------------------------------------------------
--ctr设置
------------------------------------------------------------
    process (CLK)
        begin
            if CLK='1' and CLK'Event then
                if ctRst='1' then ctr<="0000";
                elsif clkDiv=baudDivide then ctr<=ctr+1;
                else ctr<=ctr; end if;
            end if;
        end process;
------------------------------------------------------------
--发送计数器
------------------------------------------------------------
    process (CLK, tClkRST)
        begin
            if (CLK='1' and CLK'event) then
                if tClkRST='1' then tfCtr<="0000";
                elsif tfIncr='1' then tfCtr<=tfCtr+1; end if;
            end if;
        end process;
------------------------------------------------------------
--错误及RDA标志控制器
------------------------------------------------------------
    process (CLK, RST, RD, CE)
        begin
```

```
            if RD='1' or RST='1' then
                FE<='0';
                OE<='0';
                RDA<='0';
                PE<='0';
            elsif CLK='1' and CLK'event then
                if CE='1' then
                    FE<=frameError;
                    PE<=parError;
                    rdReg(7 downto 0)<=rdSReg (7 downto 0);
                    if RDA='1' then OE<='1';
                    else OE<='0'; RDA<='1';
                    end if;
                end if;
            end if;
        end process;
--------------------------------------------------------------
--接收移动寄存器
--------------------------------------------------------------
    process (CLK, rShift)
        begin
            if CLK='1' and CLK'Event then
                if rShift='1' then
                    rdSReg<=(RXD & rdSReg(9 downto 1));
                end if;
            end if;
        end process;
--------------------------------------------------------------
--输入数据寄存器
--------------------------------------------------------------
    process (CLK, dataRST)
        begin
            if (CLK='1' and CLK'event) then
                if dataRST='1' then
                    dataCtr<="0000";
                elsif dataIncr='1' then
                    dataCtr<=dataCtr + 1;
                end if;
            end if;
        end process;
--------------------------------------------------------------
--接收状态机控制器
--------------------------------------------------------------
    process (CLK, RST)
```

```
        begin
            if CLK='1' and CLK'Event then
                if RST='1' then strCur<=strIdle;
                else strCur<=strNext; end if;
            end if;
        end process;
---------------------------------------------------------
--接收状态器
---------------------------------------------------------
    process (strCur, ctr, RXD, dataCtr)
        begin
            case strCur is
                when strIdle =>
                     dataIncr<='0'; rShift<='0'; dataRst<='1';CE<='0'; ctRst<='1';
                    if RXD='0' then strNext<=strEightDelay;
                    else strNext<=strIdle; end if;
                when strEightDelay=>
                    dataIncr<='0'; rShift<='0'; dataRst<='1'; CE<='0'; ctRst<='0';
                    if ctr(3 downto 0)="1000" then strNext <=strWaitFor0;
                    else strNext<=strEightDelay; end if;
                when strGetData=>
CE<='0';dataRst<='0';ctRst<='0'; dataIncr<='1';rShift<='1';
                     strNext<=strWaitFor0;
                when strWaitFor0=>
                    CE<='0'; dataRst<='0';ctRst<='0'; dataIncr<='0'; rShift<='0';
                    if dataCtr="1010" then strNext<=strCheckStop;
                    elsif ctr(3)='0' then strNext<=strWaitFor1;
                    else strNext<=strWaitFor0; end if;
                when strWaitFor1=>
                    CE<='0'; dataRst<='0'; ctRst<='0';dataIncr<='0'; rShift<='0';
                    if ctr(3)='0' then strNext<=strWaitFor1;
                    else strNext<=strGetData; end if;
                when strCheckStop=>
                    dataIncr<='0';rShift<='0';dataRst<='0';ctRst<='0';CE<='1';
                    strNext<=strIdle;
            end case;
        end process;
---------------------------------------------------------
--发送程序寄存器控制器
---------------------------------------------------------
    process (load, shift, CLK, tfSReg)
        begin
            if CLK='1' and CLK'Event then
                if load='1' then
```

```
                tfSReg (10 downto 0)<= ('1' & par & tfReg(7 downto 0) &'0');
            elsif shift='1' then
                tfSReg (10 downto 0)<= ('1' & tfSReg(10 downto 1));
            end if;
        end if;
    end process;
-----------------------------------------------------------------
--发送状态机控制器
-----------------------------------------------------------------
    process (CLK, RST)
        begin
            if (CLK='1' and CLK'Event) then
                if RST='1' then sttCur<=sttIdle;
                else sttCur<=sttNext; end if;
            end if;
        end process;
-----------------------------------------------------------------
--发送状态机
-----------------------------------------------------------------
    process (sttCur, tfCtr, WR, tDelayCtr)
        begin
          case sttCur is
            when sttIdle =>
              TBE<='1';tClkRST<='0'; tfIncr<='0'; shift<='0';
              load<='0';tDelayRst<='1';
             if WR='0' then sttNext<=sttIdle;
             else sttNext<=sttTransfer; end if;
            when sttTransfer=>
            TBE<='0'; shift<='0';load<='1'; tClkRST<='1';tfIncr<='0';
              tDelayRst<='1';sttNext<=sttDelay;
            when sttShift=>
            TBE<='0';shift<='1';load<='0';tfIncr<='1';tClkRST<='0';
tDelayRst<='0';
              if tfCtr="1001" then sttNext<=sttWaitWrite;
              else sttNext<=sttDelay; end if;
            when sttDelay=>
              TBE <='0'; shift <='0'; load <='0'; tClkRst <='0';tfIncr <='0';
tDelayRst <='0';
              if tDelayCtr=baudRate then sttNext<=sttShift;
              else sttNext<=sttDelay; end if;
            when sttWaitWrite=>
              TBE<='0';shift <='0';load<='0';tClkRst<='0';tfIncr<='0';
tDelayRst <='0';
              if WR='1' then sttNext<=sttWaitWrite;
```

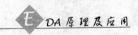

```
                else sttNext<=sttIdle; end if;
            end case;
        end process;
end Behavioral;
```

12.2 UART设计验证

12.2.1 验证原理

对 UART 的验证包括两个部分：串/并转换和并/串转换。在验证的时候，可以直接在 EDA 平台上直接验证。该设计验证的方法是，键盘扫描码通过 PC 上的超级终端以波特率 9600bps 发出，通过串行传输后，在 8 个 LED 上进行显示，然后这个键盘扫描码正确地传回来。

在不同的平台上进行验证的要求是：首先要完成前面的 VHDL 设计文件，然后完成用户约束文件，将平台上的串口和 PC 正确连接。图 12.8 为该设计验证的结构图。

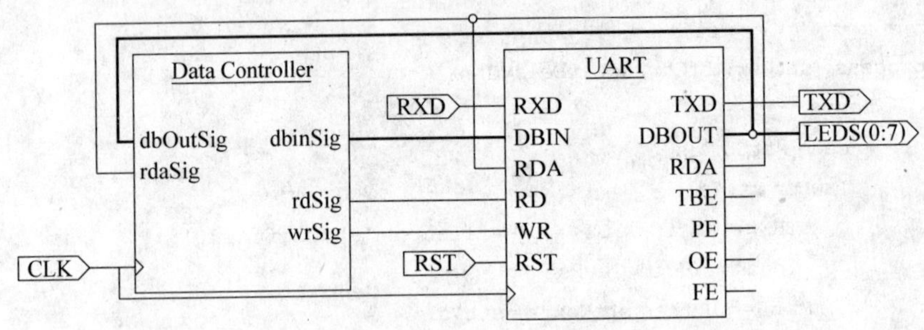

图 12.8 验证平台结构图

12.2.2 验证代码

下面给出的验证代码为在 ISE 软件平台下完成的对 UART 设计的仿真验证。

```
library IEEE;
use IEEE.STD_LOGIC_1164.ALL;
use IEEE.STD_LOGIC_ARITH.ALL;
use IEEE.STD_LOGIC_UNSIGNED.ALL;
entity Main is
    Port ( TXD    : out std_logic := '1';
           RXD    : in std_logic       := '1';
           CLK    : in std_logic;
           LEDS   : out std_logic_vector(7 downto 0) := "11111111";
           RST    : in std_logic      := '0');
end Main;
architecture Behavioral of Main is
```

```
component UARTcomponent
   Port (  TXD      : out    std_logic      :='1';
           RXD      : in     std_logic;
           CLK      : in     std_logic;
           DBIN     : in     std_logic_vector (7 downto 0);
           DBOUT    : out    std_logic_vector (7 downto 0);
           RDA      : inout  std_logic;
           TBE      : inout  std_logic      :='1';
           RD       : in     std_logic;
           WR       : in     std_logic;
           PE       : out    std_logic;
           FE       : out    std_logic;
           OE       : out    std_logic;
           RST      : in     std_logic      :='0');
end component;
-----------------------------------------------------------------
--类型声明
-----------------------------------------------------------------
    type mainState is (stReceive,stSend);
    signal dbInSig      :     std_logic_vector(7 downto 0);
    signal dbOutSig     :     std_logic_vector(7 downto 0);
    signal rdaSig       :     std_logic;
    signal tbeSig       :     std_logic;
    signal rdSig        :     std_logic;
    signal wrSig        :     std_logic;
    signal peSig        :     std_logic;
    signal feSig        :     std_logic;
    signal oeSig        :     std_logic;
    signal stCur        :     mainState := stReceive;
    signal stNext       :     mainState;
-----------------------------------------------------------------
--模块实现
-----------------------------------------------------------------
begin
--Title:     LED definitions
--Description:    This series of definitions allows the scan code to be
--                displayed on the LEDs on the Pegasus board.  Because the
--                dbOutSig is the scan code backwards, the LEDs must be
--                defined backwards from the dbOutSig.
    LEDS(7)<=dbOutSig(0);
    LEDS(6)<=dbOutSig(1);
    LEDS(5)<=dbOutSig(2);
    LEDS(4)<=dbOutSig(3);
    LEDS(3)<=dbOutSig(4);
```

```
    LEDS(2)<=dbOutSig(5);
    LEDS(1)<=dbOutSig(6);
    LEDS(0)<=dbOutSig(7);
--------------------------------------------------------------------
--vart元件映射
--------------------------------------------------------------------
    UART: Uartcomponent port map (
TXD      =>TXD,
RXD      =>RXD,
CLK      =>CLK,
DBIN      =>dbInSig,
DBOUT     =>dbOutSig,
RDA       =>rdaSig,
TBE         =>tbeSig,
RD         =>rdSig,
WR         =>wrSig,
PE         =>peSig,
FE         =>feSig,
OE         =>oeSig,
RST     =>RST);
--------------------------------------------------------------------
--主状态机控制器
--------------------------------------------------------------------
    process (CLK, RST)
        begin
            if (CLK='1' and CLK'Event) then
                if RST='1' then stCur<=stReceive;
                else stCur<=stNext; end if;
            end if;
        end process;
--------------------------------------------------------------------
--主状态机
--------------------------------------------------------------------
    process (stCur, rdaSig, dboutsig)
        begin
            case stCur is
                when stReceive=>
                    rdSig<='0'; wrSig<='0';
                    if rdaSig='1' then dbInSig<=dbOutSig; stNext<=stSend;
                    else stNext<=stReceive;
                    end if;
                when stSend=>
                    rdSig<='1'; wrSig<='1';stNext<=stReceive;
            end case;
```

```
        end process;
    end Behavioral;
```

习 题 12

1. 说明基于 PLD 的 UART 的结构及其实现原理。

2. 在 ISE 软件和相关的硬件平台上完成 UART 的设计及其对该设计的仿真和验证。

第13章 chapter 13

数字电压表设计及实现

本章给出了PLD器件在数字和模拟系统的典型应用——数字电压表的设计。数字电压表实际上是一个模拟和数字混合系统，该设计通过A/D转换器将模拟信号转换成离散的数字量，通过可编程逻辑器件PLD进行处理，最后通过7段数码管显示测量值。本章首先介绍了数字电压表的功能要求和整体结构；随后具体介绍了数字电压表的模块设计，其中包括数字电压表的控制信号、ADC转换原理和控制模块的具体结构。本章最后详细描述了设计的具体实现过程，具体包括ADC控制模块的原理及实现、显示控制模块原理及实现、顶层模块的设计。

读者通过本章的学习可初步掌握PLD器件在数模混合系统中的设计方法和设计技巧，为进一步设计复杂数模混合系统打下良好基础。

13.1 数字电压表的功能要求和结构

13.1.1 数字电压表的功能要求

数字电压表是一个模拟和数字混合系统，该数字电压表完成模拟直流信号的测试，并将结果在数码管上显示。数字电压表主要有以下几个功能：

(1) 模拟信号通过ADC0809转换为离散的数字量，设计模块和ADC0809通过并口连接，并且向ADC0809发出控制信号。

(2) 数字电压表设计模块，将外部的时钟信号分频后得到合适的采样时钟送给ADC0809。

(3) 每当ADC0809完成一次模/数转换过程后，设计模块对采样数据进行处理，并通过3个7段数码管显示测量的直流电压值。

13.1.2 数字电压表的整体结构

图13.1给出了数字电压表的结构图。该设计结构和所使用的硬件系统实验平台有关。

从图中可以看出，实验平台上，在PLD和ADC0809之间加入了ADC控制模块，由于该模块的加入使PLD产生ADC控制模块可以识别的信号，然后送到ADC0809。图中

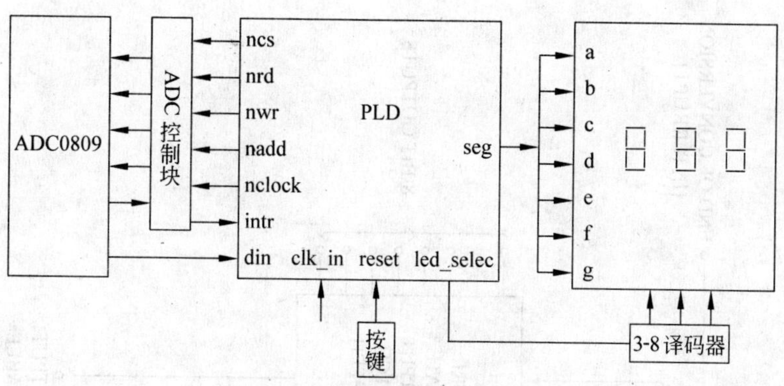

图 13.1 数字电压表的结构图

的 PLD 的设计部分和 ADC 控制模块、7 段数码管、外部时钟信号、按键进行连接。

13.2 模块设计

13.2.1 数字电压表控制信号

该数字电压表的控制逻辑由 PLD 完成,该模块的输入和输出接口由下面信号组成。

1. 输入信号

- 外部时钟信号(clk_in)。
- 外部复位信号(reset)。
- ADC 转换后的数字信号(din)。
- ADC 转换完的中断信号(INTR)。

2. 输出信号

- ADC 片选信号(ncs)。
- ADC 读信号(nrd)。
- ADC 写信号(nwr)。
- ADC 通道选择信号(nadd)。
- ADC 时钟信号(nclock)。
- LED 选择信号(led_select)。
- LED 数码显示控制信号(seg)。

13.2.2 ADC 转换原理

如图 13.2 所示,ADC0809 是 CMOS 的 8 位 A/D 转换器,片内有 8 路模拟开关,可控制 8 个模拟量中的一个进入转换器中。ADC0809 的分辨率为 8 位,转换时间约

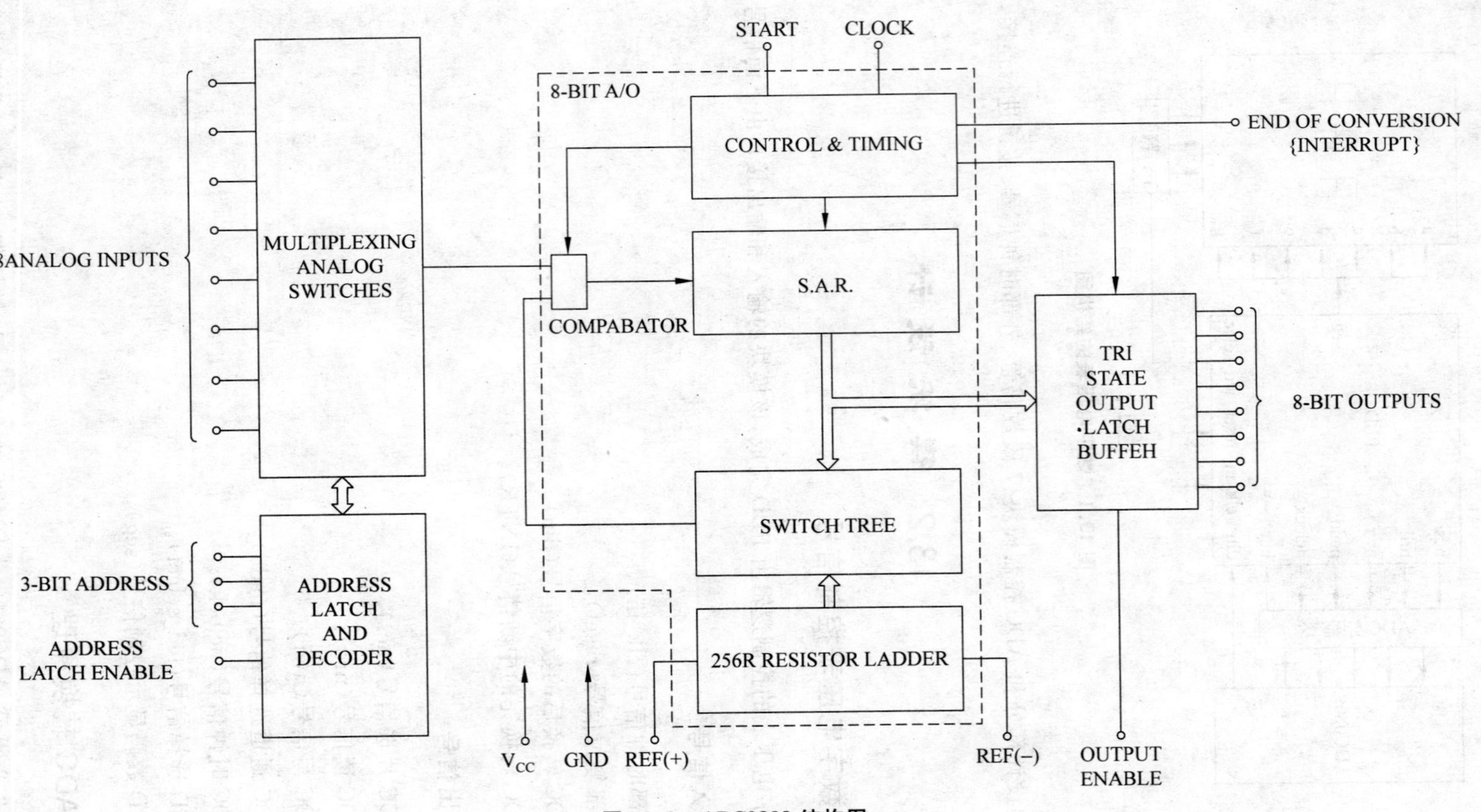

图 13.2 ADC0809 结构图

100μs,含锁存控制的 8 路多路开关,输出有三态缓冲器控制,单 5V 电源供电。

如图 13.2 所示,START 是转换启动信号,高电平有效;ALE 是 3 位通道选择地址(ADDC、ADDB、ADDA)信号的锁存信号。当模拟量送至某一输入端(如 IN1 或 IN2 等),由 3 位地址信号选择,而地址信号由 ALE 锁存;EOC 是转换情况状态信号,当启动转换约 100μs 后,EOC 产生一个负脉冲,以示转换结束;在 EOC 的上升沿后,若使输出使能信号 OE 为高电平,则控制打开三态缓冲器,把转换好的 8 位数据结果输出至数据总线。至此 ADC0809 的一次转换结束。

13.2.3 控制模块结构

图 13.3 给出了数字电压表控制部分的内部模块结构。该数字电压表控制部分的内部模块由 ADC 控制模块、显示控制模块、采样时钟生成模块、扫描时钟生成模块组成。

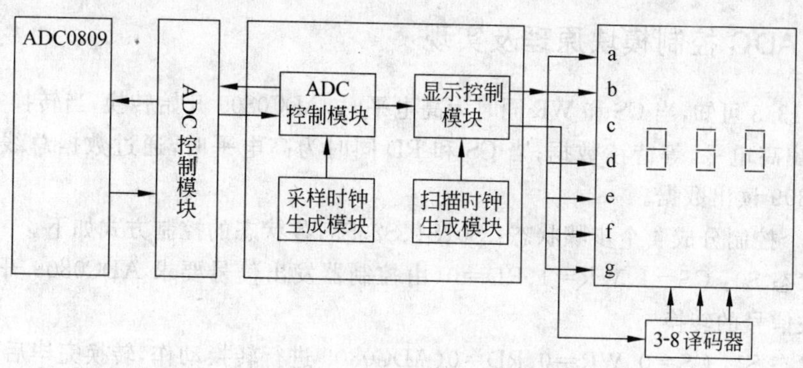

图 13.3 数字电压表控制部分的内部模块结构

1. ADC 控制模块

ADC 控制模块产生 ADC 控制模块需要的控制信号,同时读取 ADC 转换后的中断信号和数据信号。

该设计与教学实验系统的结构相对应,该系统的 ADC 控制模块接收 ncs、nrd、nwr 和 nintr 信号。图 13.4 给出了该模块的控制信号时序关系。

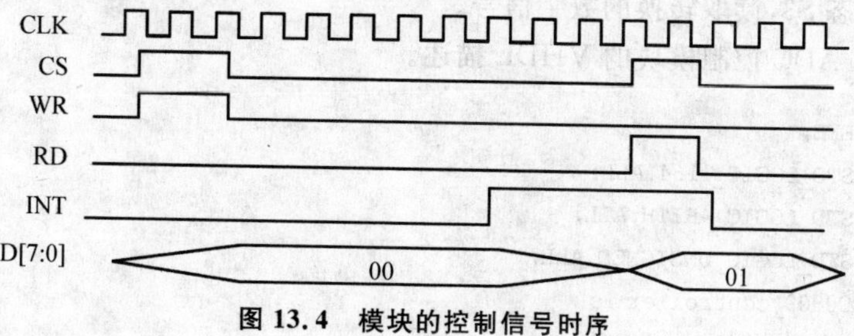

图 13.4 模块的控制信号时序

2. 显示控制模块

显示控制模块产生 LED 显示所需要的 LED 选择信号和 LED 数码控制信号。

3. 采样时钟生成模块

采样时钟生成模块对外部输入的 1MHz 信号进行分频后，为 ADC0809 产生合适的采样时钟信号。

4. 扫描时钟生成模块

扫描时钟生成模块对外部输入的 1MHz 信号进行分频后，为 LED 正确显示测量值产生合适的扫描时钟信号。

13.3 设计实现

13.3.1 ADC 控制模块原理及实现

由图 13.3 可知，当 CS 和 WR 同时为高电平时，ADC0809 开始转换，当转换完成后，在 INT 脚输出高电平，等待读数据；当 CS 和 RD 同时为高电平时，通过数据总线 D[7…0] 从 ADC0809 读出数据。

将整个控制分成 4 个步骤状态：S0、S1、S2、S3，各状态的控制方式如下。

- 状态 S0：CS＝1、WR＝1、RD＝0（由控制器发出信号要求 ADC0809 开始进行模数信号的转换）。
- 状态 S1：CS＝0、WR＝0、RD＝0（ADC0809 进行转换动作，转换完毕后 INT 将低电位升至高电位）。
- 状态 S2：CS＝1、WR＝0、RD＝1（由控制器发出信号以读取 ADC0809 的转换资料）。
- 状态 S3：CS＝0、WR＝0、RD＝0（由控制器读取数据总线上的数字转换资料）。

由上述的 4 个状态可以归纳出整个控制器的逻辑行为包括以下内容：

(1) 负责在每个状态送出 ADC0809 所需的 CS、WR、RD 控制信号。

(2) 在状态 S1 时，监控 INT 信号是否由低变高，如此以便了解转换动作结束与否。

(3) 在状态 S3，读取转换的数字信号。

下面给出 ADC 控制模块的 VHDL 描述。

```
library IEEE;
use IEEE.STD_LOGIC_1164.ALL;
use IEEE.STD_LOGIC_ARITH.ALL;
use IEEE.STD_LOGIC_UNSIGNED.ALL;
entity ADC0809_controller is
port(
    clk  :  in std_logic;
    rst  :  in std_logic;
    int  :  in std_logic;
    cs   :  out std_logic;
```

```
    wr   :  out std_logic;
    rd   :  out std_logic;
    din  :  in  std_logic_vector(7 downto 0);
    dout :  out std_logic_vector(7 downto 0));
end ADC0809_controller;
architecture Behavioral of ADC0809_controller is
    type state_type is (s0,s1,s2,s3);
    signal state : state_type ;
    signal d_buffer : std_logic_vector(7 downto 0);
begin
    process(rst,clk)
    begin
        if(rst='0')then
            state<=s0;
            cs<='0';
            wr<='0';
            rd<='0';
        elsif(rising_edge(clk))then
            case state is
            when s0     =>
                    cs<='1';
                    wr<='1';
                    rd<='0';
                    state<=s1;
            when s1 =>
                    cs<='0';
                    wr<='0';
                    rd<='0';
                    if(int='1') then
                        state<=s2;
                    else
                        state<=s1;
                    end if;
            when s2=>
                    cs<='1';
                    wr<='0';
                    rd<='1';
                    state<=s3;
            when s3 =>
                    cs<='0';
                    wr<='0';
                    rd<='0';
                    d_buffer<=din;
                    dout<=d_buffer;
```

```
                  state<=s0;
              end case;
          end if;
     end process;
end Behavioral;
```

13.3.2 显示控制模块原理及实现

计算转换后的数字电压信号与BCD码的对应关系如：对8位的ADC0809而言，它的输出位共有 $2^8=256$ 种，即它的分辨率是1/256。

$$\frac{V_{IN}}{V_{fs}-V_Z}=\frac{D_X}{D_{MAX}-D_{MIN}}$$

其中，V_{IN}——输入到ADC0808的电压；

V_{fs}——满量程电压；

V_Z——0电压；

D_X——输出的数字量；

D_{MAX}——最大数字量；

D_{MIN}——最小数字量。

假设输入信号为0～5V电压范围，参考电压($V_{ref}/2$)为2.56V时，则它最小输出电压是5V/256=0.01953V，这代表ADC0809所能转换的最小电压值，在该实验中取最小电压位为0.02V。当ADC0809收到的信号是01110110(76H)，则其对应的电压值为：

76H×0.02V=2.36V

要实现电压值与BCD码的对应关系用多种方法(如查表法、比较法等)。查表法需要写大量的数据，比较麻烦，在示例程序中使用了比较法。

下面给出该方法的原理。

例如，10100101表示165×2=330=101001010，165/255×5=3.26，用3个7段数码管显示，分离3 2 6=0011,0010,0110。

步骤1：将1010高4位，0101低4位分离。

0101表示0000,0000,1010，BCD码1

1010表示0010,1100,0000，BCD码2

步骤2：下面就是BCD码1+BCD码2。

```
    0000,0000,1010
+   0010,1100,0000,
------------------
    0010,1100,1010
    0000,0011,0000
```

如：9+1=10，6+7=13

BCD码的加法实际上就是十进制的加法。

判断：由于BCD码显示0～9，所以加法运算要符合BCD码的运算。

当数值大于9时，BCD+6，并且+1进位；否则数值小于9，BCD<=BCD+1。

下面给出该算法的 VHDL 描述。

```
library IEEE;
use IEEE.STD_LOGIC_1164.ALL;
use IEEE.STD_LOGIC_ARITH.ALL;
use IEEE.STD_LOGIC_UNSIGNED.ALL;
library work;
use work.disp_driver.all;
entity disp_controller is
    port( rst :  in std_logic;
          scan_clk :  in std_logic;
          din :  in  std_logic_vector(7 downto 0);
          sel :  out std_logic_vector(1 downto 0);
          seg :  out std_logic_vector(6 downto 0);
          dp  :  out std_logic);
    end disp_controller;
architecture Behavioral of disp_controller is
    signal  vol_value : std_logic_vector(7 downto 0);
    signal  bcd_value : std_logic_vector(11 downto 0);
    signal  bcd_h,bcd_l : std_logic_vector(11 downto 0);
    signal  scan_out : std_logic_vector(1 downto 0);
begin
    process(rst,scan_clk)
    begin
        if(rst='0')then
            vol_value<="00000000";
            bcd_value<="000000000000";
        elsif(rising_edge(scan_clk))then
            vol_value<=din;
            bcd_h<=bin_bcd(vol_value(7 downto 4),'1');
            bcd_l<=bin_bcd(vol_value(3 downto 0),'0');
            bcd_value<=bcd_h+bcd_l;
                if(bcd_value(3 downto 0)>"1001")then
                    bcd_value<=bcd_value+"000000000110";
                end if;
                if(bcd_value(7 downto 4)>"1001")then
                    bcd_value<=bcd_value+"000001100000";
                end if;
            end if;
    end process;

    process(scan_clk)
    begin
        if(rising_edge(scan_clk))then
```

```
        if(scan_out="10")then
            scan_out<="00";
        else
            scan_out<=scan_out+'1';
        end if;
    end if;
    end process;

    process(scan_out)
    begin
        case  scan_out is
            when  "00"=>
                        seg<=display(bcd_value(3 downto 0));
                        sel<="00";
                        dp<='0';
            when  "01"=>
                        seg<=display(bcd_value(7 downto 4));
                        sel<="01";
                        dp<='0';
            when  "10"=>
                        seg<=display(bcd_value(11 downto 8));
                        sel<="10";
                        dp<='1';
            when  others=>
                        seg<=display("1111");
                        sel<="11";
                        dp<='1';
        end case;
    end process;
end Behavioral;
```

13.3.3 程序包的设计

在该设计中,在处理数码管显示部分会多次使用到BCD码到7段码的转换,为了提高对程序代码的复用和减少程序代码长度,在设计中将BCD码到7段码的转换过程通过函数调用实现。下面给出在程序包中的函数声明过程。

```
library IEEE;
use IEEE.STD_LOGIC_1164.all;
package disp_driver is
  function display(a : in std_logic_vector(3 downto 0) ) return std_logic_vector;
  function bin_bcd(bin : in std_logic_vector(3 downto 0); flag : std_logic) return std_
logic_vector;
end disp_driver;
```

```
package body disp_driver is
  function bin_bcd(bin : std_logic_vector;flag : std_logic) return std_logic_vector is
    variable  bcd_x : std_logic_vector(11 downto 0);
  begin
    if(flag='0')then
        case bin is
            when  "0000"=>bcd_x:="000000000000";
            when  "0001"=>bcd_x:="000000000010";
            when  "0010"=>bcd_x:="000000000100";
            when  "0011"=>bcd_x:="000000000110";
            when  "0100"=>bcd_x:="000000001000";
            when  "0101"=>bcd_x:="000000001010";
            when  "0110"=>bcd_x:="000000001100";
            when  "0111"=>bcd_x:="000000001110";
            when  "1000"=>bcd_x:="000000010000";
            when  "1001"=>bcd_x:="000000010010";
            when  "1010"=>bcd_x:="000000100000";
            when  "1011"=>bcd_x:="000000100010";
            when  "1100"=>bcd_x:="000000100100";
            when  "1101"=>bcd_x:="000000100110";
            when  "1110"=>bcd_x:="000000101000";
            when  "1111"=>bcd_x:="000000110000";
            when others=>bcd_x:="111111111111";
        end case;
    elsif(flag='1')then
        case  bin is
            when  "0000"=>bcd_x:="000000000000";
            when  "0001"=>bcd_x:="000000110010";
            when  "0010"=>bcd_x:="000001100100";
            when  "0011"=>bcd_x:="000010010110";
            when  "0100"=>bcd_x:="000100101000";
            when  "0101"=>bcd_x:="000101100000";
            when  "0110"=>bcd_x:="000110010010";
            when  "0111"=>bcd_x:="001000100100";
            when  "1000"=>bcd_x:="001001010110";
            when  "1001"=>bcd_x:="001010001000";
            when  "1010"=>bcd_x:="001100110010";
            when  "1011"=>bcd_x:="001101010010";
            when  "1100"=>bcd_x:="001110000100";
            when  "1101"=>bcd_x:="010000010110";
            when  "1110"=>bcd_x:="010001001000";
            when  "1111"=>bcd_x:="010010000000";
            when others=>bcd_x:="111111111111";
```

```
            end case;
          end if;
          return  bcd_x;
        end bin_bcd;

    function display   (a : std_logic_vector ) return std_logic_vector is
      variable r : std_logic_vector(6 downto 0);
    begin
        case a   is
                when "0000"=>r:="0111111";
                when "0001"=>r:="0000110";
                when "0010"=>r:="1011011";
                when "0011"=>r:="1001111";
                when "0100"=>r:="1100110";
                when "0101"=>r:="1101101";
                when "0110"=>r:="1111101";
                when "0111"=>r:="0000111";
                when "1000"=>r:="1111111";
                when "1001"=>r:="1101111";
                when others=>r:="1111111";
            end case;
          return r;
        end display;
    end disp_driver;
```

13.3.4 顶层模块设计

在子模块设计完成后,通过使用 VHDL 语言的元件例化语句,采用 VHDL 的模块化的设计风格,将子模块连接起来,最后形成顶层的完整设计。

下面给出顶层设计的 VHDL 描述代码。

```
library IEEE;
use IEEE.STD_LOGIC_1164.ALL;
use IEEE.STD_LOGIC_ARITH.ALL;
use IEEE.STD_LOGIC_UNSIGNED.ALL;
entity top is
port( rst   :  in std_logic;
      clk   :  in std_logic;
      int   :  in std_logic;
      cs    :  out std_logic;
      wr    :  out std_logic;
      rd    :  out std_logic;
      din   :  in  std_logic_vector(7 downto 0);
      sel   :  out std_logic_vector(1 downto 0);
```

```
      seg  :  out std_logic_vector(6 downto 0);
      dp   :  out std_logic);
  end top;
  architecture Behavioral of top is
    signal d : std_logic_vector(7 downto 0);
    component  adc0809_controller
    port(
        clk  :  in std_logic;
        rst  :  in std_logic;
        int  :  in std_logic;
        cs   :  out std_logic;
        wr   :  out std_logic;
        rd   :  out std_logic;
        din  :  in  std_logic_vector(7 downto 0);
        dout :  out std_logic_vector(7 downto 0)
        );
    end component;
    component  disp_controller
    port(
        rst :  in std_logic;
        scan_clk :  in std_logic;
        din :  in std_logic_vector(7 downto 0);
        sel :  out std_logic_vector(1 downto 0);
        seg :  out std_logic_vector(6 downto 0);
        dp  :  out std_logic);
    end component;
  begin
  Inst_adc0809_controller1: adc0809_controller
  port map(
        clk=>clk,
        rst=>rst,
        int=>int,
        cs=>cs,
        wr=>wr,
        rd=>rd,
        din=>din,
        dout=>d
        );
  Inst_disp_controller1:disp_controller
  port map(
        rst=>rst,
        scan_clk=>clk,
        din=>d,
        sel=>sel,
```

```
        seg=>seg,
        dp=>dp
        );
end Behavioral;
```

13.3.5 设计约束文件

该设计在基于 Xilinx 的 SPARTAN3 的 xc3s400pqg208-4c 器件上实现，在北京百科融创公司的 EDA-Ⅳ实验平台上测试完成。在验证前，要进行设计约束，在这里只对管脚进行约束。该约束文件的格式是 Xilinx 的用户约束文件 UCF 的格式。采用不同的 EDA 平台时，需要使用不同的用户约束文件格式。下面的约束仅供读者参考。

```
#PACE: Start of Constraints generated by PACE
#PACE: Start of PACE I/O Pin Assignments
NET "clk"  LOC="p72"  ;
NET "cs"  LOC="p68"  ;
NET "din<0>"  LOC="p65"  ;
NET "din<1>"  LOC="p63"  ;
NET "din<2>"  LOC="p61"  ;
NET "din<3>"  LOC="p57"  ;
NET "din<4>"  LOC="p51"  ;
NET "din<5>"  LOC="p48"  ;
NET "din<6>"  LOC="p45"  ;
NET "din<7>"  LOC="p43"  ;
NET "dp"  LOC="p40"  ;
NET "int"  LOC="p37"  ;
NET "rd"  LOC="p35"  ;
NET "rst"  LOC="p33"  ;
NET "seg<0>"  LOC="p27"  ;
NET "seg<1>"  LOC="p24"  ;
NET "seg<2>"  LOC="p21"  ;
NET "seg<3>"  LOC="p19"  ;
NET "seg<4>"  LOC="p16"  ;
NET "seg<5>"  LOC="p13"  ;
NET "seg<6>"  LOC="p11"  ;
NET "sel<0>"  LOC="p9"  ;
NET "sel<1>"  LOC="p5"  ;
NET "wr"  LOC="p7"  ;
#PACE: Start of PACE Area Constraints
#PACE: Start of PACE Prohibit Constraints
#PACE: End of Constraints generated by PACE
```

需要指出的是，虽然该设计在 Xilinx 的平台上设计和验证，但该设计对于所有的 EDA 平台均适用，不一样的只是使用不同的 EDA 软件和器件而已。

习 题 13

1. 说明基于 PLD 的数字电压表的结构及其实现原理。

2. 在 ISE 软件和相关的硬件平台上完成本章所介绍的数字电压表的设计并对该设计完成仿真和验证。

参 考 文 献

1 侯伯亨. VHDL 硬件描述语言与数字逻辑电路设计(修订版),西安:西安电子科技大学出版社,2005.

2 田耘. FPGA 开发实用教程. 北京:清华大学出版社,2008.

3 Clive Maxfield. FPGA 设计指南. 杜生海译. 北京:人民邮电出版社,2007.

4 杨宗凯. 数字专用集成电路的设计. 北京:电子工业出版社,2004.

5 杨之廉. 超大规模集成电路设计方法学导论. 北京:清华大学出版社,1997.

读者意见反馈

亲爱的读者：

感谢您一直以来对清华版计算机教材的支持和爱护。为了今后为您提供更优秀的教材，请您抽出宝贵的时间来填写下面的意见反馈表，以便我们更好地对本教材做进一步改进。同时如果您在使用本教材的过程中遇到了什么问题，或者有什么好的建议，也请您来信告诉我们。

地址：北京市海淀区双清路学研大厦 A 座 602　计算机与信息分社营销室 收
邮编：100084　电子邮件：jsjjc@tup.tsinghua.edu.cn
电话：010-62770175-4608/4409　邮购电话：010-62786544

教材名称：EDA 原理及应用
ISBN：978-7-302-20021-5

个人资料

姓名：__________ 年龄：_____ 所在院校/专业：__________
文化程度：________ 通信地址：______________
联系电话：________ 电子信箱：______________

您使用本书是作为：□指定教材 □选用教材 □辅导教材 □自学教材

您对本书封面设计的满意度：

□很满意 □满意 □一般 □不满意　改进建议______________

您对本书印刷质量的满意度：

□很满意 □满意 □一般 □不满意　改进建议______________

您对本书的总体满意度：

从语言质量角度看 □很满意 □满意 □一般 □不满意
从科技含量角度看 □很满意 □满意 □一般 □不满意

本书最令您满意的是：

□指导明确 □内容充实 □讲解详尽 □实例丰富

您认为本书在哪些地方应进行修改？（可附页）

____

____

您希望本书在哪些方面进行改进？（可附页）

____

____

电子教案支持

敬爱的教师：

为了配合本课程的教学需要，本教材配有配套的电子教案（素材），有需求的教师可以与我们联系，我们将向使用本教材进行教学的教师免费赠送电子教案（素材），希望有助于教学活动的开展。相关信息请拨打电话 010-62776969 或发送电子邮件至 jsjjc@tup.tsinghua.edu.cn 咨询，也可以到清华大学出版社主页（http://www.tup.com.cn 或 http://www.tup.tsinghua.edu.cn）上查询。

高等院校信息技术规划教材

系 列 书 目

书　名	书　号	作　者
数字电路逻辑设计	978-7-302-12235-7	朱正伟　等
计算机网络基础	978-7-302-12236-4	符彦惟　等
微机接口与应用	978-7-302-12234-0	王正洪　等
XML 应用教程(第 2 版)	978-7-302-14886-9	吴　洁
算法与数据结构	978-7-302-11865-7	宁正元　等
算法与数据结构习题精解和实验指导	978-7-302-14803-6	宁正元　等
工业组态软件实用技术	978-7-302-11500-7	龚运新　等
MATLAB 语言及其在电子信息工程中的应用	978-7-302-10347-9	王洪元
微型计算机组装与系统维护	978-7-302-09826-3	厉荣卫　等
嵌入式系统设计原理及应用	978-7-302-09638-2	符意德
C++ 语言程序设计	978-7-302-09636-8	袁启昌　等
计算机信息技术教程	978-7-302-09961-1	唐　全　等
计算机信息技术实验教程	978-7-302-12416-0	唐　全　等
Visual Basic 程序设计	978-7-302-13602-6	白康生　等
单片机 C 语言开发技术	978-7-302-13508-1	龚运新
ATMEL 新型 AT89S52 系列单片机及其应用	978-7-302-09460-8	孙育才
计算机信息技术基础	978-7-302-10761-3	沈孟涛
计算机信息技术基础实验	978-7-302-13889-1	沈孟涛　著
C 语言程序设计	978-7-302-11103-0	徐连信
C 语言程序设计习题解答与实验指导	978-7-302-11102-3	徐连信　等
计算机组成原理实用教程	978-7-302-13509-8	王万生
微机原理与汇编语言实用教程	978-7-302-13417-6	方立友
微机组装与维护用教程	978-7-302-13550-0	徐世宏
计算机网络技术及应用	978-7-302-14612-4	沈鑫剡　等
微型计算机原理与接口技术	978-7-302-14195-2	孙力娟　等
基于 MATLAB 的计算机图形与动画技术	978-7-302-14954-5	于万波
基于 MATLAB 的信号与系统实验指导	978-7-302-15251-4	甘俊英　等
信号与系统学习指导和习题解析	978-7-302-15191-3	甘俊英　等
计算机与网络安全实用技术	978-7-302-15174-6	杨云江　等
Visual Basic 程序设计学习和实验指导	978-7-302-15948-3	白康生　等
Photoshop 图像处理实用教程	978-7-302-15762-5	袁启昌　等
数据库与 SQL Server 2005 教程	978-7-302-15841-7	钱雪忠　著

计算机网络实用教程	978-7-302-16212-4	陈　康　等
多媒体技术与应用教程	978-7-302-17956-6	雷运发　等
数据结构	978-7-302-16849-2	闫玉宝　等著
信息系统分析与设计	978-7-302-16901-7	杜娟、赵春艳、白宏伟等　著
微机接口技术实用教程	978-7-302-16905-5	任向民　著
基于 Matlab 的图像处理	978-7-302-16906-2	于万波　著
C 语言程序设计	978-7-302-16938-3	马秀丽　等
SAS 数据挖掘与分析	978-7-302-16920-8	阮桂海　等
C 语言程序设计	978-7-302-17781-4	向　艳　等
工程背景下的单片机原理及系统设计	978-7-302-16990-1	刘焕成　著
多媒体技术实用教程	978-7-302-17069-3	吴　青　著
Web 应用开发技术	978-7-302-17671-8	高　屹　等
C 语言程序设计	978-7-302-17781-4	向　艳　等
ASP. NET 实用教程	978-7-302-16338-1	康春颖、张　伟、王磊等　著
Visual FoxPro 9.0 程序设计	978-7-302-17858-3	张翼英　等
Visual Basic 在自动控制中的编程技术	978-7-302-17941-2	龚运新　等
计算机网络安全实用技术	978-7-302-17966-5	符彦惟　等
Visual FoxPro 程序设计基础教程	978-7-302-18201-6	薛　磊　等
数据结构与算法	978-7-302-18384-6	赵玉兰　等